숫자는
어떻게
생각을 바꾸는가

데이터를 바라보는 새로운 시각

숫자는
어떻게
생각을 바꾸는가

폴 굿윈 지음 | 신솔잎 옮김

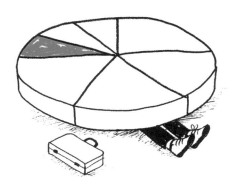

한국경제신문

왜 숫자를 통제해야 할까?

통계가 모든 문제를 해결해 줄 것이다

1970년 초반 나는 헐 상경대학교(Hull College of Commerce)에 통계학 강사로 취직했다. 당시 나는 통계학을 가르치는 일이 더욱 나은 세상을 만드는 데 도움이 될 것이라는 신념에 가득 차 있었다. 통계를 의심하는 사람을 만날 때면 사회학자 H. G. 웰스(Herbert George Wells)의 명언인 "머지않아 통계적 사고는 읽고 쓰는 능력만큼이나 유능한 시민에게 반드시 필요한 자질이 될 것이다"를 언급하고는 했다. 심지어 면접을 준비하며 이 문장을 달달 외웠고, 학장의 마지막 질문에 대한 답변으로 토시 하나 틀리지 않고 이 문장을 읊었다. 심사관들이 내 대답에 큰 감명을 받아 일자리를 얻었다고 굳게 믿었다.

점차 크게 향상되고 있는 컴퓨터 연산 처리 능력을 바탕으로 통계가 어두운 곳에 빛이 되어 줄 것이라 확신했다. 숨겨진 패턴을 밝히고, 생활 양식 요인과 질병 간의 상관관계를 규명하고, 도무지 종잡을 수 없는 영국 산업계의 생산성을 저해하는 요소를 찾아낼 수 있을 것이라 믿었다. 통계를 통해 사람들은 집과 일터에서 더욱 현명한 의사 결정을 내릴 수 있고, 사실과 허위 정보를 분별해내는 능력이 생김에 따라 통계가 민주주의에 기여할 수 있을 것이라 생각했다.

내게는 통계적 계산에 담긴 확실성이 상당히 매력적이었다. 이 안에서는 틀리거나 옳다는 두 가지 결론만 도출되었다. 어렸을 때 조지 오웰(George Orwell)의 《동물농장》을 무척이나 즐겁게 읽었다. 그로부터 몇 년 후, 그 책이 러시아 혁명을 배경으로 한 정치 우화라는 이야기를 들었다. 그 이야기를 들으니 심란해졌다. 책을 다 읽고도 핵심을 짚어내지 못한 셈이었으니 말이다. 적어도 J. R. R. 톨킨(John Ronald Reuel Tolkien)은 《반지의 제왕》에 풍자적 의미가 없음을 밝혀주기라도 했다. 그렇지 않다면 우리가 어찌 알 수 있겠는가? 영화관에서 영화를 보는 날이면 집으로 돌아오는 길에 '잃어버린 동심에 대한 것이다', '아니다, 소외감에 대한 이야기다', '실존적 불안을 다룬 거다'라며 친구들과 열띤 토론을 벌였다.

영화나 책을 본 후에는 자신이 해석하는 바대로 내용을 왜곡하는 경우가 종종 있다. 이것이 예술의 본질일 수도 있지만, 그래도 정답을 아는 편이 한결 마음이 편해진다. 물론 통계 또한 개인이 주장하는 바의 근거로 삼기 위해 교묘하게 왜곡할 수 있다고들 한다. 하지만 당시만 해도 나는 통계를 왜곡한다는 것이 불편한 숫자를 숨기고,

잘못된 척도나 그래프를 사용하고, 자신이 원하는 결과가 우연히 나올 때까지 작은 규모의 표본 조사를 반복하는 등 통계를 의도적으로 오용하는 사례만 해당한다고 생각했다. 올바르게 사용된 통계적 방법으로는 반론의 여지없는 진실만이 도출될 것이라 믿었다. 6 더하기 8이 14이고, 2와 7을 더한 수의 평균값이 4.5인 것은 결코 의심의 여지가 없지 않은가.

통계에 대한 애정은 빠르게 발전하는 기술과 함께 나날이 커졌다. 지금은 당연한 것이 되어버렸지만 그때만 해도 상당히 놀라운 기술이었다. 1970년 중반 전자계산기가 널리 활용되기 시작했다. 사람들은 신이 난 얼굴로 내게 71011345를 입력한 계산기를 거꾸로 보여주며 셸오일(Shell Oil)이 찍혔다고 즐거워했다. 에쏘오일(Esso Oil)은 7100553이었다. 이런 시대를 거쳐 시간이 흐른 후 컴퓨터가 숫자로 얼마나 많은 일을 할 수 있는지 지켜보는 것은 그저 놀라울 따름이었다. 잠깐만 배우면 벅찬 계산을 몇 초 만에 해치우는 베이직(Basic) 프로그램을 작성할 수 있었다. 더 이상 종이에 긴 줄로 적어 내려간 수를 일일이 더하거나, 수십 개의 수를 곱해야 하는 지루한 노동 없이도 통계가 가능해졌다. 컴퓨터가 없던 시기에는 수를 계산하고 결과를 도출하는 데 엄청난 시간과 노력이 드는 만큼 무엇을, 왜 측정해야 하는지 깊이 고민해야 했다. 치밀하게 생각한 뒤 질문을 상당히 구체적으로 만들었다. 하지만 과학기술이 발전하자 컴퓨터에 데이터를 잔뜩 풀어놓고는 방향만 약간 제시해준 뒤 뭔가 희한한 결과가 나오려나 지켜보고 싶은 유혹이 일었다. 컴퓨터는 놀이터의 안전성과 아동 비만율에 어떤 관계가 있는지, 전 세계적으로 연간 우주로 쏘아올리는 로켓 발사 수와 미국 내 발급된 사회학 학위의 수가 어떤 연관성이 있는지 눈 깜짝할 새에 보여준다. 물론 결과의 효용 가치와 타당성까지는 알려주지 않지만, 어차피 인간은 논리와 관계없이 그럴듯한 상관관계를 찾아 기막힌 해석을 내놓는 데 전문가다.[1]

측정할 수 없는 것은 실재하지 않는 것만 같았다. 1981년 삶의 만족도를 조사한 갤럽 보고서[2]에 따르면 북아일랜드의 경우 10점 만점에 7.68인 반면, 영국은 7.67로 나왔다. 당시 북아일랜드는 분쟁(북아일랜드의 소수파인 구교파와 다수파인 신교도들 사이에 벌어진 분쟁으로, 테러로까지 번져 위험한 상황이 연출되었으나 1985년 이후 평화 체결이 협정되며 소강되었다—옮긴이)으로 고통받던 시기였음에도 이 같은 결과가 나온 것이다. 덴마크가 1위를, 일본이 꼴찌를 기록했다. 소수점 두 자리까지 산출된 결과였고, 과학적 근거가 충분해 보였다. 때문에 한 국가의 삶의 만족도를 산출한 수치는 진짜 의미가 있는 것처럼 보였다. 하지만 도덕성은? 사랑은? 사랑하는 사람을 떠올리게 한 뒤 심박수나 땀 배출량을 측정해볼 수 있을 것이다. 이 결과를 취합해 이들이 주장하는 사랑이 '진정한 사랑'의 문턱값이 되는 5.0에 미치는지 확인하면 될 터이다. 어쩌면 사랑은 사실 존재하지 않는 개념인지도 모른다. 상당히 이과적인 사고가 깊은 한 동료는 내게 두 가지 세상이 있는데, 하나는 수학적 세상이고 또 하나는 장황한 헛소리의 세상이라고 말한 적이 있다. 사랑이란 후자에 속하는 것만은 분명하다.

행진하는 숫자들

그로부터 40년이 지나, 이제는 숫자가 지배하는 세상이 되었다. 데이터화로 삶의 모든 측면이 데이터로 환산되었다. 우리가 잠을 자고, 물건을 구매하고, 운동하고, SNS로 친구와 소통하고, 심지어 개개인의 성격은 어떤지, 자동차에서 어떻게 앉고, 칫솔질은 어떻게 하는지 등 수많은 것들을 숫자로 나타낼 수 있다. 이 숫자는 대기업의 입속으로 고스란히 들어가 빅데이터가 되고, 우리가 어떤 사람이고 어떤 동기에 자극받는지에 대한 비밀스런 알고리즘이 만들어진다.

하지만 이것만이 아니다. 어디서 살고, 공부를 하고, 치료를 받을지 결정할 때도 도시, 대학, 학교, 호텔, 음식점, 병원 등에 소수점 한두 자리, 또는 세 자리까지 정밀하게 점수가 매겨진 순위표를 참고한다. 어쩔 때는 사방이 숫자로 가로막힌 안개 속을 더듬더듬 나아가는 것만 같다. 정치인들은 공격을 당하면 문어가 먹물을 내뿜듯 통계라는 먹구름을 본능적으로 뿜어낸다. 대다수의 사람들은 너무나도 혼란스러운 나머지 '팩트'를 보려는 의욕조차 상실하게 되고, 그저 '같이 맥주나 한잔하고 싶은 후보자'에게 투표한다.[3] 마음 저 깊은 곳에서는 저 사람이 하는 말은 그리 타당하지 않다고 외치지만, 어쨌거나 격정적으로 연설을 하며 가장 많은 대중들과 악수를 나눈 후보자를 지지하게 된다.

우리의 삶 속 여러 측면에서 숫자는 우리의 주인이, 그것도 우리를 괴롭히는 주인이 되었다. 콜 센터 안에 빽빽이 자리한 상담사들

숫자는 어떻게 생각을 바꾸는가

의 모든 행동은 숫자로 평가된다. 내가 아는 한 상담사의 경우 휴식 후 18초 늦게 복귀했다고 지적을 받기도 했다. 몇 통의 전화를 받고 놓쳤는지에 따른 비율, 평균 통화 시간, 전화를 먼저 끊은 비율이 매니저의 스크린에 그래프로 보기 좋게 나타나는데, 평가 기준이 무엇이냐에 따라 가장 기다란 막대그래프를 보유한 직원도, 그래프가 가장 짧은 직원도 문제가 될 수 있다. 이제는 대학 교수진도 숫자로 성과 미달이 적나라하게 산출되는 저주받은 운명 앞에서 두려움에 떠는 처지가 되었다. 어떤 대학에서는 학생들의 강의 평가 점수가 5점 만점에 평균 3.5점을 밑도는 강사들은 위원회 앞으로 불려가 경위를 밝혀야 한다. 영국의 대학 연구자들이 존경해 마지않는 '16점자(sixteen-pointer)'는 일정 기간 동안 저널에 네 개의 논문을 발표해 모두 4점 만점을 받은 사람을 일컫는다. 몇몇 기관의 경우 '11점자(eleven-pointer)', 또는 그 미만일 경우 여러모로 긴장해야 할 필요가 있다.

정말 두려운 것은 중국에서 구축 중인 사회 신용 시스템이다. 세금 납부 성실도, 쇼핑 성향, 발신 메시지, 온라인 친구, 심지어 이 친구들이 어떤 말을 하고 무슨 일을 하는지 등을 바탕으로 국민 개개인의 '신용도'를 평가한다는 것이다. 예컨대 비디오 게임을 구매한다면 신용도가 낮아질 확률이 있다. 개인의 나태함을 나타내기 때문이다. 기저귀를 구매한다면 부모로서의 책임감을 다하는 것으로 해석되어 점수가 올라가는 식이다. 신용 점수가 낮은 사람들에게는 인터넷 속도가 느려진다거나, 구직 활동, 음식점, 여가 시설, 문화 시설 제한 등

불이익이 따른다. 점수가 높은 사람은 해외여행을 자유롭게 할 수 있고 공항에서 VIP 체크인까지 가능해진다.[4]

무엇을 허용하고 하지 않는지, 무엇이 좋고 나쁜지의 기준으로 내세워진 숫자가 상당히 이상할 때도 있다. 2017년 세계은행(World Bank) 수석 이코노미스트였던 폴 로머(Paul Romer)는 내부 보고서에 '그리고(and)'라는 단어가 차지하는 비율을 2.6퍼센트 아래로 제한하라는 지침을 내려 간결한 커뮤니케이션을 독려한 바 있다.[5] 이 사건에서는 하한선의 기준이 된 숫자가 거센 반발을 일으켰다. 그 결과 로머는 관리직에서 물러났다.

전혀 말이 안 되는 목표일지라도 숫자로 된 목표를 달성하기 위해 사람들의 행동양식이 달라지는 현상은 흔히 찾아볼 수 있다. 떠도는 소문에 의하면 소비에트 시대에 몇몇 신발 공장에서는 왼쪽 신발만 제작할 때 손쉽게 생산 목표를 달성할 수 있다는 것을 발견했다고 한다.[6] 1999년 오전 6시 20분에 켄트주 램스게이트에서 출발한 런던행 코넥스(Connex) 통근 열차가 정해진 역 세 곳을 그냥 지나친 일이 있었는데, 알려진 바에 따르면 철도 정시성(철도 출발 및 도착 시간을 준수하는 정도-옮긴이)을 100퍼센트 달성하기 위해 그랬다고 전해진다.[7] 또한 2013년 4월에는 런던의 공연장 티켓 수요량이 놀랍게도 191퍼센트 상승한 일도 있었다. 알고 보니 BBC의 사회 계급층에 대한 자료가 온라인에 돌았고, 이 지표를 바탕으로 사람들이 자신의 사회적 위치를 가늠했던 것이었다. '공연을 보러 간다'고 응답할 때 순위가 높아지는 구조였다.[8] 중국의 사회 신용 시스템에서는 온라인으로 중

숫자는 어떻게 생각을 바꾸는가

국 정부나 경제에 대해 긍정적인 메시지를 보낼 때 당사자는 물론 친구들의 점수 또한 올라간다.

숫자의 노예가 되는 사람들도 있다. 조금 전만 해도 내 피트니스 트랙커는 내가 한 시간 동안 250보를 걷지 않았다고 진동으로 알려줬다. 일일 목표인 만보를 달성하기 위해서는 밤 11시에 몸을 일으켜 폭풍이 휘몰아치는 바깥으로 나가야 할 때도 있다. 그렇지 않으면 죄책감에 잠 못 이루는 밤을 맞이해야만 했다. 내가 정한 목표를 이루지 못한다면 나태함으로 빚어진 모든 질병이 전적으로 내 책임이 되고 만다. 9,800보를 걸었다 해도 심각한 악몽의 전조이자 게으르게 앉아서만 생활하는 삶의 시작이 될 수 있다.

이제 그날 어떤 하루를 보내게 될지는 숫자에 의해 결정된다. 아침에 일어나 체중계상 몸무게 0.45킬로그램이 늘어난 것을 확인할 때, 수면 모니터를 통해 내 렘수면 시간이 같은 연령대의 남성 평균에 못 미친다는 것을 발견할 때, 최근 출간한 책의 아마존 판매 순위(Amazon sales rank)가 마지막으로 봤을 때보다, 정확히는 10분 전보다 3,000이나 떨어져 2만 3,707이 되었을 때, 리서치 모니터링 사이트에서 지난 한 주간 내 논문을 읽은 사람이 (전주 대비 24.8퍼센트나 줄어) 겨우 23명밖에 안 된다는 것을 확인할 때 나쁜 하루가 되고 만다.

소셜 미디어 우울증이라는 새로운 현상이 등장하는 것도 그리 놀라운 일은 아니다. 페이스북과 같은 플랫폼에서 숫자가 등장하는 것이 일부 원인으로 작용했다. 더 많은 친구가 있고, 사진에 더 많은 좋아요가 찍혀 있고, 포스트 아래 더 많은 댓글이 있는 사람이 더욱 호감도가 높고 재밌는 사람이라고 판단된다. 이때 발생하는 질투심이 우울증으로 이어지는데, 특히나 10대 청소년들 사이에서 그 현상이 심화된다. 이 수백 명의 '친구'를 실제로는 단 한 번도 만나지 못했다는 것도, 서로 잘 알지 못하는 사이라는 사실도 잊고 만다. 한 사용자는 600명이 넘는 '친구' 가운데 생일 축하 인사를 건넨 사람이 겨우 36명밖에 안 되어 울다가 잠이 들었다는 글을 남기기도 했다.[9]

두 개의 세상

이 세계에는 수학과 장황한 헛소리라는 두 개의 세상이 있다는 동료의 말이 틀렸다는 것을 이제는 안다. 두 개의 세상이 있는 것은 맞지만, 하나는 현실의 세상이고 또 하나는 숫자의 세상이다. 이 두 번째 세상은 첫 번째 세상을 단순화한, 심한 경우 왜곡한 세상이다.

단순화가 유용할 때도 있다. 우리의 두뇌는 뛰어나지만 처리 능력이 제한적인데, 이때 숫자가 우리의 집중력을 문제의 핵심으로 이끌고, 자질구레한 세부 사항을 지워 현재 벌어지고 있는 일의 본질에만 몰입하게 해준다. 도널드 트럼프(Donald Trump) 대통령이 임기 298일 동안 1,628건의 잘못된 주장을 펼쳤다고 알린 〈워싱턴포스트〉의 보도는[10] 물론, 그 근거를 살펴볼 필요가 있지만 우선은 무언가 문제가 있음을 간결하게 전달하는 데 성공했다. 영국 여성의 수입이 남성보다 평균 9.4퍼센트 낮다는 〈데일리텔레그래프(Daily Telegraph)〉의 보도는[11] 높은 연봉을 받는 여성과 낮은 연봉을 받는 남성이 있고 지역별 소득 격차가 있다는 사실과, 소득 수준을 결정짓는 학력과 나이에 대한 요소를 간과한 것이었다. 또한 우리는 평균이 어떻게 산출되었는가를 확인해야 한다.

숫자는 타인의 생각을 명확하게 이해하는 데도 도움이 된다. 이를 테면 의사가 내가 하게 될 수술의 성공률이 80퍼센트라고 말하는 것이 "수술이 성공할 확률이 높습니다"라는 모호한 말보다 의사의 생각을 더욱 분명히 이해하는 데 도움이 된다. 물론 내가 확률로 판단하는 것을 좋아한다는 뜻도 되지만, 의사에게 당신의 추측을 정량화해 달라고 요구하는 것이 의사에게도 더욱 깊이 고민하고 자신의 생각을 명확하게 정리하는 계기가 되기도 한다.

하지만 무언가에 숫자를 매겨야 하는 상황이 되면, 가령 길거리에서 설문 조사 요청을 받는 등의 일이 막상 닥치면 자신의 답변이 지나치게 단순화된다는 사실을 깨닫게 된다. 1(너무 불행하다)에서 10(너무 행복하다) 가운데 삶에 대한 만족도는 어디쯤입니까? 이때 당신의 답변은 날씨에 따라 다를 수도 있고, 조금 전에 커피를 마셨는지, 또는 조금 전에 방문한 가게에서 종업원에게 모욕을 당했는지, 어쩌면 조사 요원에게 비참한 사람처럼 보이고 싶지 않다는 잠재의식 속 욕망에 따라 충분히 달라질 수 있다. 이런 요소들을 배제하더라도 삶에서 벌어지는 복잡하고도 다양한 경험을 그저 숫자 하나로 압축해 표현할 수 있을까? 당신이 삶에서 느끼는 행복이란 상태를 지나치게 단축해서 표현하는 것일 뿐 아니라, 삶의 풍성함은 좁디좁은 숫자 속에서 그 가치를 모두 잃고 만다. 중요한 것은 우리에게 도움이 되는 선에서 숫자가 주는 단순화를 마음껏 활용하되, 숫자의 한계를 인식하고 숫자는 그저 현실의 일부만 드러낸다는 것을 기억해야 한다는 점이다.

특히나 마땅히 현실을 반영해야 할 숫자의 세상이 심히 왜곡되었을 때 우려가 커진다. 왜곡이 의도된 경우일 때도 있다. 무언가를 판매하는 사람들, 정치인들, 운동가들은 우리에게 거짓을 팔고 우리를 선동하려고 숫자로 된 마법으로 속임수를 쓰는 일이 잦다. 신문사들은 의심스런 수치로 우리를 깜짝 놀라게 만들어 판매 부수를 높이려 든다. 블라디미르 푸틴(Vladimir Putin)이 시베리아의 황폐한 땅을 준다면 기꺼이 러시아로 이민을 가겠다고 답한 영국인이 80퍼센트에 이른다는 소식이 전해졌다.[12] 하지만 진짜일까? 한편 왜곡은 숫자에 대한 무시와 부주의로도 벌어진다. 잘못된 여론 조사로 인해 정치적 의사 결정이 달라지기도 한다. 과학자들은 연구에 활용한 통계적 방법의 합리성도 검증하지 않은 채 자신이 중요한 발견을 했다고 성급히 결론을 내릴 때도 있다.

문제는 대부분의 사람들에게 숫자란 따분하고, 믿을 수 없으며, 불가사의하고 이해하기 어려운 대상이란 점이다. 문화 탓일 수도 있고, 학창 시절에 만났던 무서운 수학 선생님 때문일 수도 있고, '숫자광'이라는 사람들에게서 부도덕함을 발견했던 일이 계기가 된 걸 수도 있지만, 원인이 무엇이든 그 결과는 우리를 오도하는 숫자를 수동적으로 받아들이거나, 유익한 숫자를 거부하는 것, 이렇게 두 가지다. 후자의 경우처럼 숫자를 거부하는 케이스라면 오히려 신뢰도 낮은

숫자는 어떻게 생각을 바꾸는가

수치적 증거 속에서 진짜 진실을 파헤치려는 동기가 생길 수도 있다. 바로 다음과 같은 경우처럼 말이다. 한 가족을 공짜만 바라는 뻔뻔한 사람들로 묘사하는 신문 기사는 열심히 일자리를 찾는 복지 수혜자들에 관한 통계치를 퇴색시킨다. 폭력배에게 폭행을 당하는 연금 수급자의 사진은 노년층을 대상으로 한 범죄 발생률이 극히 낮다는 안도감을 주는 통계 자료를 무의미하게 만든다.

수학 교육을 받은 사람도, 숫자를 친근하게 여기는 사람들도 덫에 빠질 때가 있다. 심리학자들에 의해 우리에게 빠르고 용이하며 직관적인 시스템 1과 느리고 심도 있는 고민을 요하는 분석적인 시스템 2, 이렇게 두 가지 사고 체계가 있다는 것이 밝혀졌다.[13] 후자는 노력과 수고가 필요하기 때문에 우리는 쉽고 직관적인 사고를 기본값으로 할 때가 많다. 하지만 이로 인해 곤란한 일이 생기기도 한다. 통계학 박사학위가 있는 동료 한 명이 속한 신디케이트(로또 공동 구매로 개인에게 돌아가는 당첨금은 낮지만 당첨 확률을 높일 수 있다—옮긴이)가 어마어마한 금액의 로또에 당첨된 일이 있었다. 2주 연속 같은 번호가 나올 확률은 거의 불가능에 가깝다고 생각한 그녀는 신디케이트 구성원들에게 "다음 주 추첨이 시작되기 전에 번호를 바꾸는 것이 좋겠어요"라고 말했다. 시스템 2라면 로또 추첨용 공에 메모리가 있어 두 번 연속 같은 번호가 나오지 않도록 일부러 새로운 공을 내보낼 것이란 뜻이냐고 그녀의 말을 꼬집었을 것이다.

앞서 봤던 문제들이 H. G. 웰스가 바랐던 유능한 시민에게 필요한 자질을 성취하지 못하도록 한다. 실제로 민주주의의 가장 큰 위협은 숫자와의 느슨한 관계라고 주장하는 사람들도 있다. 브렉시트 (Brexit) 찬반 국민투표 당시, 영국이 유럽연합(EU)에서 탈퇴하면 주 3억 5,000만 파운드를 국가 의료 제도(National Health Service)에 추가로 투자할 수 있다는 현수막을 내건 버스가 영국 전역을 돌아다녔다. 영국 통계국(UK Statistics Authority)은 이 수치가 거짓이라는 증거를 제시했지만, EU 탈퇴가 실업률, 임금, 물가, 내부 투자에 미치는 영향을 보여주는 우울한 통계 자료가 아무리 많이 제시되어도 모두 묵살당했던 것처럼 영국 통계국의 증거 자료도 투표에 별다른 영향력을 발휘하지 못했다.

이와 반대로, 그렇다고 해서 숫자에 회의적인 게 아니라 오히려 숫자가 전부라고 지나치게 맹신하는 사람들도 있다. 이들 역시 거짓된 세상에 살고 있기는 마찬가지다. 내 트랙커가 매일 기록하는 걸음 수가 내 건강 상태와 똑같은 개념은 아니다. 페이스북 사용자를 예로 들자면 스마트폰에서 보여주는 친구 수가 실제 인기나 사교성을 의미하지는 않는다. GDP가 3퍼센트 상승했다고 자축하는 정부와 다르게, 노스 이스트 잉글랜드 지역에 거주하는 실직자의 실질적인 소득이 증대한 것은 아니다. 어쩌면 숫자를 사랑하는 사람들은 너무나도 잘 속아 넘어가는 나머지 민주주의 사회에서 유능한 시민에게 필요한 자질이 부족하다고 할 수 있다.

이 책에서는 숫자가 우리를 오도할 때 숫자를 믿는 반면, 숫자가 아주 중요한 메시지를 지녔을 때는 무시하는 일이 너무도 잦다는 점을 보여주고자 한다. 숫자를 향한 혐오와 지나친 추종이 어쩌면 이른바 '탈진실(post-truth)' 시대를 맞아 그 존재를 위협받고 있는 진실을 가릴 수도 있다는 것을, 그리고 숫자가 우리의 눈을 가릴 때 어떻게 대처해야 하는지를 이야기할 예정이다. 숫자에 극단적으로 저항하거나 무턱대고 숫자를 수용할 때 발생하는 위험들 속에서 중간 지점을 찾는 순간, 우리는 숫자를 이롭게 활용할 수 있다. 그뿐만 아니라 숫자의 한계를 인식하고, 오해를 불러일으키는 숫자를 향해 반기를 들 수 있다면 우리는 한결 현명한 결정을 내릴 수 있게 된다.

그렇다면 어떻게 해야 사람들이 통찰력을 갖추고 숫자와 의미 있는 관계를 맺을 수 있을까? 뻔한 소리 같지만 바로 균형을 유지하는 것이다. 책의 후반부에는 이 균형을 찾는 전략으로 숫자를 더욱 매력적이고 호감 넘치게 탈바꿈시키는 방법이 나와 있다. 또한 통계의 타당성을 판단하는 데 도움이 될 도구도 함께 찾을 수 있다. 무엇보다 중요한 것은 숫자가 우리를 지배하도록 내버려두는 것이 아니라, 우리가 숫자를 통제해야 한다는 점이다. 쉬운 일은 아니다. 나 또한 지금 이 서문 원고의 플레시 가독성 평가(Flesch Reading Ease, 논문의 가독성을 정량적으로 평가하는 기법-옮긴이) 점수를 확인하고 싶은 유혹을 간신히 참아 넘기고 있다. 숫자 하나로 책의 가독성을 결정하는 게 정말 가능할까? 따라서 이 유혹에 빠지지 않아야 마땅하겠다.

점수는 52.9가 나왔다. 이제야 마음이 한결 편안해진다.

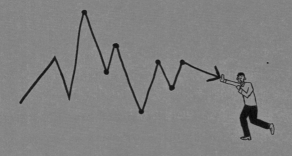

Something Doesn't Add Up

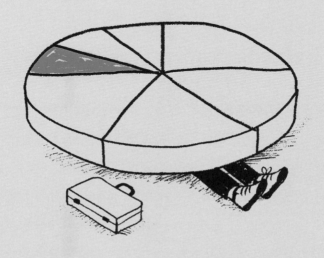

1장
순위에 대한
집착

최고 중의 최고를 가려내기

구글 검색창에 '올해의 상(of the year award)'을 입력하면 약 50억 개의 검색 결과가 나온다. 올해의 박물관, 올해의 비즈니스 애널리스트, 올해의 의원, 올해의 퇴직 연금 상품, 올해의 설교, 올해의 산역꾼, 올해의 묘지 작업자, 수많은 종류의 올해의 책, 올해의 선수, 올해의 직원 등등 다양하다. 심지어 올해의 화장실과 올해의 가장 이상한 책도 있다.[1] 2017년에는 올해의 가장 이상한 책 타이틀을 두고,《내 무릎의 유두(Nipples on My Knee)》와《레닉스 호주의 10진법 화폐 개혁 이전과 이후의 주화 결함 도감: 10진법 화폐 개혁 이전과 이후 주화 결함 사례를 모두 담은 최고의 가이드북(Renniks Australian Pre-Decimal and Decimal Coin Errors: The Premier Guide for Australian Pre-Decimal and Decimal Coin Errors)》이 강력한 후보작이었다.

타이틀이 걸려 있을 때 사람들의 경쟁심이 얼마나 치열해지는지를 보면 놀라울 정도다. 채소를 재배하는 사람들이 한밤중 유력 수상 후보인 경쟁자의 텃밭에 들어가 농사를 망쳐놓는 사건이 여러 차례 소개된 적도 있고,[2] 점잖은 취미가 되어야 할 들새 관찰이 영국에서는 [〈워싱턴포스트〉의 기자 앤서니 파이올라(Anthony Fiola)의 표현에 따르면] '굉장히 미개한 활동'으로 둔갑해 들새 관찰자들 사이에서 순위를 두고 접전이 펼쳐진다.[3] 질 높은 서비스나 상품을 제공한 대가로 직원에게 상과 함께 장려금이 주어지기도 하는데, 이때 우승자들은 만족감과 자부심을 얻지만 집단 사기 저하나 상을 받지 못한 사람들의 원성과 같은 문제가 발생하기도 한다.

순위와 상은 경쟁자들 사이에 희열과 고통을 가져오는 것뿐 아니라 의사 결정에 지대한 영향을 미치기도 한다. 올해의 대학으로 꼽힌 대학교에 지원하기로 결심하거나, 올해의 차 해치백을 구매하거나, 올해의 재정 전문가로 지정된 사람의 말에 따라 투자를 하거나, 올해의 논문을 쓴 교수를 승진시키는 식이다. 하지만 1등을 선택하는 것이 정말 최고 중의 최고를 고른 것이라고 단언할 수 있을까?

순위를 매긴다는 것은 어떨 때는 사과와 오렌지 중에 무엇이 나은지 결정하는 것과 비슷하다. 무엇이 낫다 고를 수 없을 때면 동전을 던져 결정하는 것이다. 상은 준비가 되었으니 누군가 이 상을 타지 않으면 다들 우스운 꼴이 되고 만다. 수십 년 전, 내 친척은 한 이웃으로부터 10대 소녀들이 참가하는 댄스 경연 대회의 심사위원으로 참석해 달라는 다급한 요청을 받았다. 기존의 심사위원 중 한 명이 갑자기 불참하게 된 사연이 있었다. 친척이 "저는 춤에 대해선 아무것도 모르는데요"라고 거절 의사를 밝혔다. 그러자 이웃은 웃으며 "걱정할 거 없어요. 심사지에다 그냥 뭐든 대충 적으면 되거든요. 전 그렇게 해요"라고 답했다. 훗날 한 중년 여성이 올해의 댄스팀 상을 받았던 날을 흐뭇하게 회상하며 손자와 손녀에게 그날의 사진을 자랑스럽게 보여주고 있을지도 모를 일이다.

순위를 매기는 과정에서 최대한 공정하게 해보려 해도 1등을 노리는 참가자가 많아지면 딱히 묘수가 없다. 여러 신문과 잡지에서는 주기적으로 런던 최고의 레스토랑, 올해 최고의 차, 최고의 신간 도서들을 선정해 기사로 소개한다. 엄밀히 따지자면 해당 주제에 속한 후보지를 모두 완벽하게 비교 분석해야 정확한 정보라고 할 수 있다. 이런 기사를 쓰는 기자들이 실제로 런던 내 모든 레스토랑을 방문했고(런던에 있는 레스토랑은 최소 1만 7,000곳가량 된다), 지난 한 해 출시된 차를 모두 시승했고(2018년에만 해도 9개월 동안 출시된 신차가 최소 67종이다), 신간을 모두 읽어봤을까(2015년 영국에서는 약 17만 3,000권이 출간되었다)?[4]

최고 중의 최고를 가려내는 것은 미국의 심리학자 배리 슈워츠(Barry Schwartz)가 이른바 '최선 추구자(maximizer)'라고 분류한 사람들에게는 상당히 중요한 일이다. 최선 추구자들은 더 나은 직장, 더 나은 애인, 더 나은 차, 더욱 살기 좋은 곳을 끈질기게 수색하는 데 오롯이 시간을 바친다. 최선 추구자인지를 가늠하는 슈워츠의 진단 평가지에 응답자가 다음의 진술에 동의하는지를 묻는 질문이 등장한다. '나는 인간관계를 옷과 비슷하게 생각한다. 가능한 모든 대안을 시도해본 후에 내게 가장 완벽하게 어울리는 대상을 찾으려고 한다.' 또한 '순위가 나열된 리스트(최고의 영화, 최고의 가수, 최고의 운동선수, 최고의 소설 등)를 좋아하는 정도'를 묻는 질문도 포함되어 있다.

최선 추구자들은 더 재밌는 프로그램이 있을까 봐 TV 채널을 계속 돌리거나, 최상의 물건을 구매하기 위해 고뇌에 빠져 가게에서 몇 시간이나 배회한다. 완벽한 어조로 자신의 의도를 전달해야 하기 때문에 이메일을 쓰거나 문자를 보내는 것을 힘들어 한다. 그토록 노력했음에도 최선의 무언가를 놓쳤다는 생각에 후회나 자기 비난에 빠질 때가 많다.

한 친구와 스페인 안달루시아로 휴가 계획을 세웠던 때가 떠오른다. 웬만큼 다 정했다고 생각한 순간 갑자기 몇 가지 문제가 눈에 들어왔다. 비용이 너무 많이 드는 것 같았고, 미니버스로 투어를 하는 시간도 너무 긴 게 아닌가 싶었다. 때문에 첫 번째 선택지보다 저렴한 대안을 찾기 시작했다. 하지만 첫 번째 선택지의 매력을, 즉 언덕 위 그림 같은 빌라에서 머무는 것은 포기해야 했다. 번잡한 시내에 자리한 다층 콘크리트 호텔 여러 곳이 선택지에 올랐다. 어쩌면 첫 번째 선택지가 가장 최선이 아니었을까. 이런 식으로 몇 번이나 고민에 고민을 거듭했다. '만족 추구자[satisficer, 노벨 경제학상 수상자인 미국 경제학자 허버트 사이먼(Herbert Simon)이 만든 용어]'의 삶이 아마 훨씬 행복할 것이다. 반드시 최고만을 고집하지 않는 이들은 그저 만족할 만한 수준이면 된다는 주의기 때문에 순위에 대한 강박관념이 없다.

선택 과부하

최선 추구자들이 극심한 고뇌를 느끼는 원인은 제시된 선택지를 비교하는 것에 어려움을 느끼는 데 있다. 차를 고를 경우를 보자. 한 모델은 널찍한 내부, 멋진 외형, 다양한 가젯(gadget), 높은 안전성이라는 장점이 있지만, 연비 효율이 낮고 매끈한 아스팔트 도로에서조차 승차감이 안 좋으며 시끄럽다. 다른 모델은 조용하고 경제적이며 안정성도 뛰어나지만, 고루하고 내부가 조금 좁게 느껴진다. 눈앞에 다양한 차종을 두고 이와 같이 수많은 장점과 단점이 있다면 순위를 어떻게 정하고, 이 중에서 최고의 차를 어떻게 가릴 수 있을까?

심리학자들에 따르면 이와 같은 상황에 빠졌을 때 많은 사람들이 주어진 모든 정보를 고려하는 데 어려움을 느낀다고 한다. 특히나 머릿속으로 무엇을 얻고 잃을 것인지 트레이드 오프(trade-off)를 계산하는 것을 힘들어 한다. 레그룸(legroom)이 어느 정도나 되어야 1갤런에 10마일(약 3.8리터에 약 16.1킬로미터-옮긴이)이나 연비 차이가 나는 것을 상쇄할 수 있을까? 승차감이 떨어져도 추가 가젯이 설치되어 있으면 용인할 수 있을까? 골치 아픈 고민을 벗어나기 위해 우리는 단순화에 의지한다. 이때 사람들이 사용하는 전략은 가장 중요하다고 여기는, 이 상황에서는 아마도 안전성이 될 텐데, 한 가지 항목을 기준으로 후보의 순위를 매기고 다른 기준은 과감히 무시하는 것이다.[5] 만약 후보 두 개가 비등하다면 두 번째로 중요한 기준, 예컨대 연비 효율을 비교하는 식이다. 이렇듯 간단한 방법은 '사전 편집식 순위(lexicographic ranking)'라는 어울리지 않게 긴 이름으로 불린다. 사전의 단어가 정렬된 방식과 유사하기 때문이다. 여기서 발생하는 문제는 안전성은 상당히 높지만 그 외 다른 측면은 형편없는 차를 고를 수도 있다는 것이다.

또 다른 전략은 각각의 항목에 따라 합리적인 기준을 설정한 뒤 이 기준에 부합하지 않는 차를 후보에서 제외시켜가는 방법이다.[6] 연비가 1갤런당 45마일(약 72킬로미터-옮긴이) 미만인 차를 탈락시키고, 거기서 레그룸이 약 1.2미터가 안 되는 차를 탈락시키고, 남은 차 가운데 짐을 실을 공간이 적은 차를 제외시키는 등 요행히 단 하나의 차만 남을 때까지 후보를 좁혀나간다. 이때 다른 모든 기준에는 상당히 우수한 수준을 충족하나 1갤런에 주행거리가 44마일이라는 이유만으로 후보지에서 제외되는 일이 벌어질 수 있다.

몇몇 고용주들은 수북하게 쌓인 이력서를 감당할 수 있는 수준으로 솎아내 최종 후보자를 가리기 위해 '요인별 제거법(elimination by aspects)'이라 불리는 방법을 활용한다. 회사에서 임의로 정한 입사성적 기준에 아주 근소한 차이로 못 미치거나, 과로에 지친 매니저가 별 생각 없이 정한 관련 업종 경력연수에 겨우 한 달 모자라 얼마나 많은 인재가 최종 후보자 안에 들지 못할지 의심이 들기 마련이다.

때로는 한 번도 들어보지 못한 모델이 아니라 이미 알고 있는 차를 선택하는 것으로 두뇌의 피로를 최소화시킬 수 있는데, 이는 심리학자들이 인지 휴리스틱(recognition heuristic, 자신에게 익숙한 대상, 자신이 알고 있는 대상에 더욱 높은 가치를 부여하는 심리-옮긴이)이라 일컫는 현상이다.[7] 이 전략이 타당할 때도 있다. 알려진 상품은 이미 시장에 나온지 오래되었다는 이야기이고 그만큼 충분히 검증되었다는 의미다. 하지만 선택지에 있는 브랜드가 전부 친숙하다면, 또는 낯선 브랜드지만 새롭고 혁신적이라는 점에서 경쟁 상품에 비해 훨씬 나은 경우라면 이 전략도 그리 도움이 되지 않는다.

결국에는 직감을 따르고 싶어지는 지점에 이른다. 길가에 주차했을 때 동네 주민들의 인상에 남을 차를 고르고, 느낌이 괜찮거나 가장 유쾌한 지원자를 선택하는 것이다. 사실 어떤 선택이든 내리고 난 후에는 그럴듯한 근거를 만들어 고심 끝에 내린 타당한 결정이었다고 위안하기 마련이다.

심사위원단에서 벌어지는 역설적인 상황들

도서, 자동차, 운동선수, 직원 등과 관련한 '올해의 상' 대부분이 개인이 아니라 심사위원단의 결정으로 뽑힌다. 예컨대 맨부커상(Man Booker Prize)의 경우 2018년도 심사위원단이 다섯 명이었던 반면, 영국 올해의 차를 선정하는 위원단은 스물일곱 명이었다. 두 명의 지혜가 한 명의 지혜보다 낫다고들 하니 다섯 명보다는 스물일곱 명이 훨씬 나을 것이고, 따라서 우리가 신뢰해도 될 만한 순위표를 내놓을 것이다. 심사위원단으로 뽑힌 전문가들은 참가자별 순위를 매기고, 이후 자신이 가장 훌륭하다 여기는 참가자에게 투표를 하면 가장 많은 득표를 한 참가자가 우승하는 식이다. 안타깝게도 18세기 프랑스의 철학자이자 수학자인 마르키 드 콩도르세(Marquis de Condorcet)는 몇몇 상황에서는 이런 선정 방식을 통해 굉장히 이상한 결과가 도출된다는 것을 증명해 보였다.

1743년에 태어난 콩도르세는 시대를 앞서가는 진보적 시각을 가진 인물이었다. 여성의 참정권을 주장했고, 노예 제도를 규탄했으며, 인권을 수호했던 인물로 사형 제도 반대 운동도 펼쳤다. 프랑스 혁명에도 적극 참여한 그는 의회와 마찰을 빚고 한동안 숨어 지내다 결국 투옥되었다. 콩도르세는 이틀 후 감옥에서 미심쩍은 죽음을 맞이했다. 하지만 그가 남긴 유산은 오래도록 이어지고 있다. 민주주의 지지자였던 콩도르세는 투표 분석 시스템에 수학을 접목시킨 최초의 인물 중 하나였고, 1785년 작성했던 에세이는 오늘날 콩도르세의 역설(Condorcet's paradox)로 전해지고 있다.

파이크, 퀸란, 로저스 이렇게 세 명의 심사위원이 올해의 헛소리 상을 뽑는다고 가정해보자. 지난 12개월간 가장 말도 안 되는 발언을 한 유명 인사를 가려내는 상이다. [실제로 헛소리 상이 있는 것은 아니지만, 쉬운 영어 쓰기 캠페인(Plain English Campaign)에서는 가장 당황스러운 발언을 한 공인을 대상으로 실언 상을 수여하는데, 최근 제이컵 리스모그(Jacob Rees-Mogg, 영국 보수당 하원의원-옮긴이), 러셀 브랜드(Russell Brand, 영국 코미디 배우-옮긴이), 도널드 트럼프, 일론 머스크(Elon Musk), 밋 롬니(Mitt Romney, 미국 공화당 상원의원-옮긴이)가 이 상을 받았다.] 세 명의 최종 후보자가 가려진 가운데 당사자들이 난처하지 않도록 여기서는 A, B, C로 소개하고자 한다. 심사위원들은 자신이 생각하는 후보들의 순위를 아래와 같이 매겼다(파이크를 예로 들어 설명하자면 A를 가장 유력한 후보로 생각하고 그 뒤를 이어 B, C 순으로 선택했다).

파이크: ABC

퀸란: BCA

로저스: CAB

의사 결정을 간단하게 만들기 위해 심사위원단은 두 명의 후보씩 비교하기로 결정했다. 후보 A를 B보다 우위에 둔 사람이 두 명이므로 A가 B보다 더 많은 투표를 받았다. 후보 B가 C보다 적합하다고 여긴 사람이 두 명이므로 B가 C보다 더 많은 표를 받게 된다. 따라서 A, B, C 순으로 어느 정도 결과가 나온 듯하다. A를 수상자로 발표할 준비를 하는 순간 누군가 A와 C를 비교하면 C가 더 우위에 있다고 지적한다. 콩도르세는 우리가 선호에 따라 순위를 매기는 과정에서 영원히 답이 나오지 않는 굴레에 갇히는, 바로 비이행성(intransitivity) 현상이 나타난다고 지적했다. 심사위원 다수가 B보다 A를 선호하고, C보다 B를 선호하지만 기이하게도 다수가 A보다 C를 선호하는 모순이 발생한다. 더욱 문제인 것은 심사위원단 중 영리한 구성원이 자신이 원치 않는 후보가 떨어지도록 투표 과정을 교묘히 조작하는 일도 가능하다는 점이다. 자신이 실제 선호하는 바를 숨겨, 이른바 전략적 투표(tactical voting)를 하는 것이다.

그로부터 150년 후, 제2차 세계대전이 종전된 직후 미국의 경제학자 케네스 애로(Kenneth Arrow)는 콩도르세의 발견을 확장시켜 불가능성 정리(impossibility theorem)를 정립했고[8] 그 공로를 인정받아 1972년 노벨 경제학상을 받았다. 애로는 후보자가 세 명 이상일 때 합리적인 조건을 충족시키는 투표 방식은 존재하지 않는다는 것을 증명했다. 여기서 합리적인 조건이란 비이행성을 피하고, 집단 내 독재자가 없고, 개인이 주어진 후보 가운데 뚜렷하게 선호하는 후보가 있을 경우 이것이 투표에 반드시 드러나야 한다는 것이다. 제2차 세계대전 이후 멋진 신세계를 만들어나가고자 부풀어 있던 사람들에게 애로의 이론은 비관적으로 다가왔다. 애로의 이론으로 완벽한 민주주의란 한낱 망상에 지나지 않는다는 것이 드러났기 때문이다. 또한 개인은 일관된 선호를 갖고 있지만 집단으로서는 일관된 선호 체계를 가질 수 없다는 점을 밝히기도 했다. 심사위원단 내 몇몇 전문가는 한 차를 선호하고, 다른 전문가들은 다른 차를 선호할 경우 그룹 전체가 어떤 차를 더 선호한다고 말할 수 없다. 정치인들이 자주 하는 말이 있다. "유권자들이 …을 바란다고 말했습니다." 하지만 이 말이 사실일까? 2007년 웨일스 선거를 치른 직후 한 의원이 언론에 이런 말을 했다. "유권자들은 한 정당이 다수석을 차지하는 것을 원치 않는다는 점을 투표를 통해 몸소 보여줬습니다. 모두가 깊이 고민해봐야 하는 문제입니다."[9] 하지만 내가 그 투표에 참여했을 당시 용지에 '단독 과반 정당 반대'라는 칸을 본 기억은 없다.

　투표가 완벽한 순위 체계를 보장하지 못한다면, 그냥 전문가들을 한자리에 모아놓고 누가 또는 어떤 상품이 '올해의 상'을 수상해야 할지 토론하게 두는 방법이 나을 수도 있다. 하지만 사람들이 모여 집단을 이룰 때 상당히 특이한 행동양식이 드러나기도 한다. 적극적이고 말 많은 개인이 토론을 주도한 결과, 집단의 최종 의사 결정에 이들의 의견만 반영되는 일이 생긴다. 더욱 심각한 문제는 높은 수준의 동조심리가 형성되어 아무도 분란을 일으키려 하지 않는 집단에서 구성원 전원이 현실을 바로 인식하지 못하는 현상이 발생하는데, 이것이 바로 집단사고(groupthink)다.[10] 이런 집단에서는 리더의 의견이 명백하게 어리석고, 그르고, 무모할지라도 집단 구성원들은 리더의 주장을 지지하는 발언을 해야 한다는 분위기가 형성된다. 리더의 의견에 동조하지 않는 구성원은 침묵을 지키다가 이내 자신의 생각을 의심하기 시작한다. 결국 이 집단은 외부인이 보기에 말도 안 되는 결정을 확신을 갖고 내리기에 이른다.

집단 내 발생하는 동조라는 불편한 현상을 미국 심리학자인 솔로몬 애쉬(Solomon Asch)는 일련의 실험을 통해 효과적으로 증명해 보였다. 다양한 실험에서 사람들은 눈앞에 뚜렷한 증거가 있음에도 집단 내 구성원들이 명백하게 틀린 답을 내놓는다면 자신이 본 증거조차 믿지 않으려 한다는 것이 드러났다.

애쉬는 실험 참가자들에게 선분이 그려진 카드를 제시하며 똑같은 길이의 선분 한 쌍을 골라 달라고 요청했다. 아주 간단한 실험이었다. 정답 외의 선분들의 길이는 눈에 띄게 차이가 났다. 하지만 여기서 진짜 실험 참가자는 단 한 명이었고, 그 외 구성원들은 애쉬가 섭외한 실험 공모자로서 다른 선분을 고르는 오답을 말하도록 사전에 지시

　　　　　　　　　　　　숫자는 어떻게 생각을 바꾸는가

받았다. 놀랍게도 같은 선분을 고르라는 질문에 한 번이라도 구성원들의 오답을 따라 답했던 사람이 전체 참가자의 75퍼센트나 되었다. 실험 이후 몇몇 참가자들은 구성원들과 다른 답을 말하면 바보처럼 보일까봐 걱정이 되었다고 답했다. 또 다른 참가자들은 모두가 동의하는 상황이라면 당연히 이들이 맞을 것이라 판단했다고 말했다.

만약 위와 같은 상황처럼 집단이 개인의 판단을 왜곡시킬 수 있다면, 미디어에서 확신에 차 발표하는 온갖 '올해의 상' 타이틀 또한 의심해야 하는 것이 마땅하다. 순위를 매겨야 한다면 어쩌면 사람의 판단을 배제하는 것이 옳을지도 모른다. 대신 객관적 데이터와 과학적으로 정밀한 점수를 도출할 수 있는 공식을 적용하는 것이 나을 것이다. 다시 말해 리그 테이블(후보들의 순위를 집계한 표-옮긴이)을 만드는 것이다.

리그 테이블 게임

대학 진학을 꿈꾸는 조카는 어느 대학에 지원해야 할지 고르는 중이다. 쉽지 않은 결정이다. 요즘 대학들은 학생을 두고 치열한 경쟁을 벌이는바, 학생들을 사로잡기 위해 솔깃한 홍보글로 겉만 번지르르한 마케팅을 펼치고 있다. '이곳이 바로 당신이 속할 곳입니다', '모험은 이곳에서 시작됩니다', '세계를 바꿀 인재를 환영합니다', '두려움 없이 도전하라'는 야심 찬 열여덟 살 학생들의 마음을 뒤흔드는 슬로건 중 고작 일부에 불과하다. 마케팅의 물결 속에서 어떻게 해야 자신에게 가장 잘 어울리는 대학을 고를 수 있을까? 내 조카의 경우 리그 테이블에 상당 부분 의지했다.

순위표를 못 본 척할 수 있는 사람은 많지 않다. 학교 순위, 대학 순위, 살기 좋은 도시 순위가 신문 판매에 커다란 지분을 차지하고, 사람들은 모교나 자신이 사는 도시의 현재 순위가 어디쯤 되는지 확인하기 위해 서둘러 신문을 펼친다. 세계 순위 탑 3에 꼽힌 대학에 소속되어 있거나 가장 매력적인 도시에 거주하고 있다는 것이 개인의 행복은 물론, 어쩌면 좋은 직장을 구하거나 집값을 높이는 데도 영향을 미친다. 순위표는 우리가 수많은 선택지의 장단점을 일일이 분석하고 기회비용을 따질 때 발생하는 상당한 정신적 피로감을 덜어주기 때문에 의사 결정을 빠르고 간편하게 만들어준다. 순위표는 공식적이고 과학적이며 정확해 보일 뿐 아니라 혼돈과도 같은 세상에 문자 그대로 질서를 부여한다. 순위표를 통해 내가 사는 나라의 행복도, 부패도, 재활용률, 건강, 광고 분야 창의력, 어린이 행복 지수, 생산성이 세계 어디쯤 되는지 가늠하고, 1956년에 개최된 유로비전 송 콘테스트(Eurovision Song Contest, EU 회원국을 대상으로 매년 열리는 유럽 최대 규모의 음악 경연 대회-옮긴이)의 지금까지의 결과도 모두 확인할 수 있다. 또한 부동산 중개인, 버스 회사, 병원, 유아 동반 음식점을 고르는 데도 도움이 된다. 몇몇 순위표에 근본적인 오류가 있다는 것이 안타까울 정도다.

대다수의 순위표는 적어도 투명성은 보장되어 있다. 데이터를 어떻게 취합했고, 또 이 데이터를 바탕으로 어떻게 순위가 정해졌는지

숫자는 어떻게 생각을 바꾸는가

자세한 정보를 제공한다. 하지만 순위 결정에 동원된 메커니즘은 지루하게 느껴진다. 대다수의 사람들은 그저 관심 있는 후보가 상위권에 올라가 있는지만 한눈에 확인하고 싶을 뿐이다. 바로 이 지점에서 여러 문제가 발생한다.

대학 순위표를 한번 생각해보자. 신문에 대학 순위를 게재하는 사람들에게는 몇 가지 목적이 있다. 순위표가 뉴스로서의 가치가 있어야 하기 때문에 뜻밖의 정보도 어느 정도 포함되어야 한다. 또한 작년 순위표나 타 신문사와 확실히 구별되는 요소가 없다면 누가 우리 회사의 신문을 사서 보겠는가? 이와 동시에 순위표는 반드시 신뢰할 만한 정보여야 한다. 공신력을 얻기 위해서는 예상 밖의 정보가 너무 많이 담겨 있으면 안 된다. 영국의 경우를 들자면, 옥스퍼드(Oxford)와 케임브리지(Cambridge)가 1위 또는 최상위권에 있지 않다면 사람들은 순위를 결정하는 방법론에 문제가 있다고 여길 것이다. 옥스퍼드의 새드 경영대학원(Saïd Business School, 1996년에 설립되었다-옮긴이)이 순위를 정하는 사람들에게 필요한 데이터의 반도 제공하지 못했던 2000년대 초반의 순위표에서 2위를 차지한 것도 어쩌면 이 같은 이유 때문일 것이다.

사람들의 신뢰를 얻기 위해 순위표를 만드는 사람들은 대학, 학부, 그리고 강의의 질을 반영하는 '객관적인' 데이터를 취합해야 한다. MBA와 같은 경영대학원 학위의 경우, 해당 학위를 수료한 대가로 얻은 평균 연봉, 학부 또는 경영대학원의 연구 평가, 외국인 교원 비율, 박사학위 교수진 비율 등을 기준으로 삼을 수 있다. 물론 이런 항목이 수업의 질적 측면을 반영한다는 보장은 없다.

다음 단계로 모든 항목의 점수를 더해 각 학교별로 합계를 내야 한다. 문제는 각 항목마다 중요도가 다르므로 비중에 차등을 둬야 한다. 가령 졸업생의 평균 연봉에 60퍼센트의 비중을 두고, 연구 평가에는 15퍼센트, 박사학위를 지닌 교수진 비율에 5퍼센트를 적용하는 식이다. 하지만 입학을 고민하는 학생마다 중요시하는 항목이 다를 것이다. 어떤 사람은 외국인 교원 비율을, 또 어떤 사람은 연구 평가를 가장 중요하게 생각할 수도 있다. 순위표를 만드는 사람들은 자신이 판단하기에 학생들이 보편적으로 인정할 법한 방식으로 가중치를 산정하는 수밖에 없다. 학생들이 어떤 항목을 가장 중요시하는지 설문 조사를 진행할 수는 있지만, 설문 결과의 평균을 내야 한다. 그 결과 개개인의 선호도가 항목별 가중치 비율에 반영되지 않을 가능성이 높다. 순위 1위에 오른 대학이 평균이라는 허상의 범주에 속한 누군가에게는 최고의 선택지가 될지도 모르지만, 내 조카에게도 이 대학이 당연히 최고의 대학이거나 가장 만족스러운 선택지가 된다고는 보기 어렵다.

이런 걱정은 차치하더라도, 여러 대학 순위표에서 사용하는 가중치에는 훨씬 근본적인 문제가 있다. 역설적이게도 학교 순위표에 적용된 가중치에 철저한 학술적 검토가 부재한 탓에 벌어진 문제다. 이는 모두 '중요도'란 단어의 의미 때문이다. 학교를 선택하기에 앞서 대학 순위표를 참고하려는 사람들 가운데 졸업 후 연봉 수준을 가장 중요한 요소로 생각하는 사람들이 있을 것이다. 하지만 놀랍게도 연봉은 대학을 선택하는 기준과는 상당히 무관할 수도 있다. 모든 대학의 졸업생 평균 연봉이 동일하다고 한번 가정해보자. 그렇다면 연봉은 선택 과정에서 고려 대상이 전혀 아니다. 어느 대학을 나오던 기대하는 연봉 수준이 똑같기 때문에 실제로 무관한 요소가 된다. 따라서 가중치는 0퍼센트가 되어야 한다.

좀 더 현실적으로 설명해보자. 대학별로 평균 연봉에 차이가 있긴 하지만 가장 높은 연봉과 가장 낮은 연봉의 차이가 적다면, 예컨대 연 200파운드 정도라면 선택에 어느 정도 관련은 있겠지만 그 중요도는 아주 낮다고 볼 수 있다. 내가 어느 곳에서 공부를 하든 장래 예상 소득에는 별 차이가 없어졌으니 연봉의 중요도 또한 낮아지는 것이다. 즉 가중치는 항목별 중요도가 아니라 해당 항목의 최대값과 최소값 간 차이에 따른 중요도를 반영해야 한다. 안타깝게도 순위표 대다수는 이런 방식으로 가중치를 적용하지 않는다. 그렇기 때문에 가중치가 높이 부여된 항목에서의 아주 작은 차이가 점수에 큰 영향을 미친다. 연봉 외에 모든 항목에서 순위표 내 다른 대학들보다 상대적으로 낮은 평가를 받았지만 졸업생들의 평균 연봉이 살짝 더 높다는 이유로 어떤 대학이 최상위권에 오를 수도 있는 일이다.

경우에 따라서는 가중치에 대한 오류로 순위 역전(rank reversal)이라는 기현상까지 발생하기도 한다. 순위표상에서 A대학이 B대학보다 상위에 있지만, C라는 새로운 대학이 순위표에 추후 등장함에 따라 B대학이 A대학을 제치고 높은 순위를 차지하는 상황이 발생한다. 각 학교의 실적이 전혀 달라지지 않았음에도 말이다. 어떻게 이런 일이 벌어질 수 있는지를 설명하는 간단한 예시가 주에 소개되어 있다.[11] 만약 A대학의 평가가 B보다 높다면 C의 등장 여부에 따라 결과가 달라져서는 안 된다.

중요도에 따른 가중치를 부여할 때 발생하는 문제는 쉽게 눈에 띄지 않아 수년간이나 최고의 의사 결정 분석가들(의사 결정에 필요한 방법과 소프트웨어를 개발하는 사람들)조차 알아채지 못하다가, 정확히 누구인지는 알려진 바 없으나 누군가가 현재 널리 쓰이는 방법이 잘못되었다는 것을 밝혀냈다. 미국의 저명한 학자인 데틀로프 본 윈터펠트(Detlof von Winterfeldt)와 워드 에드워즈(Ward Edwards)가 1986년 출간해 의사 결정에 한 획을 그은 저서에는 가중치의 오류에 대한 불편한 이야기와 더불어 가중치를 어떻게 부여해야 하는지 그 방법도 담고 있다.[12] 지금껏 셀 수 없이 많은 결정이 겉보기에는 과학적이지만 사실 큰 결함이 있는 방법을 토대로 이뤄졌다. 시중에 판매되고 있는 의사 결정 소프트웨어 가운데 아직도 대부분의 순위표에서 가중치를 부여하는 방식을 따르는 제품이 있어 사람들에게 잘못된 인식을 심어 줄 수도 있다는 점이 우려스럽다.

신문에서 따로 특별면을 할애해 최신 대학 순위표를 싣는 경우가 많다. '대학 순위, 승자와 패자는 어떤 대학이 될까' 신문 1면에는 항상 이런 식의 제목이 쓰여 있다. 신문을 몇 장 넘겨보면 잘나가는 대학 총장들의 성공담이 담긴 인터뷰와 함께 일류 대학이 얼마나 멋진 곳인지 간증하는 최우수 학생들의 이야기가 등장한다. 'X대학 순위가 껑충 뛰어올랐다'는 자극적인 부제와 함께 가운을 입은 졸업생들이 전쟁에 나서는 군인처럼 전투적으로 언덕을 달려 올라가며 사각모를 던지는 사진이 실려 있다. 그 아래는 이렇게 훌륭한 성과를 냈으니 연봉 인상이 마땅하다는 듯이 환하게 웃고 있는 대학 부총장의 사진이 첨부되어 있다. 하룻밤 새 대학 홈페이지는 대학 순위 1등, 또는 탑5, 탑10 안에 들었다는 소식과 함께 시끌벅적한 언론 기사로 도배된다.

하지만 대학 간 합계 점수 차가 적다면(실제로도 그럴 때가 많다) 1년이란 기간 안에 발생한 아주 사소한 변수가 순위에 큰 변동을 가져온다. 올해 졸업생들의 연봉이 작년보다 살짝 하락할 수도 있다. 존스 박사가 딸이 사는 집 근처 대학으로 옮기는 바람에 박사학위를 지닌 교수진의 비율이 낮아질 수도 있다. 이런 변화로 인해 순위표 내 달라진 결과가 뉴스거리는 된다 해도 12개월 만에 대학의 수준이 크게 달라졌다고 보는 것은 문제가 있다. 예컨대 〈가디언〉에서 제공한 대학 순위표를 보면 2016년 11위였던 러프버러 대학교(Loughborough University) 순위가 2017년에 4위로 올라간 것을 알 수 있다. 2018년 순위표만 보면 5위를 차지한 배스 대학교(Bath University)가 9위의 랭커스터 대학교(Lancaster University)보다 훨씬 훌륭한 곳처럼 보이지만, 배스는 81.9점, 랭커스터는 80.8점으로 점수 차는 1.1이다.

대학의 장기적인 순위 변동 추세마저도 의심스럽게 보이긴 마찬가지다. 60명이 넘는 노벨 수상자와 역대 미국 대통령 다섯 명을 배출한 예일 대학교의 경우 2012년에서 2016년 사이에, QS 세계 대학 순위(World University Rankings)가 7위에서 15위로 하락했다. 하지만 순위의 평가 기준이 되는 항목이 진정으로 수업과 연구의 질을 반영하고 있다고 볼 수 있을까? 교수진의 논문 평균 피인용 횟수는 대학에서 운영하는 학부에 큰 영향을 받는다. 이공계 논문이 인문학에 비해 인용 횟수가 높은 것이 일반적이다. 또한 외국인 교원 비율이 높다고 해서 그 대학의 연구 수준이 다른 학교에 비해 세계적이라고 판단하기에는 논란의 여지가 있다.

때로는 이해할 수 없는 요인으로 순위표상에서 구조적 변화가 발생하기도 한다. 몇 년 전 세계 MBA 랭킹에서 영국 대학이 미국 대학을 크게 앞지른 일이 있었다. 영국 파운드가 달러로 환산되는 바람에 영국 졸업생 평균 연봉이 상승한 것이 원인이었다. 당시 파운드가 달러보다 강세였다. 하룻밤 새 영국 경영대학원은 미국의 그것보다 훨씬 훌륭한 교육 기관으로 둔갑해 있었다. 아무도 환율을 고려하지 않았다.

상처만 남기는 도시 랭킹

2016년 빈에 사는 사람들은 딱한 처지가 되었다. 이들이 사는 곳은 더는 세계에서 가장 살기 좋은 도시가 아니었다. 지그문트 프로이트(Sigmund Freud), 구스타프 말러(Gustav Mahler), 프란츠 슈베르트(Franz Schubert), 에르빈 슈뢰딩거(Erwin Schrödinger)의 도시이자 합스부르크 왕가의 웅장한 건축물이 가득 자리한 이곳은, 〈이코노미스트〉가 선정한 세계에서 살기 좋은 도시에서 아쉽게도 97.4점을 받았다. 근소한 차이로 1위를 차지한 멜버른 시장 로버트 도일(Robert Doyle)은 "멜버른 시민으로서 무척 자랑스러운 날이다"라는 트윗을 남겼다. 멜버른은 빈보다 0.1점 높은 97.5점을 기록했다. 그래도 빈의 시민들은 95점으로 10위를 차지한 함부르크에 사는 사람들보다는 나은 형편이었다. 그나마 순위 저 아래, 53위에 오른 런던 시민이 아니었기에 망정이다.

0.1점이 실로 대단한 차이를 만들었다. 미국의 시인인 윌리엄 컬런 브라이언트(William C. Bryant)는 "승리가 전부는 아니지만 2등보다 나은 것만은 맞다"고 말한 바 있다. 전 세계 헤드라인이 멜버른으로 도배되었다. 번영과 현대성을 상징하듯 높게 치솟은 건물을 배경으로 숲이 우거진 야라 강에서 조정 연습을 하는 사람들의 사진이 실렸다. 멜버른의 부유한 바닷가 지역인 브라이턴 또한 덩달아 분위기에 합류했다. 화려한 색깔의 오두막과 야자나무, 드넓게 펼쳐진 맨션(평균 매매가 160만 파운드)을 배경 삼아 황금빛 모래사장에서 태닝을 하는 브라이턴 사람들의 모습이 소개되었다.

하지만 천국과도 같은 이 도시에도 문제는 있는 것 같았다. 멜버른이 '세계 최고'의 도시로 뽑힌 것을 기념해 시장이 주최한 기자회견장은, 한 여성이 "끔찍하군요! 멜버른은 부끄러운 줄 알아야 합니다"라고 소리치며 엉망으로 변했다.[13] 이 여성은 지난 2년간 도시의 중심 업무 지구에서 노숙을 하는 사람이 74퍼센트나 늘어 200명을 훌쩍 넘겼다고 반론을 제기했다.

뿐만 아니라 멜버른에 사는 사람들 가운데 절반 가까이가 높은 물가로 고통받는다는 설문 조사 결과도 있었다.[14] 또한 멜버른이 도시 평가 항목인 교육과 의료 시스템, 인프라에서 만점을 받은 것을 두고 한 지역 신문에서는 펀트 로드의 꽉 막힌 도로와 수천 명이 예정된 수술을 한없이 기다리고 있는 현실을 꼬집었다.[15]

어느 곳이든 완벽한 곳은 없지만 97.5점이란 점수는 그래도 완벽에 상당히 가까워 보인다. 다만 소수점 자리 하나로 수백만의 시민들이(그게 무엇이든) 경험하는 삶의 질을 단정 지을 수 있을지에 대해선 의문이 생긴다. 사실 〈이코노미스트〉 순위가 탄생한 주목적은 해당 도시에 사는 일반 시민의 삶을 평가하는 것이 아니다. 다국적 기업에서는 새로운 도시에 직원을 전근 보낼 때 각 도시별 장단점을 고려해 그에 따른 복리후생 조건을 달리하는데, 그것은 이럴 때 참고 자료로 활용하기 위해 만들어진 순위다.[16] 〈이코노미스트〉는 81점 이상은 연봉 인상이 없어도 되고, 70에서 80점은 5퍼센트 인상, 50점 미만의 도시로 이동하는 글로벌 인재에게는 20퍼센트 인상을 제안하는 것이 바람직하다고 평가한다. 도시 순위를 평가하는 항목은 외국인이 거주하는 데 중요한 요소에 집중되어 있다. 주된 다섯 가지 평가 항목과 더불어 괄호 안 가중치를 보자면 범죄나 테러리즘에 대한 위험을 평가하는 안정성(25퍼센트), 헬스케어(20퍼센트), 문화 및 환경(25퍼센트), 교육(10퍼센트), 인프라(20퍼센트)다. 물가는 반영되지 않았는데, 아마도 해외로 이주하는 글로벌 인재가 받는 연봉에 이 점이 이미 충분히 고려됐기 때문일 것이다.

따라서 이 랭킹은 사실 다국적 기업에서 일하는 사람들과 해외로 파견되는 직원들을 대상으로 각 도시별 순위를 평가하는 용도로 만들어진 것이다. 자극적인 헤드라인이나 신문 기사로 삼을 소재가 아니라는 말이다. 하지만 어느새 일반 사람들이 각 도시에서 경험하는 즐거움을 측정한다는 잘못된 오해가 생겨났다. 본인에게 해당되는 순위가 아니라는 것도 모르고 1위 도시 거주민들은 "나는 세계에서 가장 살기 좋은 도시에 살고 있어"라며 자랑스럽게 이야기할 것이다. 하지만 정말 이 순위가 외국인에게 의미가 있는 걸까? 외국인들이 느끼는 감성적 경험이나 친밀함, 공동체 의식은 어디로 간 걸까? 또한 가중치도 한번 살펴봐야 한다. 〈이코노미스트〉에서는 각각의 가중치를 어떤 기준으로 부여했는지 따로 설명하지 않았다. 안정성에는 25퍼센트의 가중치를, 인프라에는 20퍼센트만 부여하면 된다고 도대체 누가 정할 수 있을까? 값비싼 지역에 거주하게 될 외국인들은 비교적 멀리 떨어진 지역에서 벌어지는 범죄 위험보다는 매일같이 꽉 막힌 도로를 오가야 하는 현실을 더욱 걱정할 것이다.

도시 순위에 적용된 가중치는 언뜻 보면 과학적인 듯 보이지만 사실 대학 순위와 같은 문제를 안고 있다. 여기서 사용된 가중치도 임의로 설정되었고, 각 항목에 따른 최고점과 최저점의 차이를 반영하지 못하고 있다. 도시별 총점이 근소한 차를 보이고 있기 때문에 가중치에 아주 약간의 변화만 주었다면 세계 최고의 도시로 선정된 것을 기념하며 인쇄소에서 신나게 신문을 찍어내고 있을 도시는 멜버른이 아니라 빈, 어쩌면 함부르크가 될 수도 있었다. 만약 그랬다면 멜버른에서는 분명 도시가 안고 있는 문제를 파악하기 위해 심도 있는 조사와 위기 대책 회의가 소집되었을 것이다. 순위와 가중치를 정하는 정체불명의 누군가가 변덕을 부렸다면 충분히 벌어질 수 있는 일이었다.

인생의 기쁨을 앗아가는 도둑

시어도어 루스벨트(Theodore Roosevelt)는 "비교는 인생의 기쁨을 앗아가는 도둑이다"라고 말했다. 루스벨트의 말처럼 이후 다양한 심리학 연구에서도 타인과 비교할 때 남들보다 나은 점을 보며 얻는 기쁨보다 남들보다 못한 점을 보며 느끼는 비참함이 훨씬 크다는 것이 드러났다.[17] 비교를 통해 얻는 것보다 잃는 것이 많아 보인다. 최선을 다해 소임을 다하고 있는 교직원들은 대학이 최하위권에 오른 것을 보고 크게 낙심할 것이다. 순위가 낮기 때문에 어쩌면 훌륭한 학생이 많이 찾지 않을지도 모른다. 악순환의 고리에 빠지는 것이다. 순위 하나로 도시 전체가 비통함에 잠식되거나 기쁨에 환호한다고 단정할 수는 없지만, 순위 선정에 쓰이는 방법론에 비해 도시 순위가 지나치게 큰 영향력을 행사한다는 것만은 분명하다. 도시별 삶의 질을 정량화할 가치가 있을까? 다시 말해 측정은 하되, 도시 간 비교를 하지 않는 방법은 없을까?

사람들은 지역 산업체에서 내뿜는 '0에서 31만 1,000으로 나타낸 공기 중 화학 물질 유독성'이나,[18] 소득 불평등을 나타내는 지니계수와 같이 차가운 통계 수치를 선뜻 이해하는 데 어려움을 느낀다. 다

숫자는 어떻게 생각을 바꾸는가

양한 평가 항목에 임의로 정한 가중치를 곱해 97.5 또는 97.4 같은 값을 도출하는 것처럼 복잡한 공식이 나올 때면 사람들의 이해도는 더욱 낮아진다. 외국으로 파견되는 직원의 복리후생을 정하는 것 외에 삶의 질을 측정하는 것이 나름의 역할이 있다면, 바로 자신이 속한 환경에서 부족한 부분을 파악하고 개선하기 위해 각성하는 데 있을 것이다. 이른바 뜨거운 지표(hot indicator)라고 불리는 개념이 필요한 것이다. 뜨거운 지표란 쉽고 흥미로워 사람들이 이해하고 공감하기 또한 쉬운 개별적 척도다(다양한 기준을 모두 더해 총점으로 나타낸 것과는 반대되는 개념이다).[19] 뜨거운 지표가 특이한 서사까지 갖춘다면 사람들의 관심은 물론 언론의 헤드라인까지 사로잡을 수 있어 더욱 좋다.

2005년 멜버른 소속 연방 직할지인 시티 오브 포트 필립의 거주민들은 더욱 따뜻하고 친근한 동네를 만들고자 했다. 누군가 '한 시간에 몇 번 미소 짓는지'를 측정해보자고 제안했다.[20] 실제로 이 제안이 진지하게 받아들여졌고, 정해진 거리로 나간 자원봉사자들이 무뚝뚝한 표정으로 지나다니는 사람들과 눈을 맞출 때 행인들이 몇 번이나 미소로 화답하는지 15분 동안 기록했다. 데이터를 취합해보니 어느 동네 사람들이 가장 자주 웃는지, 불행한 얼굴을 하는 사람 수가 많은 곳은 어디인지 드러났다. 시장인 재닛 볼라이도(Janet Bolitho)는 미소는 사람들에게 깊은 유대감과 세상이 안전하다는 인식을 심어주기 때문에 범죄에 대한 공포 역시 낮아진다고 주장했다. 이 운동이 성공적이었을까? 한 보고에 따르면 18개월 동안 포트 필립에서 미소를 짓는 사람의 비율이 8에서 10퍼센트로 증가한 것으로 밝혀졌다. 즉

정오차 내 수치이지만 일화적인 증거는 대체로 긍정적이었다. 뿐만 아니라 데이터 취합에 참여했던 자원봉사자들은 문제 상황을 개선해야 한다는 일종의 사명감을 느꼈다. 포트 필립에서 이른바 '스마일 스파이'였던 자원봉사자들은 이후 도시 내 친근함을 높이는 촉매제 역할을 했다.

이외에도 뜨거운 지표가 사용된 사례는 많다. 시애틀에서는 맥도날드 지점 대비 채식 식당의 비율과 원예 용품점에서 판매된 농약 대비 새 모이 수량 등등 다양한 척도를 활용해 도시가 환경 친화적 방향에 가까워지고 있는지를 가늠했다. 하트퍼드셔에서는 대화를 나눌 수 있을 정도로 조용한 거리가 몇 개나 되는지 세어본 한편, 콜체스터에서는 사슴벌레 수를 기록했다.[21] 물론 CO_2 배출량처럼 이른바 차가운 지표(cold indicator)라고 불리는 좀 더 전문적인 지표는 과학자들이 일반인들에게 경각심을 불러일으키는 데 중요한 역할을 한다. 하지만 차가운 지표를 다른 여러 기준과 더해 총점을 내는 것은 우리가 관심을 가져야 할 개별 요소들을 숨기기만 할 뿐 별다른 효용이 없는 것으로 보인다.

그렇다면 도시, 대학, 학교, 나라 등 수많은 대상에 다양한 평가 기준을 결합한 총점으로 순위를 매기는 데 왜 이토록 열심일까? 지위에 대한 우리의 집착이 큰 이유다. 캘리포니아에서 활동하는 유명한 신경과학자 마이클 가자니가(Michael Gazzaniga)는 이렇게 설명한다. "아침에 눈을 떠 심리학자들이 지난 100년간 써왔던 심리 검사인 삼각형, 사각형 같은 도형과 그 의미에 대해 생각하는 사람은 없다. 우리는 지위에 대해 생각한다. 주변 사람들과 비교해 자신의 위치가 어디쯤인지 생각한다."[22] 또 한 명의 캘리포니아 심리학자인 캐머런 앤더슨(Cameron Anderson)과 그의 지도하에 있는 두 명의 박사과정 학생이 진행한 연구에서, 우리가 인지하지 못할 뿐 지위에 대한 욕구는 인간의 가장 기본적인 동기라는 점이 드러났다.[23] 이들은 심지어 인간이 자신의 지위를 어떻게 인지하는지가 개인의 신체적, 정신적 건강에 영향을 미친다고 밝혔다. 순위표는 우리가 관련하고 있는 대상의 상대적 지위를 확인하고 싶은 인간의 욕구를 충족시키는 것이다.

물론 순위표로 빚어지는 경쟁 심리가 조직과 나라의 지속적 발전을 자극하는 효과적인 동기 요인이 되기도 한다. 하지만 이런 효력은 순위표가 정확하고, 가치 있는 무언가를 측정하며, 실제로 의미가 있다는 가정하에서만 발휘된다. 순위표는 보통 이러한 요건을 충족하지 못하는 경우가 많다. 설상가상으로 사람들에게 '진정한' 목표를 희생시키면서까지 지위를 상승하는 데만 주력하게 만든다. 영국 초등학교에서는 오프 롤링(off-rolling)이라는 관행에 의해, 즉 학교 순위에 악영향을 미치게 될 것을 우려해 교장의 재량으로 특별 기관에 보내지는 학생 수가 2011년에서 2018년 사이 두 배로 늘었다.[24]

오렌지보다 사과가 낫고, 배보다 오렌지가 나을까? 답을 알고 싶다면 당신을 위해 순위표를 하나 만들어 줄 의향이 있다.

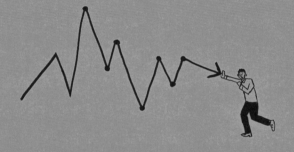

Something
Doesn't
Add Up

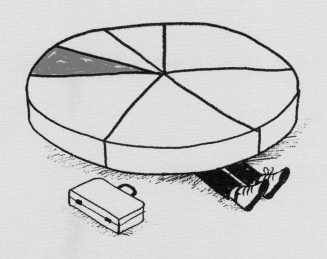

2장

아주 위험한
프록시 지표

숫자로 측정하는 나르시시즘, 지루함, 호감도

기업을 운영하는 최고경영인은 나르시시스트일까? 만약 그렇다면 경영인의 성향이 조직의 성과에 영향을 미칠까? 펜실베이니아 주립 대학교의 학자인 아리지트 채터지(Arijit Chatterjee)와 도널드 햄브릭 (Donald Hambrick)이 이를 알아보기로 했다.[1] 나르시시즘이란 지나친 자기애에서 비롯된 임상 장애로 분류된다. 그리스 신화 속 연못에 비친 아름다운 자기 모습에 빠져 열망하다 죽음에 이른 나르키소스의 변형으로 볼 수 있다. 오늘날 심리학자들은 나르시시즘이 자기애라는 스펙트럼 내에서 다양한 양상으로 표출된다고 보고 있다. 타인에 대한 부당한 착취, 권력욕, 항상 주목받고 싶은 욕구, 오만함, 우월 콤플렉스 등이다.[2] 채터지와 햄브릭은 CEO의 자아도취적 성향이 클수록 조직 성과의 변동성 또한 클 것으로 짐작했다. 이들은 나르시시즘에 빠진 경영인은 많은 사람의 주목을 끄는 과감한 결단을 즐기는데, 이로 인해 굉장한 성과뿐 아니라 심각한 손실도 불러올 수 있다고 지적했다.

하지만 최고경영인의 나르시시즘을 어떻게 숫자로 나타낼 수 있을까? '당신은 심각한 수준의 나르시시스트입니다'라는 결과를 듣게 될지도 모르는데, 굳이 바쁜 시간을 쪼개 심리 테스트를 하겠다는 매니저는 거의 없을 것이다. 또한 조직 내 정치적인 문제를 생각해보면 직원들에게 상사의 성향을 묻는 것 역시 믿을 만한 평가 방법은 아니다. 때문에 두 학자는 연례 보고서에 실린 CEO의 사진, 언론 보도 자료에 CEO가 등장하는 횟수, 인터뷰에서 1인칭이 등장하는 횟수 등을 지표로 삼았다. 컴퓨터 소프트웨어와 하드웨어 기업을 대상으로 연구를 진행한 결과 위의 지표상 자기애 성향이 높게 나타난 CEO는 규모가 큰 인수합병을 추진하려는 움직임이 두드러지고, 조직의 성과가 양극단으로 오가는 확률 또한 높다는 것이 드러났다. 물론 이 연구 결과는 해당 지표가 경영진의 나르시시즘을 얼마나 정확히 반영하는지에 따라 그 신뢰도가 크게 달라진다. 앞으로 보게 되겠지만, 프록시(proxy, 대용물 또는 대리, 대체라는 의미를 지닌 간접 평가 지표-옮긴이) 측정이 '진실'을 정확하게 드러낸다는 보장은 어디에도 없다.

프록시로 나르시시즘을 측정하다니, 빅토리아 시대의 학자인 프랜시스 골턴(Francis Galton)이 굉장히 기뻐했을 소식이다. 골턴은 "인간의 어떤 것도 측정할 수 없는 것은 없다. 무엇이든, 모든 것이 측정 가능하다"라고 주장했다.[3] 찰스 다윈(Charles Darwin)의 친척인 골턴은 수에 강박적으로 집착했던 인물로 기회가 있을 때마다 놓치지 않고 무엇이든 수치로 나타내려 했다. 자신의 초상화를 칠하는 데 붓질은 몇 번이나 하는지 세었고, 1888년 프랑스 비시로 휴가를 보내던 때는 약 7미터 거리의 두 지점을 설정해놓고 사람들이 이 거리를 통과하는 데 시간이 얼마나 걸리는지 남몰래 관찰했다. 그는 수고를 덜기 위해 직접 장비를 발명하기도 했는데, 장갑에 부착한 판에 핀으로 표시를 하는 카운팅 글러브(counting gloves)를 제작해 자신이 관찰하는 대상을 아무도 모르게 숫자로 기록했다. 영국 내 지역별로 아름다운 여성이 얼마나 분포하고 있는지, 유럽 각 도시마다 거주민이 얼마나 자주 거짓말을 하는지가 골턴의 장갑에 덧댄 판과 핀으로 비밀리에 기록되었다.

하지만 골턴은 무엇보다 프록시 측정으로 널리 알려져 있다. 그는 1분당 참석자가 몸을 뒤척이는 횟수로 회의가 지루한 정도를 측정할 수 있다고 생각했다. 이 아이디어를 실험할 당시 그는 자신이 시계를 확인하는 모습을 보인다면 실험 결과에 영향을 미칠 것이라고 판단해 자신의 호흡수로 1분을 가늠하기도 했다(자신이 1분에 정확히 열다섯 번 호흡한다고 산출했다). 골턴은 자신의 방법론이 지닌 한계 역시 인정했다. "중년 연령대로 관찰 대상을 국한시켜야 한다. 어린아이들은 잠시도 가만히 앉아 있지 않는 반면, 나이 든 철학자들은 몇 분 동안이나 꼼짝 않고 앉아 있기도 한다."[4]

또한 타인에 대한 호감도를 측정하는 방법도 만들었다. 골턴은 아무도 모르게 저녁 식사 때 앉을 의자에 압력을 감지하는 패드를 부착하는 방법을 떠올렸다. 상대방에게 매력을 느낀다면 자연스레 그 사람 쪽으로 몸을 기울일 것이고, 이때 가해지는 의자의 압력을 통해 당사자들도 모르는 진짜 속마음을 파악할 수 있다는 것이 그의 생각이었다(골턴의 측정법에는 개인의 청력은 고려되지 않았다). 물리적 수치로 심리적 현상을 나타낸다는 점이 골턴에게 특이나 흥미롭게 다가왔다. 머리가 컸던 그는 두개골 크기가 지능을 가늠하는 정확한 지표라고 믿었다. 뿐만 아니라 그는 얼굴 생김새와 범죄의 연관성을 밝히기 위해 오랜 시간을 투자했지만 끝내 성공하지는 못했다.

수에 강박적으로 집착하는 요즘 사회에서 프록시 측정법은 분석이 어려운 현상에서 광범위하게 쓰인다. 또한 관찰 대상이 상황을 의식해 본래와 다르게 자신을 드러내거나 행동 양식을 달리할 여지가 있을 때 눈에 띄지 않는 지표로 측정할 수 있다는 것이 장점이다. 기업에서는 결근율과 이직률로 직업 불만족도를 간접적으로 파악할 수 있다. 야간 인공위성 사진으로 확인된 조명을 통해서는 나라별 경제활동 정도 측정이 가능하다.[5] 영국에서는 학교에서 무상급식을 제공받는 학생 수를 각 지역에 따른 교육적 불평등을 파악하는 지표로 삼는다.[6] 소셜 미디어상에서 사람들은 자신의 인기를 좋아요 수나 친구 수로 가늠한다. 정부의 정책 수렴과 이 정책을 국민이 성공적으로 여기는 정도 또한 프록시 측정으로 파악할 수 있다. 하지만 프록시가 우리가 알고자 하는 것을 정확하게 알려주는 때는 언제이고, 또 본질을 심각하게 호도할 때는 언제일까?

문제가 많은 프록시

프록시 측정이 지닌 가장 큰 위험은 프록시가 대변해야 할 대상과 아무런 관련이 없을 때 드러난다. 골턴이 두개골 크기로 지능을 파악하려 했던 것이 전형적인 사례다. 다만 골턴에 대한 오해를 줄이기 위해 부연 설명을 하자면, 이후 그는 진자 운동을 원리로 한 기기로 다양한 소리와 불빛을 발생시켜 관찰 대상의 반응 시간을 측정해 지능을 평가하는 방법을 개발했다. 훗날 연구를 통해 반응 시간과 두뇌 활동 간 어느 정도의 상관관계가 있다는 사실이 밝혀지기도 했다.[7] 그럼에도 불구하고 이 연구 결과 또한 프록시 측정법에 문제가 있음을 방증한다고 볼 수 있다. 우리가 측정하고 싶은 진짜 현상을 측정하기 어려워 프록시를 사용하는 것이라면 이 프록시가 정말 유효한 것인지 어떻게 알 수 있을까? 자칫하면 프록시 지표의 타당성을 평가하기 위해 역시나 타당성을 검증할 수 없는 또 다른 프록시를 끌어들여 확인해야 할지도 모른다.

측정하고 싶은 대상과 관계없는 프록시를 지표로 삼을 때 발생하는 위험은 아무런 상관관계가 없음에도 연관이 있다고 믿는 우리의 사고방식으로 인해 더욱 심화된다. 두 개의 현상에 연관성이 있다는 증거가 없음에도 그렇게 믿을 때 문제가 생긴다. 예컨대 백신 접종이 아이의 자폐증을 유발한다거나 고압전선이 암을 일으킨다고 생각할 수 있다. 이 경우 우리는 자신의 믿음에 반하는 수많은 경우는 잊은 채 우리의 의견을 뒷받침해 줄 케이스부터 떠올린다. 백신 접종을 하고 자폐 증세를 보이는, 상대적으로 극소수인 아이들의 이야기가 떠오르지만 자폐 진단을 받은 아이들 중 접종을 하지 않은 경우나 접종을 하고도 자폐 진단을 받지 않은 수천 명의 아이들에게는 생각이 닿

숫자는 어떻게 생각을 바꾸는가

지 못하는 식이다. 이와 유사하게, 고압 전선 가까이에 사는 사람들 가운데 암에 걸린 환자의 이야기를 떠올리는 한편 전선과 암에 연관성이 없음을 증명하는 셀 수 없이 많은 사례는 무시한다. 미국 몇몇 정치인의 생각처럼 한 나라의 이민자 수를 테러리즘 위험에 대한 프록시로 삼거나,[8] CEO의 연봉으로 리더십 역량을 판단하는 등 착각상관(illusory correlation, 아무런 관련이 없는 두 가지 일을 연계하는 심리-옮긴이) 효과가 폭넓게 나타날 때 위험한 결론에 이를 수 있다. 물론 두 번째 사례의 경우 틀린 것만은 아니다. 여러 가지 요인이 고려되긴 했지만, 한 연구를 통해 CEO의 연봉이 골프 핸디캡을 파악할 수 있는 지표가 된다는 것이 밝혀졌다.[9]

프록시로 인해 엉뚱한 오해가 생기는 경우도 있다. 논문 피인용 횟수는 연구의 질이라는 평가하기 어려운 개념을 측정하는 지표로 쓰일 때가 많다. 그러나 몇 년 전 상당히 혁신적으로 평가된 예측 기법이 훨씬 단순한 방법들만큼 정확하지 못하다고 지적하는 논문이 출간되었다. 이 논문의 경우 상당히 자주 인용되었지만 질적으로 우수해서가 아니라 연구에 오류가 많은 탓이었다. 연구자들은 자신의 논문 도입부에 해당 논문의 결론이 잘못되었다는 점을 언급하며 서두를 열었다.

이와 같이 프록시로 인해 사실을 잘못 파악하는 문제는 프록시와 프록시가 대변하는 현상이 함께 증가하는 양상을 보이다가 특정 지점에 이르러 서로 반대 방향으로 흘러가거나 더 이상 연관성을 보이지 않을 때도 발생한다. 수학자들은 이를 비선형적 관계(non-linear relationship)라고 한다. 예컨대 개인이 어떤 일을 하는 데 들이는 시간을 업무의 질을 측정하는 프록시로 가정한다 해보자. 특정 지점까지는 더 많은 시간을 들일수록 더욱 양질의 성과가 나오는 현상을 발견하지만, 이 지점을 넘기면 피로와 좌절감이 찾아오고 그 결과 아웃풋의 질이 떨어지게 된다. 서식지 가능 면적이 조류의 개체 수를 파악하는 데 훌륭한 지표가 되지만, 이는 어디까지나 조류의 분포를 제한하는 요인이 서식지 면적일 때만 가능한 이야기다. 일정 면적을 넘어서면 번식 서식지로서의 가능성 등 다른 제한 요인이 개입하기 시작한다.[10]

프록시 측정에서 가장 자주 발생하는 문제는 관찰 대상에서 쉽게 수치로 나타낼 수 있는 측면만 반영하고 다른 중요한 요인들은 놓치는 탓에 현상의 단편적인 또는 대략적인 모습만 보여준다는 것이다. 시험 통과율로 교사를 평가한다면 학생들의 학업 능력은 물론, 교육이란 단순한 시험 통과 이상의 가치를 지닌다는 점 또한 고려하지 않은 것이다. 교육은 아이들의 능력을 개발하고 세상을 이해하는 힘을 길러주며, 훗날 아이들이 유능한 시민으로 성장하도록 돕는 데 의미가 있다. 1980년대 2,000만 명이 넘는 미국인이 굶주림에 시달렸다는 언론의 보도는 푸드 스탬프를 받을 자격이 되지만 혜택을 제공받지 못한 사람 수로 산출한 수치였다(미국에서는 연방 정부가 저소득층 가정에 푸드 스탬프를 지원해 식비를 제공한다). 그러나 이후 조사에 따르면 푸드 스탬프를 사용하지 않은 사람은 대부분 농부로서 1인당 소득은 낮았지만 보통 50만 달러 이상 가치의 농장을 운영하는 등 상당한 자

숫자는 어떻게 생각을 바꾸는가

산을 보유했고, 직접 재배한 농작물로 생계가 충분히 가능했다. 이를 바탕으로 이들이 푸드 스탬프를 사용하지 않았다는 사실은 오히려 영양실조에 시달렸을 가능성이 없다는 방증이다.[11]

프록시의 위험성

2009년 영국의 중부 지역인 스태퍼드의 한 병원에서 스캔들이 발생했다. 신문의 헤드라인으로는 거의 등장하지 않는 곳이었다[《조어대전(The Compleat Angler)》의 작가인 아이작 월튼(Isaac Walton)이 1593년경 태어난 곳으로 알려진 것이 전부였다]. 하지만 갑자기 이 지역을 중심으로 끔찍한 이야기가 퍼지기 시작했다. 스태퍼드 병원(Stafford Hospital)에 입원한 서른 명의 환자가 마실 물이 없어 꽃병에 담긴 물을 마셨다는 이야기가 들렸다. 환자를 보살펴야 할 의료진이 부재한 사이, 몇몇 환자는 낙상으로 심각한 부상을 입었다. 환자들은 의료진에게 당한 모욕적인 언행으로 눈물을 흘리는 일이 부지기수였으며, 환자 가족들은 더러운 침대 시트를 집으로 가져가 직접 세탁하고, 병원 이곳저곳에 널려 있는 다 쓴 밴드와 붕대를 치웠으며, 감염에 취약한 환자를 위해 화장실도 직접 청소했다. 보도에 따르면 2005년에서 2009년 사이 병원의 직무유기가 직접적인 사인이 되어 사망한 환자가 약 400명에서 1,200명이라고 전해졌다.[12]

현대식으로 지어져 널찍한 외관을 자랑하는 이 병원은 푸른 잔디와 마당이 더해져 전망도 아름다운 곳이었다. 1983년 설립되어 파운데이션 병원(foundation hospital, 영국 국가 의료 서비스인 NHS가 운영하는 병원으로 스태퍼드 병원은 영국 보건부로부터 높은 평가 등급을 받았다−옮긴이)의 자격을 얻고, 재정 성과와 환자 대기 시간 감축이라는 목표도 달성했다. 하지만 후에 밝혀진 것처럼 이것이 문제의 핵심이었다. 영국 왕립 외과대학교(Royal College of Surgeons of England)의 전 학장 노먼 윌리엄스(Norman Williams)는 병원 의료진과 직원들은 목표 달성에만 지나치게 집중한 나머지 애초에 '병원에서 일하는 이유'를 잊고 말았다고 설명했다. 숫자로 설정된 목표는 사람들의 동기를 자극하고 효율성을 높이는 데는 효과적인 수단이 될 수 있고, 아마도 그간 영국의 의료 시스템상에서도 큰 효용을 발휘하기도 했을 것이다.[13] 하지만 스태퍼드 병원의 충격적인 사례처럼 수치를 조직이 달성하려는 성과를 측정하는 절대 기준으로 삼을 때, 즉 프록시가 목표가 될 때는 단순한 문제를 넘어서 비극적인 사건이 벌어질 위험이 도사린다.

영국의 경제학자인 찰스 굿하트(Charles Goodhart)의 이름을 딴 굿하트 법칙(Goodhart's law)은 '지표가 목표가 될 때 훌륭한 지표로써의 가치가 사라진다'는 이론이다. 프록시를 목표로 삼을 때 사람들은 지표에 개입하려 들기 때문에 '진정한' 목표를 성취할 가능성이 낮아진다. 스태퍼드 병원의 경우 운영의 효율성과 의료 질의 목표는 특정 프록시를 달성하는 것이 되었고, 의료진은 비용을 절감하고 환자 대기 시간을 감축하기 위해 형편없는 서비스를 제공하기 시작했다. 연구의 질이 논문 발표 횟수로 평가된다면 연구자들은 훌륭한 통찰력을 담은 몇 편의 논문보다 특색 없는 논문 다수를 출간하는 식으로 질보다는 양을 중요시할 것이다. 지표로 인해 질적 목표의 중요성이 크게 훼손되고, 이내 지표는 더 이상 연구의 질을 평가하는 기준으로써의 가치도 잃고 만다. 이와 비슷하게, 자동차 연비와 배기가스 배출량을 실험실에서 평가받아 검사 결과를 보고해야 하는 제조업자들 또한 약간의 트릭을 쓰고 싶은 유혹에 흔들릴 것이다. 예를 들어 테스트 때만 저회전 저항성 타이어를 장착하고, 옵션 장비를 제거해 차체의 무게를 줄이고, 공기 역학성을 높이기 위해 사이드 미러를 떼어내고 차체의 외부 이음매에 테이프를 붙이는 식이다. 2015년 폭스바겐의 배기가스 스캔들처럼 극단적인 경우 자동차 제조업자들은 테스트 중에 엔진의 성능을 조작할 수 있는 소프트웨어를 개발할지도 모른다. 그렇게 되면 테스트 결과와 자동차 엔진이 실제 도로에서 일으키는 환경오염 정도는 아무런 연관성이 없게 된다. 한 연구에서는 2014년에 생산된 차의 경우 실험실에서 측정한 연료 소비량과 실제 도로 주행 연비의 차이가 50퍼센트 이상 되는 것으로 추정했다.[14]

우리가 프록시 기준에 맞춰 성과를 내려 할 때 발생하는 문제는 굿하트 법칙만이 아니다. 프록시로 여러 가지 목표를 측정하면 어떤 목표를 우선시해야 할지 판단이 불가능해지고, 각 목표를 성취하는 데 따르는 기회비용을 고려하지 못하게 된다. 가령 지원자의 입사시험 성적을 업무 능력을 판단하는 프록시로 삼는 경우가 있다. 가장 높은 점수를 받은 지원자를 선택하기 마련이다. 그러나 업무 능력은 창의성, 팀워크, 신뢰성 등 점수만으로는 판별할 수 없는 요인에 따라 좌우된다. 단 하나의 프록시 지표에 의존할 때 지원자의 강점과 약점을 견줄 수 없게 된다. 또 다른 예를 보자. 삼림 보존 지역을 관리할 때 우리는 생물 다양성을 지키고, 멸종 위기종을 보호하며, 토양 침식을 방지하고, 미관상으로도 보기 좋게 만들겠다는 나름의 목표를 갖고 있다. 이 목표가 잘 달성되고 있는지 측정하기 위해서는 간단히 나무가 빼곡하게 우거진 면적을 프록시로 삼으면 된다고 생각하기 쉽다. 하지만 이 경우, 우리는 삼림 지역에 살지 않는 종의 욕구는 고려하지 않는 셈이다. 또한 성장 속도가 빠른 침엽수가 군데군데 빈 숲을 메우기도 좋고 토양 침식을 방지하는 데 빠른 효과를 보이지만, 그것만 고려한다면 성장이 더딘 낙엽수의 다양성은 무시된다. 나무가 심어진 면적을 최대화하는 데만 매달린다면 우리가 이루고자 하는 여러 목표 간의 우선순위를 판단할 기회를 잃고 마는 것이다.

GDP: 국내 총 프록시?

몇 달 전 국가에 아주 작게나마 기여한 일이 있다. 좁은 자갈길에서 맞은편 차가 지나갈 수 있도록 내 차를 옆으로 바짝 붙이다 벽에 긁히고 말았다. 사이드 미러를 고치는 데 제법 돈이 들었다. 하지만 내가 수리를 맡긴 덕분에 국내총생산(GDP)은 높아졌을 것이다.

　오늘날 대부분의 국가가 GDP와 그 성장률에 상당히 집착하고 있다. 연 1퍼센트 미만의 성장률은 위태로운 경제라는 의미이자 정권의 위협이 된다. 2분기 연속 마이너스 성장을 기록할 경우 불경기라는 끔찍한 상황이 펼쳐진다. 최근 몇 년간 중국은 꾸준히 6퍼센트 이상의 엄청난 성장률을 보인 반면, 영국의 재무부 장관은 2020년의 성장률이 1.3퍼센트에서 1.4퍼센트로 오를 것으로 예상한다며 자축했다.[15] 한편 2013년 영국이 처음으로 매춘과 불법 약물도 GDP에 포함시키자 GDP가 무려 100억 파운드나 치솟았던 일이 있었다.[16] EU 소속 국가들이 EU 분담금을 산출하기 위해 GDP 계산을 동등한 방식으로 해야 했는데, 영국과 달리 매춘과 약물을 불법으로 간주하지 않는 EU 국가에서 이런 경제 활동을 GDP에 포함시켰기 때문이다. 나이지리아가 영국보다 훨씬 높은 성장률을 기록한 적도 있다. 2014년 통신 정보 기술, 음악, 온라인 상거래, 영화 산업을 경제 활동 범위에 포함시킨 후 나이지리아의 GDP가 무려 90퍼센트나 증가했다.[17] 순식간에 나이지리아는 아프리카에서 가장 큰 규모의 경제 대국이 되었다. 그리스 정부는 훨씬 창의적인 방법으로 GDP를 높였다. 수십 년 동안 수치를 조작한 것이다. 2006년 그리스 정부가 예상치보다 25퍼센트나 불어난 GDP를 발표하며 의혹을 불러일으켰다. 놀랍게도 우리는 1인당 GDP보다 GDP를 더욱 많이 접한다. GDP로만 따지면 중국 경제가 세계 2위 수준이지만 이는 약 14억에 이르는 인구에 대한 수치다. GDP를 보면 일본 경제는 1990년대 이후로 내내 침체되어 있으나 인구가 꾸준히 줄어든 탓에 오히려 1인당 GDP는 2012년에 역대 최고점을 찍었다.

과거 미국 상무부(US Department of Commerce)에서 20세기 최대 업적이라고까지 칭한 GDP는 한 나라의 경제 활동이 얼마나 활발히 이뤄졌는지를 측정하는 척도다. 나라에 따라 산출 방식에 조금씩 차이가 있지만, 기본적으로 한 해 동안 발생한 총지출 또는 총소득을 합산한다. 인플레이션을 고려해야 하기 때문에 수치를 조정해 실질 단위(real terms, 물가 변동 요인을 제거한 화폐 가치-옮긴이)로 산출한다. 엄청난 규모의 데이터를 취합하는 작업은 상당히 복잡하다. 영국과 미국에서는 다양한 방법을 활용하는데, 일반 기업과 무역업에 종사하는 업체를 대상으로 설문 조사를 하고, 소매업 가운데 몇 곳을 표본으로 선정해 클립보드를 들고 다니며 소비자 물가를 기록하는 요원들을 파견하기도 한다.

1930년대 대공황(Great Depression) 당시 각국 정부는 경제 정책을 세우기 위해서는 우선 경제 규모를 측정해야 한다는 결론에 이르렀다. 훗날 노벨 경제학상을 수상한 벨라루스 출신의 망명자, 사이먼 쿠즈네츠(Simon Kuznets)가 처음 경제 규모 측정을 시도한 인물로 인정받고 있다. 1934년 쿠즈네츠는 루스벨트 행정부에 1929년에서 1932년 사이 미국 경제가 반으로 축소되었다는 보고서를 전달했다. 이 보고서를 근거로 프랭클린 루스벨트(Franklin Roosevelt) 대통령은 미국의 경제 침체를 극복하기 위해서 몇몇 주요 프로젝트에 정부 자금을 푸는 뉴딜(New Deal) 정책을 결심했다. 얼마 지나지 않아 GDP 산정 방식에 대한 논란이 벌어졌다. GDP가 무기 생산 등 '사회의 해악'이 될 재화나 서비스도 포함해 단순히 국가의 생산량을 측정해야 할까, 아니면 경제가 국민의 복지에 기여하는 정도를 측정해야 할까?[18]

영국과 미국 같은 나라에서는 현재 GDP를 산출할 때 전자의 입장

숫자는 어떻게 생각을 바꾸는가

을 따른다. 앞서 불법 약물과 매춘을 GDP에 포함시켰던 것처럼 좋고 나쁨의 기준을 두지 않는다. GDP는 환경을 오염시키는 산업의 생산량과 그렇지 않은 산업의 생산량에 똑같은 가치를 두고 있다. 2만 5,000파운드의 전기 자동차와 같은 가격의 아산화질소를 배출하는 디젤 자동차가 GDP에 기여하는 바가 동일하다. 실상 환경오염 정화를 위한 상품이 생산될 때 GDP가 높아지는 구조다. 슈퍼마켓 한 코너에서는 사람들의 뱃살을 늘리는 식품을 판매하고, 바로 옆 판매대에서는 다이어트 제품을 판다면 GDP와 더불어 슈퍼마켓의 매출은 두 배가 되는 셈이다.

부도덕하게나마 생산량을 측정하는 지표로서 활용되던 GDP는 21세기에 들어서며 점차 정확성까지 떨어지는 지표가 되었다. 요즘 사람들은 구글(Google), 페이스북(Facebook), 위키피디아(Wikipedia) 등 무료 디지털 서비스를 자주 활용한다. 휴가를 계획하고, 요리법을 다운로드받고, 전 세계 친구들과 소통하고, 지식을 구하기 위해 사용한다. 몇 년 전만 해도 비용을 지불해야 할 일들이 이제는 무료로 가능해진 탓에 이런 활동들은 GDP에 포함되지 않는다. 다양한 서비스에 쉽게 접근할 수 있게 되어 사람들의 삶이 전반적으로 나아졌지만 GDP에서는 배제되고 있다.

전자 기기의 비약적 발전과 함께 이런 무료 서비스들이 가능해졌다. 1990년대 초반 첫 컴퓨터를 장만한 내게 친구는 당시만 해도 엄청나 보이던 40메가바이트의 하드디스크 용량을 절대로 다 쓰지 못할 것이라 장담했다. 이제는 물가를 감안해도 당시의 거의 반값 정도면 첫 컴퓨터의 그것에 비해 메모리 용량이 2만 5,000배나 큰 1테라바이트 하드디스크와 더불어 여러모로 성능이 향상된 컴퓨터를 구매할 수 있다. 즉, 이제는 컴퓨터에 1,000파운드를 소비하면 물가 상승률을 감안하고도 20년 전에 비해 그것이 소비자에게 훨씬 큰 혜택을 가져온다는 뜻이다. GDP를 산출하는 통계학자들은 이런 특성을 반영하기 위해 '즐거움'을 뜻하는 그리스 단어인 헤도네(hedone)를 빌려 헤도닉 가격(hedonic pricing, 어떠한 재화의 가치는 해당 재화에 내포된 특성에 의해 결정된다는 이론-옮긴이)을 사용한다. 하지만 과거에 비교해 1파운드가 현재 우리에게 얼마나 더 많은 것을 제공하는지를 측정하기란 어렵다.

물론 시간이 지남에 따라 개인이 경험하는 질이 저하된 경우도 있다. 북적이는 열차 안에서 숨 쉬기가 불편할 때면, 수송 인원이 두 배로 늘어난 덕분에 열차가 GDP에 기여하는 바도 두 배로 커졌다고 생각하며 위안하기 어려울 것이다. 또한 통계학자들은 서비스가 제공하는 아웃풋의 질을 측정할 수 없을 때 투입 비용을 계산한다. 하지만 많은 자본이 투입되었다고 해서 결과물의 품질이 반드시 좋다는 보장은 없다. 미국이 1인당 건강에 지출하는 비용은 영국, 프랑스, 독일, 호주 등 고소득 국가 평균에 비해 두 배 가까운 수치로, 미국 GDP를 높이는 요인이 된다. 그러나 미국의 기대 수명은 비교적 낮고 영아 사망률은 다른 국가들에 비해 높은 수준이다.[19]

여러 국가에서 드러나는 21세기의 또 다른 특징은 바로 소비자의 선택지가 크게 확장되었다는 점이다. 영국의 경우 1982년 이전만 해도 TV 채널이 3개뿐이었지만 이제는 넷플릭스(Netflix), 아마존(Amazon), 유튜브(YouTube)와 같은 스트리밍 서비스 외에도 약 600개의 채널이 제공되고 있는 현황이다. 1970년 미국에서 판매되는 시리얼은 160개였지만, 2012년에는 4,945개에 이르렀다. 같은 기간 동안 140종이었던 자동차 모델은 684종으로 늘어났다.[20] 1909년 헨리 포드(Henry Ford)가 모델 T를 판매할 당시 말했다고 알려진 유명한 말과는 사뭇 대조적인 현상이다. "무슨 색이든 소비자가 고를 수 있습니다. 단, 검은색이라면 말입니다."(자신이 회의 중에 한 말이라고 포드가 직접 적기도 했지만 그가 실제로 이 말을 했는지는 논란의 여지가 있다.) 또한 자신의 니즈에 따라 상품을 주문하는 고객 맞춤형 주문 제작 서비스도 있다. 가구 업체에서는 원단과 다리, 구성을 저마다 다양하게 조합해 소비자에게 제공한다. 휴대용 노트북 컴퓨터 또한 램 용량, 프로세서, 디스플레이, 하드 드라이브, 외형 디자인에 따라 선택권이 넓어졌다. 몇몇 경제학자들은 GDP에는 산정되지 않지만 확장된 선택지와 다양성이 소비자에게는 큰 혜택을 가져온다고 지적했다.[21]

모든 것을 종합해보면 GDP는 본 지표가 처음 등장했던 산업 사회에 훨씬 부합하는 개념이다. 똑같은 상품을 대량으로 찍어내고, 기계와 작업장에서 나오는 제품 생산 개수를 단순히 합산하기만 하면 되던 시대 말이다. 현대 선진 국가에서 큰 비중을 차지하고 있는 서비스 산업과 예술 산업에는 적합하지 않다. 이론상으로는 두 개의 셰익스피어(Shakespeare) 연극이 두 배속으로 상영된다면 정상 속도로 상영되는 작품 하나보다 두 배의 가치가 있어야 하고, 헨리 무어(Henry

Moore)가 그저 그런 수준의 조각품 네 개를 뚝딱 만들어내는 것이 하나의 걸작보다 네 배의 가치를 지녀야 한다.[22] 뿐만 아니라 GDP는 세계가 마주한 환경 위기 앞에서 국가의 웰빙을 측정하는 프록시로도 제 역할을 하지 못한다. 철마다 바뀌는 패션 업계의 수요를 충당하기 위해, 또는 우리가 다시는 쓰지 않을 물건으로 집을 채우기 위해 희소 자원을 개발한다면, 그해의 GDP 상승에는 도움이 되겠지만 다음 세대에는 자원 고갈과 불행만 남겨주는 꼴이다. 과거 세계에서 네 번째로 큰 호수였던 우즈베키스탄의 아랄 해가 최근 나사(NASA)의 위성사진에 포착된 모습을 보면 거의 말라버린 것을 확인할 수 있다.[23] 가장 큰 원인은 아랄 해 근처에 엄청난 물을 필요로 하는 목화 재배업 때문인데, 이곳에서 생산된 목화는 대부분 해외로 수출한다. 티셔츠 한 장을 만드는 데 2,700리터의 물이 들어가지만, 2016년 영국 가정에서 폐기한 옷이 30만 톤에 이르고, 이 중 대부분은 한두 번만 입고 버린 옷이었다.[24] 그러나 우즈베키스탄과 영국의 GDP는 이러한 끔찍한 산업을 통해 높아지는 효과를 얻었다.

그렇다면 GDP를 어떻게 받아들여야 할까? 초기 쿠즈네츠의 눈부신 업적과 그 뒤로 이어진 수많은 노력에도 불구하고, GDP는 현대 사회의 복지와 행복을 가리키는 절대적 프록시로 부적격일 뿐 아니라 위험한 오해를 불러일으킨다. 전직 프랑스 대통령인 니콜라 사르코지(Nicolas Sarkozy)가 지적했듯이, 사람들이 공식적인 통계와 본인의 삶 간에 격차를 느끼는 것이 위험한 이유는 자신이 기만당했다는 생각이 들게 하기 때문이다. 사르코지 전 대통령은 이보다 민주주의에 더 큰 위협이 되는 것은 없다고 경고했다. 그는 자신이 지시한 GDP의 개선과 대안에 관한 보고서에 직접 서문을 쓰기도 했다.[25] 서문의 마지막은 우리가 "삶을 잘못 측정하고 있었다"는 글로 맺었다.

이 모든 것을 고려하면 세 가지 결론에 이른다. 첫째로, 21세기에 발맞춰 GDP 산정법을 조속히 그리고 대대적으로 점검해야 한다. 둘째로, 국가의 복지와 행복은 단 하나의 숫자가 아니라, 다양한 지표를 통해 폭넓은 관점으로 파악해야 한다. 마지막으로 정치인들과 언론은 GDP를 포함한 그 어떤 척도로도 한 국가의 성과를 과학적으로 완벽하게 나타낼 수 없다는 현실을 깨달아야 한다. 이제부터 우리 모두는 GDP의 한계를 깨닫고, 경제 성장 예측률이 0.1퍼센트 하향 조정되었다는 불쾌한 뉴스가 들려올 때마다 GDP의 허점을 떠올려야 한다.

범죄의 바로미터

2018년 가을, 신문과 TV 뉴스 속보로 영국 철도 내 범죄가 1년 만에 17퍼센트나 급증했다는 깜짝 놀랄 만한 헤드라인이 전해졌다.[26] 철도는 물론 전반적으로 범죄율이 낮아지고 있는 추세가 오래 지속된 터라 갑작스런 상승률이 더욱 심각하게 다가왔다. 왜 갑자기 범죄자들이 기차가 악행을 저지르기 좋은 장소라고 생각하게 되었는지 의아해졌다. 단 몇 분 동안 얼마나 많은 가설이 머릿속을 스쳐 지나갔는지 셀 수 없을 정도였다. 승객을 책임지는 철도 승무원의 수가 적어진 탓일 수도 있다. 아니면 근래 들어 개찰구 고장이 잦아진 탓에 절도범이 쉽게 기차에 올라타고, 일을 마친 후에는 손쉽게 도망칠 수 있는 게 아닐까. 어쩌면 평소라면 법을 준수하는 선량한 시민들이 지나치게 혼잡한 열차 내부와 열차의 잦은 지연 및 운행 취소로 범죄의 유혹에 사로잡힌 것일지도 몰랐다.

기자들이 열심히 취재해 기삿감을 따낸 것이겠지만, 헤드라인에 등장하는 수치를 자세히 들여다보면 그다지 겁먹을 내용은 아니었다. 물론 범죄의 피해자가 된다는 것은 결코 가볍게 봐서는 안 되는 일이고, 범죄란 단 한 건도 늘어서는 안 되는 것 또한 맞는 말이다. 하지만 경찰 고위 간부들이 곧장 발표했듯 열차 내 범죄 피해자가 될 확률은 통계에 따르면 상당히 낮은 수치였다. 2017년과 2018년 사이 승객 100만 명당 범죄 발생 건수는 겨우 19건이었다.[27] 17퍼센트 상승률은 승객 100만 명당 범죄 사건이 전보다 3건 더 많아졌다는 이야기다. 게다가 10년 전에는 승객 100만 명당 약 30건의 범죄가 발생했으므로 과거에 비해 철도에서 발생하는 평균 범죄 건수는 오히려 37퍼센트 가까이 줄어든 셈이었다.

또한 범죄를 통계로 산출하는 방법 역시 문제가 있었다. 경찰에게 신고 접수가 들어온 범죄가 통계로 집계되었다. #미투(MeToo) 운동의 영향으로 열차 내 성범죄 피해자가 범죄자를 적극적으로 신고하는 분위기가 형성되었다. 성범죄는 물론 그 외 범죄의 신고를 독려하기 위해 기차를 담당하는 경찰 부서에서는 승객들이 아무도 모르게 문자를 통해 신고할 수 있는 서비스를 제공했다. 과거에는 신고되지 않았던 수많은 사건이 집계된 점도 범죄 증가율에 작용한 것으로 경찰은 추정했다.

이 모든 상황을 감안하더라도 여전히 범죄 통계에는 커다란 허점이 있다. 어떤 범죄의 경우 그 심각성이 다른 범죄에 비해 위중하다는 점을 간과하는 것이다. 가게에서 빵을 하나 훔치는 것보다 살인이 훨씬 위험한 범죄임은 분명하지만, 이를 두 개의 범죄 사건으로만 집계한다면 사안의 위중함이 다르다는 것은 고려하지 않은 셈이다. 단순 범죄 건수만 보여주는 것보다 해당 범죄에 따른 피해 정도를 내포한 통계를 내야 문제의 본질을 더욱 분명하게 파악할 수 있고, 재정난에 시달리는 경찰 인력을 위중한 범죄 사건에 우선적으로 파견하는 데도 도움이 된다. 그러나 범죄의 해악 정도를 어떻게 측정할 수 있을까? 사실, 같은 범죄라 해도 어떤 피해자의 경우 범죄로 인한 고통에서 조금 더 빨리 회복하기도 한다. 똑같은 절도 사건이라 한다면 휴가로 인해 집을 비웠을 때 당한 것보다, 집에 있을 때 절도범과 마주한 피해자의 정신적 충격이 훨씬 심할 것이다. 정신적 피해와 쓰레기 불법 투기, 멸종 위기종 거래와 같은 범죄로 인한 환경 파괴는 또 어떻게 비교할 수 있을까?

범죄학자들은 이 문제를 오랫동안 고민했다. 한 가지 방법으로, 사람들에게 사건에 대해 설명한 후 범죄의 심각성에 대해 평가하는 여론 조사를 진행했다. 1980년 중반에 미국에서 진행된 설문 결과 사람들은 경범보다 중범을 300배 이상 위중하다고 평가했지만, 경찰은 그것을 인력 배치 및 운용의 근거로 채택하지 못했다.[28] 또 다른 연구진들은 피해자의 의견을 조사하는 방법도 고안했지만 중대 범죄가 적을 때는 피해자 역시 너무 적어 설문 결과를 일반화할 수 없는 문제가 있었다.

　최근에는 형량(또는 선고받은 사회봉사 시간)을 프록시로 삼아 범죄 피해를 판단하는 방법도 생겼다. 벌금이 부과된 경우에는 벌금을 최저 임금으로 나눠 수감 기간을 계산한다.[29] 현재 케임브리지 대학교에 재직 중인 범죄학자인 로렌스 W. 셔먼(Lawrence W. Sherman)의 주도하에 완성한 케임브리지 범죄 피해 지수(Cambridge Crime Harm Index)에서는, 가중 및 감경 요소가 없는 초범에게 선고되는 양형 시작점(starting-point sentence, 양형의 일관성을 위해 법원의 판단 근거가 되는 최초 기준점-옮긴이)을 기준으로 범죄별 피해 정도를 산정했다. 각 범죄에 따른 양형 시작점은 영국과 웨일스의 범죄 양형 위원회(Sentencing Council for England and Wales)에서 정한 지침을 따른다. 양형 시작점은 적용이 쉽고 간편하며, 비용이 적게 드는 척도로서 각 범죄 유형에 따른 사회적 인식이 상당 부분 반영되어 있는 것이 장점이다. 예컨대 폭행 상해 가해자의 양형 시작점은 19일 수감이다(그러나 해당 범죄의 평균 수감일은 184일이다).[30] 다수의 생명을 노린 테러 계획으로 체포된 범죄자의 경우, 모의가 비록 범죄의 초기 단계에 해당된다 해도 양형 시작점을 15년 구금형으로 정했다.[31]

　범죄로 인한 피해는 실형이 아니라, 양형 시작점을 기준으로 범죄자에게 선고된 형량 일수를 모두 더해서 계산한다.[32] 케임브리지 지수를 이용해 영국 범죄를 측정한 결과, 2013년까지 10년간의 범죄율은 37퍼센트 감소한 반면 범죄 피해는 그보다 적은 21퍼센트 감소한 것으로 나타났다.

하지만 범죄가 일으킨 피해 정도를 측정하기 위해 왜 범죄자의 양형 시작점을 프록시로 삼는 걸까? 한 가지 이유를 들자면 보통 실형은 범죄 피해와 관계없는 요소를 감안해 선고되기 때문이다. 예를 들어 영국과 웨일스에서는 범죄자가 '법적 절차상 이른 단계에' 자백을 할 경우 형의 1/3을 감형받는다.[33] 이와 반대로 재범자의 형량은 길어진다. 1980년대 중앙아메리카에서 소매점 내 절도로 유죄를 받은 범죄자들 가운데 2/3가 일주일에 한 번 이상 동일 범죄를 저지른다고 밝힌 연구도 있다.[34] 그러나 절도가 처음인 범죄자가 저지른 피해나, 노련한 절도범이 스무 번째 저지른 피해나 일반적으로는 같을 것이다. 또한 형량이 길어진 이유가 해당 범죄로 인한 피해 정도를 반영했다기보다는 잠재적으로 위험한 범죄자로부터 시민을 보호하거나 범죄를 억제하기 위한 결정일 때도 있다. 특정 범죄에 반짝 쏟아지는 언론의 관심에 부담감을 느낀 판사들이 형량을 무겁게 선고하는 경우도 있다.[35] 이스라엘에서 진행한 한 연구에 따르면 판사들이 점심 식사 후에는 관대한 판결을 내리는 경향을 보인다는 것이 밝혀졌다.[36]

그럼에도 불구하고 범죄의 피해 정도를 반영해 실형이 내려지기도 한다. 예를 들어 폭행으로 장기적인 신체적, 심리적 상해를 입혔을 때가 이에 속한다. 케임브리지 범죄 피해 지수를 개발한 이들은 모든 범죄 사건에 선고된 형량을 수집하는 데 상상을 초월하는 비용이 든다는 이유로 형의 가중 및 감경 요소가 있는 사건을 제외시켰다. 하지만 대안이 있다. 영국 통계청(Britain's Office for National Statistics)에서는 범죄 유형별 양형 시작점이 아닌, 평균 형량을 바탕으로 한 범죄 심각도 지수(Crime Severity Score)를 만들었다. 노팅엄 트렌트 대학교(Nottingham Trent University)에서 범죄학을 가르치는 강사이자 전직 경찰관이기도 한 매트 애쉬비(Matt Ashby)는 범죄 심각도 지수로 보면 영국 및 웨일스에서 벌어지는 범죄 피해 정도가 상당히 달라진다고 지적했다.[37] 이를테면 2015년에서 2016년 사이 벌어진 가정집 절도 사건은 케임브리지 지수에 따르면 전체 피해 중 겨우 2퍼센트를 차지하지만, 범죄 심각도 지수상으로는 16퍼센트가 나온다. 이와 반대로 강간 사건의 경우 케임브리지 지수로는 36퍼센트지만, 심각도 지수로는 20퍼센트가 된다. 이러한 차이로 인해 경찰은 한정된 인력을 어떻게 안배해야 할지 혼란스러울 수밖에 없다. 지역별 경찰 예산을 분배해야 하는 정부 기관에서도 같은 고민에 시달린다. 범죄로 인한 피해가 가장 큰 지역에 가장 많은 자금을 할당하려 할 때 두 가지 지수가 각각 다른 곳을 가리키는 일이 벌어질 수 있다. 한 예로, 애쉬비의 설명에 따르면 2015년과 2016년 사이 케임브리지 지수상에서 1인당 범죄 피해로 3위에 오른 웨스트미들랜즈가 범죄 심각도 지수로는 한참 아래인 17위에 올랐다고 지적했다. 클리블랜드주에서는 1인당 범죄 피해 정도 차이가 두 지수 간에 무려 50퍼센트나 났다.

단순히 총 범죄 건수를 집계한 통계보다는 범죄로 인한 피해를 측정하는 것이 위험성을 파악하는 데는 더욱 효과적일 것이다. 하지만 이 역시 프록시 지표의 한계를 드러낸다. 범죄로 인한 총 피해 규모를 측정할 길이 없기 때문이다. 모든 범죄 피해자들이 직접 경험한 피해 정도를 상세하고도 정확하게 평가한다 해도, 폭행 피해자의 정신적 트라우마와 사기 피해자의 경제적 손실, 지역 내 명소가 쓰레기로 더럽혀졌을 때 지역 사회의 불행 정도를 정량화하는 것이 정말 가능할까? 때문에 프록시 지표가 실제 현실을 반영하고 있는지 그 신뢰성을 확인할 방법은 없다. 케임브리지 지수와 범죄 심각도 지수 간의 격차는 관점에 따라 현실이 달라질 수 있고, 그로 인해 우리가 세상을 이해하는 방식 또한 크게 달라질 수 있음을 보여주는 사례다.

프록시를 향한 최후의 경적

50년 전 대학 윤리 위원회가 생기기 전만 해도 인간을 혐오하는 사람은 심리학 연구자라는 직업을 통해 자신의 뜻을 펼쳤다. 이들은 과학적 지식을 추구한다는 명분을 내세워 사회를 향한 복수를 감행했다. 심리학 연구자들은 뉴욕 지하철 안에 빈 좌석이 많았음에도 굳이 앉아 있는 승객들에게 자리를 비켜 달라고 요청하는 실험을 진행하기도 했다(49퍼센트가 이들의 요구를 들어줬다). 또 다른 실험에서는 술집에서 주인이 자리를 비운 사이 (가짜)도둑이 맥주를 훔치기도 했다. 사람들은 본인 외에 사건을 목격한 다른 손님이 있을 때 주인에게 절도 사실을 알리지 않는 경향이 높았다. 또한 학습이 느린 사람에게 강력한 전기 충격을 가하도록 실험 참가자들을 부추긴 실험도 있었고(전기 충격은 가짜였고 학습지진아 역할을 맡은 사람 또한 연기자였다), 그 유명한 스탠퍼드 감옥 실험(Stanford Prison Experiment)에서는 일반인에게 악랄한 교도관 역할을 맡겼다. 이런 실험들은 아무것도 모르는 일반 대중들을 대상으로 짓궂은 장난을 선보였던 동시대의 리얼리티 TV 프로그램 〈캔디드 카메라(Candid Camera)〉와 유사한 지점이 있었다. 1968년 캘리포니아의 팰로 앨토와 멘로 파크에 있는 교차로에서 운전자들의 짜증을 유발했던 실험 역시 비슷했다.[38]

토론토 대학교의 앤서니 두브(Anthony Doob)와 위스콘신 대학교의 알렌 그로스(Alan Gross)가 주최한 이 실험에서는 교차로에 신호가 들어온 후에도 출발하지 않는 앞차 때문에 운전자들이 꼼짝없이 기다려야 하는 상황이 펼쳐졌다. 앞을 막고 있는 차가 '고급 차'일 때 낡은 차와 비교해 운전자들이 신경질적으로 경적을 울리는 경향이 줄어드는지를 확인하는 것이 실험의 목적이었다. 1966년형 크라이슬러 크라운 임페리얼 하드톱을 실험에 맞게 깨끗이 세차하고 단장해 고급 차량으로 썼다. 운전자는 하얀 셔츠에 격자무늬 재킷으로 말끔한 차림을 했다. '저가형' 차량 두 대는 모두 중고차였는데, 한 대는 1954년형 녹슨 포드 스케이션 왜건이었고, 또 하나는 무난한 회색의 1961년형 램블러 세단이었다. 저가형 차량의 운전자 모두 낡은 카키색 재킷을 입었다.

저가 차량으로 실험하던 중 뒤에 있던 운전자가 경적을 울리는 대신 범퍼를 들이받는 일이 두 차례 벌어져 실험이 불발되었으나, 이두 번의 사고를 제외하고는 저가형 차가 앞을 막을 때 경적을 울리는

숫자는 어떻게 생각을 바꾸는가

운전자가 84퍼센트인 데 반해 크라이슬러가 앞에 있을 때는 단 50퍼센트만이 경적을 울렸다. 연구진은 크라이슬러 뒤에서 짜증이 난 운전자들이 고급 차를 보고 이내 지위가 높은 사람이 타고 있다고 판단해 반응을 참았을 것이라는 가설을 제기했다. 고급 차를 모는 사람이라면 자신에게 공격적인 반응을 보이는 대상에게 불행한 결과를 가져올 만큼 권력이 있을 것이라고 운전자들이 짐작했다는 것이다. 실제로 자신의 권력을 행사하지 않을 상황이라고 해도 뒤차에 타고 있던 운전자들은 과거 '지위가 높은 사람을 향해 분노를 표출했다가 불이익을 당했던' 경험을 떠올렸을 수도 있다.

이 실험에서 흥미로운 점은 사람들은 실험 차량의 모델과 상태, 운전자의 옷을 프록시로 삼아 사회적 지위를 판단했고 자신에게 보복할 권력이 있다고 짐작했던 것이다. 물론 실험 속 차의 특성과 운전자의 옷은 실제 운전자의 사회적 지위와 아무런 관련이 없었다. 하지만 우리는 자동적으로 그리고 무의식적으로 프록시를 통해 상황을 판단한다. 진화를 거치며 우리는 앞으로 벌어질 일에 대해 단서를 제공하는 프록시를 먼저 살피도록 배웠다. 장차 파트너가 될지도 모를 이성의 조화로운 얼굴은 좋은 유전자를 의미한다. 수염은 지혜를 뜻하고, 벌레에 노란색과 검은색이 섞인 줄무늬가 있다면 위험을 가리킨다. 이런 연관성을 바탕으로 정확한 예측이 가능할 때도 있다. 하지만 몇몇의 경우를 제외하고는 보통 우리의 선택적 기억에 따른 오해에 불과하다. 우리는 짐작이 틀렸던 수많은 상황은 잊고 우연찮게 맞아 들어간 몇몇의 예외적 상황만 기억한다. 고가 차량은 운전자의 사회적 지위 또는 운전자의 부유함 정도를 보여주는 믿을 만한 지표이긴 하지만 그렇다고 해서 완벽한 지표가 될 수는 없고, (예컨대 운전자가 심리학 연구자일 때처럼) 우리의 예측이 사실과 아주 다를 때도 있다.

프록시가 반드시 필요할 때도 있다. 현상을 측정할 방법이 필요하지만 구할 수 없을 때가 있다.《무엇이든 측정하는 법(How to Measure Anything)》의 저자 더글러스 W. 허버드(Douglas W. Hubbard)는 '측정은 세상을 향한 불확실성을 줄여준다'고 밝혔다.[39] 스코틀랜드의 물리학자이자 공학자인 켈빈 경(Lord Kelvin)은 여기서 한 발 더 나아가 측정되기 전에는 무엇도 이해할 수 없다고 주장했다. 하지만 우리는 프록시가 현상을 온전히 있는 그대로 측정할 수 없다는 것을, 어떤 경우에는 현실을 조금도 반영하지 않는다는 사실을 명심해야 한다.

몇몇 기업에서는 우리가 이 사실을 깨닫지 않길 바라고 있다. 대부분 사람들은 지구에 미치는 영향을 줄이기 위해 환경 친화적인 제품을 사용하려 하고, 기꺼이 비싼 비용을 지불할 용의도 있다. 하지만 주의해야 한다. 기업에서 생산하는 제품이 친환경적이라고 속이거나 오해를 불러일으키는 '그린워싱(greenwashing)'이 곳곳에 만연하다. 2007년 테라초이스 환경 마케팅(TerraChoice Environmental Marketing Inc.)이 미국에서 진행한 조사에 따르면, 1,018개 제품 가운데 단 하나를 제외하고는 전부 명백히 사실과 다르게 또는 오해의 소지가 있게 홍보하는 것으로 밝혀졌다.[40] 주방세제를 플라스틱 통에 담아 판매하는 기업에서 해당 패키지가 100퍼센트 재생지라고 주장한 말도 안 되는 거짓말부터 숲과 야생동물, 산과 깨끗한 강을 내세운 광고까

숫자는 어떻게 생각을 바꾸는가

지 그린워싱은 다양한 형태로 존재한다. 쉘(Shell) 오일 기업의 광고에는 정유 공장의 굴뚝에서 연기가 아니라 꽃이 피어오르는 그림이 등장하기도 했다.

한편 미국의 연구에 따르면 기업이 가장 흔히 쓰는 전략은 '숨겨진 이율배반(hidden trade-off)'으로, 제품 내 한두 가지 친환경적 특성을 강조한 후 소비자가 이를 프록시 삼아 해당 제품이 전반적으로 환경 친화적일 것이라 믿게 만드는 속임수다. 이를테면 한 세계적 기업에서는 꽃 사진이 실린 초록색 플라스틱 통에 담긴 자사의 욕실 청소 세제를 구성하는 물질의 98퍼센트가 구연산 등 천연 원료라고 홍보했다. 실제로 해당 상품은 천연 원료라고 볼 수 있는 물이 주재료였지만, 캐나다의 분석가들이 물을 제거하자 남은 성분의 1/4이 석유 화학 물질인 것으로 드러났다.[41] 또 다른 기업에서는 자사의 어플리케이터가 없는 탐폰을 쓰면 여성 한 명이 1년에 약 0.45킬로그램의 쓰레기를 줄이는 효과를 낼 수 있다고 강조했다. 하지만 탐폰의 재료인 목화를 재배하는 데 쓰이는 비료와 살충제, 제초제, 살균제에 대해서는 따로 언급하지 않는다. 키친타월 브랜드 한 곳은 제품의 80퍼센트가 재생 용지라고 홍보하나 제작 과정에서 들어가는 물과 에너지, 이로 인해 발생하는 환경오염에 대해서는 함구한다. 기업은 단점은 숨긴 채 장점만 보여주는데, 우리는 소비자로서 충분한 근거를 갖고 올바른 제품을 선택한다 믿으며 죄책감을 덜고 있는 것이다.

벤저민 프랭클린(Benjamin Franklin)은 '진실의 절반만 드러내는 것은 대단한 거짓말일 때가 많다'고 말했고, 앨프리드 테니슨 경(Alfred

Lord Tennyson)은 '절반만 진실인 거짓이 거짓말 중 가장 사악하다'고 했다. 무조건적으로 프록시를 신뢰하면 우리가 진실로 소중하게 여기는 대상에 오히려 해악을 끼치는 일이 벌어질 수 있다.

Something Doesn't Add Up

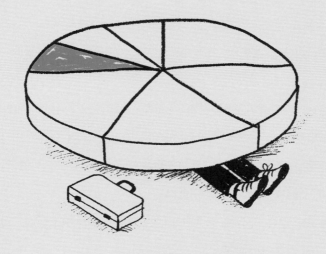

3장

숫자 하나가
모든 것을 말해준다

미심쩍은 지능지수?

2017년 10월 트럼프 대통령과 국무부 장관인 렉스 틸러슨(Rex Tillerson)의 관계가 서로를 헐뜯는 사이로 악화될 당시 틸러슨이 트럼프 대통령은 멍청이라는 발언을 했다는 보도가 나오자 트럼프는 같이 IQ 테스트를 해보자고 응수했다.

트럼프 대통령은 특유의 겸손한 태도로 "누구 IQ가 더 높은지 보여주겠다"며 자신만만해했다.

영국에도 있는 금발의 괴짜, 보리스 존슨(Boris Johnson) 또한 지능검사를 상당히 신뢰하고 있는 듯 보인다. 2013년 런던 시장을 역임할 당시 그는 불평등의 미덕에 대해 주장했다. "IQ 테스트의 가치에 대해 여러 의견이 있겠지만, IQ 85 이하인 인간이 무려 16퍼센트에 달하는바, 평등을 주제로 한 대화에 있어서만큼은 IQ를 언급하는 것이 적절하다고 봅니다. 16퍼센트에 못 드시는 분? 손 한번 들어보세요."[1]

아무리 똑똑한 사람이라도 줄줄이 나열된 숫자를 이해하고 처리하는 능력에는 한계가 있다. 무엇이든 숫자 하나로 단순하게 표현할 때 삶은 한결 쉬워지고, 지능과 같이 복합적인 현상을 이해하고자 할 때는 간단한 수로 나타내려는 경향이 더욱 두드러진다. 골치 아픈 복잡한 현상을 전부 단순하게 만들면 좋지 않을까? 사용하기도 쉽고 이해하기도 쉬운 간편한 개념으로 대체할 수 없는 걸까? IQ 테스트의 역사를 보면 왜 그래서는 안 되는지 알 수 있다.[2]

물론 처음에는 아주 좋은 의도로 시작된 일이었다. 최초의 IQ 테스트는 전직 법조인이었던 프랑스 심리학자 알프레드 비네(Alfred Binet)가 만들었다. 1900년대 초 프랑스 정부는 비네에게 학습 장애로 인해 특별한 지원이 필요한 아동을 판별해낼 방법을 고안해 줄 것을 요청했다. 테오도르 시몽(Theodore Simon)의 도움을 받아 비네는 기억력과 집중력, 문제 해결 능력에 초점을 맞춰 비네-시몽 척도를 개발했다. 100년이 지난 지금까지도 현대 지능 테스트의 기초로 활용되고 있다. 하지만 비네는 지능이란 복잡하고 다면적이며 유동적인 속성을 지닌 탓에 숫자 하나로 담아낼 수 없다고 강조하며, 자신이 고안한 테스트를 지능 측정법으로 활용해서는 안 된다고 경고했다.

하지만 사람들은 경고를 귀담아듣지 않은 채 그가 남긴 척도를 정제하고 개선한 뒤 잘못된 방향으로 활용하기 시작했고, 이내 걷잡을 수 없이 퍼져나갔다. 공포 영화 속에 갇혀 있다가 풀려난 괴물처럼 지능 테스트를 맞닥뜨린 수많은 사람은 무시무시한 피해를 입었다. 그 희생자 가운데 한 명이 바로 캐리 벅(Carrie Buck)이었다.

1906년 버지니아주 샬러츠빌의 가난한 가정에서 태어난 벅은 친모가 버지니아주 간질병 및 정신박약자 수용 시설에 보내진 후 양부모 손에 컸다. 알려진 바에 의하면 벅은 학교에서 평균 정도의 학업 능력을 지닌 학생이었지만, 열일곱 살이 되던 해 양부모의 조카에게 성폭행을 당해 임신을 하게 되었다. 양부모는 벅이 문란한 생활을 하고 통제할 수 없는 아이라고 주장했다. 출산 후 양부모는 그녀의 친모가 있던 악명 높은 수용 시설에 벅을 보내려 했다.

벅의 불행이 심화된 데는 우생학이 크게 지지를 받고 있던 당시 사회적 배경이 작용했다. 우생학자들은 낮은 지능과 정신지체와 같은 특성이 유전적으로 이어진다고 믿었고, 인간 종을 진화시키기 위해서는 이런 유전적 특성이 번식 단계에서부터 완전히 제거되어야 한다고 생각했다. 1914년 미국 내 열두 개의 주에서 수용 시설에 수감된 사람들을 대상으로 불임 수술을 합법화하는 법안이 통과되었다.

이 정책을 가장 강력히 지지했던 인물은 뉴욕의 콜드 스프링 하버 연구소 내 우생학 기록보관소(Eugenics Record Office)의 소장, 헨리 해밀턴 로플린(Henry Hamilton Laughlin)이었다. 앞서 시행된 법안 집행이 중지되자 1924년 로플린은 단종법의 기초가 되는 문서를 작성했다. 사법부의 엄격한 심사와 법적 이의 여지를 차단하기 위해 세심하게 고안된 법안이었다. 로플린은 해당 법안이 전국적으로 시행된다면 '현재 인구의 1/10에 달하는 가장 열등한 인간'이 두 세대 만에 완전히 제거될 것이라 주장했다.[3] 버지니아주에서는 적법한 절차에 따라 법안이 통과되었지만 검증 단계가 남아 있었다. 버지니아 수용 시설의 수감자 열여덟 명이 불임시술 대상자로 선택되었고, 이 결정

숫자는 어떻게 생각을 바꾸는가

에 반대하는 수감자 한 명을 상대로 소송을 제기해 판례로 남기기로 했다. 이때 뽑힌 수감자들은 모두 여성이었고 이 중 한 명이 바로 벅이었다. 1924년 벅 대 벨(Buck vs Bell) 소송으로 버지니아주 법원까지 올라간 유명한 사건이다.

단종법을 지지하는 사람들은 벅이 정신지체이고, 이 같은 특성이 유전 요인에 의해 발현된 것이라는 점을 증명해야 했다. 벅과 그녀의 모친이 지적 결함이 있다는 것을 확인하기 위해 새로운 스탠퍼드-비네 지능 테스트(Stanford-Binet IQ test)를 사용했고, 그 결과 두 사람 모두 '우둔(moron)'보다 낮지만 '백치(idiot)'보다는 높은 '치우(imbecile)'로 판정받았다. 벅의 딸을 검사한 적십자 소속 사회복지사는 아이가 "비정상적이고, 무기력하며 반응이 없다"고 기록했다. 정신지체가 유전적으로 대물림된다고 믿는 사람들에게 벅은 이제 정신지체 엄마를 둔 정신지체아이자 정신지체 딸을 낳은 정신지체 엄마가 되었다.

법원은 단종법을 지지하는 사람들 쪽으로 기울었고, 이후 1927년 미국 연방대법원에서 이들의 손을 들어줬다. 세 쪽에 달하는 판결문에는 이렇게 쓰여 있었다. "퇴화한 인간의 후손이 범죄를 저지르기를 기다렸다가 처벌을 내리거나, 저능함으로 인해 굶주림에 시달리도록 두는 것보다, 자손을 잇는 것이 명백하게 부적합한 사람들을 사회가 앞서 예방하는 것 또한 고려해볼 수 있다. (…) 3세대에 걸친 지적 장애를 더는 반복해서는 안 된다." 그렇게 벅의 운명이 결정되었다.

이듬해부터 1970년대 중반까지 서른 개의 주에서 6만여 명에 이르는 미국인들이 강제로 불임시술을 받았다. 이 중에는 벅의 자매인

도리스도 포함되어 있었는데, 그녀는 당시 맹장 수술을 받는 줄 알았을 뿐 실제 어떤 일이 벌어졌는지는 먼 훗날에야 알게 되었다. 1983년에 사망한 벅은 고작 여덟 살의 어린 나이에 죽은 딸 옆에 묻혔다. 버지니아주 샬러츠빌에 있는 현판에는 벅의 사연과 함께 그녀는 물론 수많은 사람에게 유전적 결함이 없었다고 훗날 밝혀진 증거가 기록되어 있다.

1989년 미국 과학진흥협회(American Association for the Advancement of Science)에서는 유전자의 발견, 트랜지스터와 항공기의 발명과 함께 IQ 테스트를 20세기 최고의 과학적 발견으로 꼽았다. 그즈음 이미 전 세계적으로 수십 억 건의 지능 테스트가 실행되었다. IQ 테스트 결과는 아이들에게 가장 적절한 교육 방식은 무엇일지, 성인의 경우 적합한 업무는 무엇일지 가늠하는 기준으로 활용되었다. 코네티컷의 뉴 런던에 있는 한 마을에서는 경찰 채용 자격으로 IQ 상한선을 정해놓기까지 했다. 2000년 49세의 대학 졸업생이었던 로버트 조던(Robert Jordan)은 IQ 125가 너무 높다는 이유로 지원이 거부되자 경찰을 상대로 고소를 진행했고, 법원은 경찰의 손을 들어줬다. 지능이 높은 사람들은 경찰 업무에 쉽게 싫증을 내고, 예산이 많이 투입된 트레이닝을 받은 뒤 금방 그만둘 수도 있다는 점을 근거로 해당 정책이 정당하다는 입장이었다. 이후 조던은 교도관이 되었다.[4]

물론 어떤 도구이든 그것이 잘못 사용되는 데는 우리의 책임이 크고, 대다수의 사람들이 과거에 벌어진 끔찍한 역사를 비판하고 있다. 따라서 지금 중요한 질문은 이것일 것이다. IQ는 측정하고자 하는 대상을 정말로 측정하는가? 비네의 경고가 정당한 것이었을까?

회의론자들은 지능이 무엇인지 제대로 이해하는 사람이 없으므로 지능이란 개념 역시 명확하게 규정되지 않았다고 지적했다. 1920년대 초에도 저널리스트인 월터 리프먼(Walter Lippmann)은 IQ 테스트는 잔재주에 지나지 않는다고 밝히기도 했다. 그는 "우리는 지능의 개념조차 모르니 측정할 수 없다"고 말했다. 또 다른 이들은 이 테스트가 특정 능력에만 초점을 맞춘 탓에 개인의 창의력, 직관적 사고, 실용 및 감정 지능은 배제되었다고 꼬집었다. 지능 검사가 개인의 가능성이 아닌 이미 학습된 내용만 반영하고, 서구권 문화에서 자란 사람들에게 유리하게 설계되었다는 주장도 있다. 검사 과정 자체에도 문제가 있다. 스트레스를 받았거나 피곤하거나 테스트 절차에 익숙하지 않은 사람이 불리한 입장에 놓이는 한편, 테스트를 주관하고 분석하는 사람들에 따라 테스트 결과가 달라질 가능성도 있다. 검사 결과가 매번 다른 것도 이 같은 이유 때문일지도 모른다. 같은 사람이라도 상황에 따라 보통 15점 정도 차이가 나는 것으로 알려져 있다.[5]

IQ 테스트를 지지하는 사람들의 입장은 어떨까? 에든버러 대학교의 심리학과 연구원인 스튜어트 리치(Stuart Ritchie)는 일반 지능에는 분명히 정의될 수 있고 정확하게 측정될 수 있는 현상이 존재한다고 짚었다.[6] 그는 심리학자인 린다 고트프레드슨(Linda Gottfredson)의 말을 인용했다. "지능이란 보편적인 정신 능력으로, 여러 능력 가운데 추론하고, 계획하고, 문제를 해결하고, 추상적으로 사고하고, 복잡한 개념을 이해하고, 빨리 학습하고, 경험에서 배우는 능력을 의미한다.

(…) 지능은 주변 환경을 이해하고, 무언가를 '파악하고', '의미를 깨우치고', 무엇을 해야 할지 '생각해내는' 광범위하고 심도 있는 개인의 능력을 반영한다."[7] 더욱이 지능의 이런 다양한 측면이 상호 간에 연관성이 있어, 이 중 하나에서 높은 점수를 받는다면 다른 부분에서도 뛰어난 능력을 보일 확률이 높다. 리치는 이런 점을 바탕으로 일반 지능이란 개념은 분명 존재한다고 말했다.

IQ 테스트로 측정된 지능이란 개념에 정말 의미나 가치가 있다면, 이를 바탕으로 우리의 삶을 구성하는 중요한 요소를 예측할 수 있어야 한다. 리치는 자신의 저서《지능: 이것이 전부다(Intelligence: All That Matters)》에서 충분한 증거를 제시했다. 지능 검사에서 높은 점수를 받은 사람들은 보통 더욱 건강하고 장수하며, 시험 점수가 높고 학력이 높으며, 일터에서도 성과가 높고 수입도 높으며, 사고에 휘말릴 위험은 낮고, 사회적으로 보다 자유주의를 옹호하는 성향이 있다는 것이다. IQ가 높으면 창의성도 어느 정도 높을 가능성이 있다. 물론 앞서 언급된 특징 가운데 대다수가 상호적으로 긍정적인 영향을 준다. 가령 시험을 잘 본다면 공부를 더욱 오래 할 확률이 높은 식이다. 그럼에도 대부분의 상호 연관성은 개인의 사회적 지위와 같이 다른 요소를 감안해도 여전히 존재한다. 하지만 위에서 말하는 사례는 평균이므로, 예컨대 평균적으로 IQ가 높은 사람이 비교적 건강하다는 식이므로 개개인에게 적용되기에는 무리가 있고, 평균을 둘러싸고 개개인의 분포가 상당히 넓게 형성될 수 있다.

그렇다면 누구의 말이 옳은 걸까? 오늘날 대다수의 연구원들은 개인의 기회를 제한하는 것이 아니라 지원이 필요한 이들에게 도움을 준다는 원래의 목적에 맞게 활용된다면 IQ 테스트에도 그 가치가 있다고 보고 있다. 예컨대 차량 공해 문제가 어린아이들의 정신 발달에 어떠한 영향을 끼치는지 파악하거나 사회 취약 계층 내 재능 있는 아이들에게 기회가 제한되지 않도록 힘쓰는 데 지능 검사가 활용된다면 말이다.[8] 하지만 연구원들 대다수가 인지 능력(몇몇 심리학자가 선호하는 용어다)에는 지능 검사로서 파악할 수 없는 측면이 있다는 데 동의하고 있다.

지능 검사로 측정할 수 있는 측면들도 요즘은 하나의 숫자가 아닌 서로 다른 영역의 인지 능력을 각각 점수로 매기는 추세다.[9] 근래 들어 지능에 대해 정설로 인정받는 이론은 카텔-혼-캐롤(Cattell-Horn-Carroll) 이론이다. 이 이론에서는 지능의 다양한 측면을 구분하고 있다. 이를테면 유동적 지능이란 경험이나 학습 없이 문제를 해결하는 두뇌의 선천적인 능력을 뜻한다. 특성상 문화적 영향을 상대적으로 덜 받는 영역이기도 하다. 결정적 지능이란 경험을 통해 무언가를 배우는 인지 능력으로, 단어 시험이나 일반 상식 시험에서 좋은 점수를 받는 것이 이에 속한다. 유동적 지능은 20대 중반에 정점을 찍는 반면, 결정적 지능은 일흔 살 또는 그 이후로도 꾸준히 성장할 수 있다. 지능의 또 다른 측면으로는 기억의 효율성, 정보 처리 속도가 있다. 카텔-혼-캐롤 이론에서는 앞서 언급된 큰 범주 아래 수학적 능력, 듣기 이해 능력, 외국어 재능, 시각 기억, 음악적 식별 및 판단력, 기억 범위 등 70개가 넘는 능력으로 세분화된다.[10]

지금껏 봤듯이 지능 검사를 받는 사람의 긴장도나 의욕 정도, 검사 결과를 해석하는 사람의 능력이나 경험 차이 등 다양한 요인에 따라 하루, 이틀 사이에도 테스트 점수가 다르게 나올 수 있다. 따라서 그럴싸해 보이지만 실상 아무런 근거도 없는 숫자를 제시하는 것보다 오차를 감안한 범위로 결과를 나타내는 것이 이상적이다.

따라서 만약 누군가 자신의 IQ가 156이라고 마치 그 숫자가 절대 불변의 수치이자, 과학적으로 정확하고, 자신의 정신 능력을 온전히 대표하는 점수인 것처럼 말한다면, 이 사람이 대단히 똑똑하지는 않다고 이해해도 좋다는 뜻이다.

평균의 유혹

하나의 숫자로 다수를 표현할 때도 평균이 유용하게 쓰인다. 예컨대 2016년 미국 기업 리복(Reebok)에서 9개국 9,000명을 대상으로 진행한 한 설문 조사에 따르면, 인간의 평균 수명은 2만 5,915일이지만 이 중 운동에 쓰는 시간은 평균 0.69퍼센트밖에 되지 않는데, 이는 에베레스트 산을 45회 오른 것과 마찬가지라고 한다.[11] 참고로 덧붙이자면, 또 다른 조사에서는 스물한 살 남성의 평균 신장은 네덜란드의 경우 6피트 0.5인치(183.8센티미터)로 밝혀졌다. 바로 옆에 인접한 벨기에는 이보다 2인치가 작았다(178.7센티미터).[12] 싱가포르에서는 보행자가 60피트(약 18.3미터-옮긴이)를 걷는 데 겨우 10.55초밖에 안 걸렸다. 2006년 연구에 따르면 말라위의 블랜타이어에서는 같은 거

리를 걷는 데 품위 넘치게도 평균 31.60초가 걸렸다.[13]

　일부러 모호하게 에둘러 말하고 싶은 한편 수학적으로 정확하다는 인상을 풍기고 싶을 때 '평균'이라는 단어만큼 유용한 것은 없다. 원칙적으로는 평균이란 여러 수의 보편적이고 대표적인 값이지만, 보통 세 가지 형태로 나뉜다. 평균(정확히 말하자면 산술 평균), 중앙값, 최빈값이다. (수학에 관심이 많은 사람들을 위해서 덧붙이자면 이외에도 절사 평균, 원저화 평균, 기하 평균, 조화 평균이 있다.) 물론 모두 '평균'이라고 볼 수 있지만, 세 가지 측정법에 따라 굉장히 다른 값이 도출된다.

　한 회사에 직원 네 명과 상대적으로 연봉이 상당히 높은 매니저 한 명이 속해 있고 이들의 주급은 200파운드, 200파운드, 300파운드, 400파운드, 5,000파운드라고 가정해보자. 여기서 평균이라면 총 액수에서 사람 수를 나눠 6,100/5, 즉 1,220파운드다. 다만 여기서는 매니저의 특출하게 높은 주급이 포함되어 값이 왜곡된 탓에 어느 누구의 주급도 대표하지 못하고 있다. 마치 한쪽 발을 얼음물에 담그고, 다른 쪽 발을 끓는 물에 담갔을 때 평균적으로 신체가 편안하게 느끼는 온도에 이른다는 것과 비슷한 이치다. 중앙값은 오름차순으로 중간에 있는 주급을 의미한다. 따라서 여기서는 300파운드로 앞의 상황보다는 직원들의 평균 임금에는 가까운 값이 나온다. 마지막으로 최빈값은 주어진 자료에서 가장 많은 도수를 갖는 200파운드다. 이 세 가지의 값 모두 '평균 임금'으로 말할 수 있다. 회사 내 임금에 대한 분쟁이 있을 때 입장 차에 따라 자신에게 가장 유리한 평균값을 골라 근거로 삼을 수 있다는 뜻이다. 노동조합원을 대상으로 협의를 위한 통계학(Statistics for Bargaining)을 가르친 적이 있다. 의도치 않게 수업을 10분이나 늦게 끝낸 바람에 혹시나 노동 분쟁을 일으킬까 걱정했지만, 참석자들은 점심시간을 침해당했음에도 자신이 모르던 '평균'의 다양한 의미를 알게 되어 무척이나 만족스러워했다.

평균의 또 다른 문제는, 그것이 어떤 식으로 산출되든 간에 개개인이 저마다 상당히 다르다는 사실을 쉽게 간과하게 만든다는 점이다. 모든 사람이 평균이라고 가정할 때 아주 희한한 결과가 나올 수 있다.

2000년 대 초 선거와 투표의 통계를 연구하는 미국의 선거학자들은 한 가지 미스터리한 현상을 마주했다. 전통적으로 부유한 사람은 공화당 대선주자에 투표를 하는 경향이 두드러지는 반면, 빈곤층은 민주당을 지지하는 성향을 보인다. 하지만 당시 행해진 몇몇 선거에서 부유한 주가 민주당에 표를 주는 경향이 나타나며 선거 지도 속 파란색으로 표시가 되었고, 덜 부유한 주는 과반 이상이 공화당 후보에게 투표를 해 빨간색으로 칠해졌다. 도대체 어떻게 된 상황이었을까? 미국의 정치에 근본적인 변화가 생겨 부유층과 빈민층의 입장이 완벽히 뒤바뀐 걸까? 각각의 주를 따로 놓고 자세히 살펴보니 유권자가 부유할수록 공화당 지지 성향이 짙다는 것이 드러나며 상황은 더욱 미궁으로 빠졌다. 가령 미시시피와 오하이오, 코네티컷에서는 유권자의 소득이 높을수록 공화당 후보인 조지 부시(George W. Bush)에게 투표했다는 명백한 패턴이 있었다. 이 세 곳은 전형성을 벗어나지 않았다.

답은 캘리포니아 대학교 로스앤젤레스 캠퍼스의 W.S. 로빈슨(W.S. Robinson)이 창안한 개념으로, 통계학자들이 생태학적 오류(ecological fallacy)라고 부르는 현상이었다.[14] 개인이 속한 집단의 성향을 바탕으로 한 개인을 평가할 때 생기는 오류다. 예컨대 탐이 거주하는 코네티컷의 2015년 소득 중앙값은 7만 1,346달러이고, 존이 거주하는 미시시피주의 소득 중앙값이 4만 593달러라면 탐이 존보다 부자라고 추론하는 식이다. 사실상 평균을 중심으로 나타난 개인의 편차는 무시한 채, 구성원은 집단의 평균과 동일할 것이라고 판단할 때가 많다. 그 결과 지능, 운전 실력, 성격, 정치 성향과 같은 특성을 사회적 위치, 성별, 연령 등 개인이 속한 집단에 기초해 잘못 판단하는 유형화(stereotype)의 오류를 범한다. 스테레오타입이란 용어를 창안한 리프먼(Walter Lippman)은 크고 복잡하며 지속적으로 변화하는 환경을 단순하게 이해하고자 하는 우리의 요구에 부응하는 개념이라고 설명한다. 그는 우리가 실제 환경과는 완전히 별개인, 스테레오타입으로 점철된 '내부 세계(interior world)'를 경험하고, 바로 이 내부 세계가 우리의 행동과 관점을 좌우한다고 주장했다. 리프먼은 여론이란 사회 내부에 퍼져 있는 스테레오타입의 집합일 뿐이라는 점에서 진정한 대의 정치 실현에 문제로 작용한다고 설명했다.

평균이 민주 정치에 문제가 되는 것은 비단 이뿐만이 아니다. 미국 선거 당시, 부와 공화당 지지 성향의 상관관계가 주 단위로 봤을 때와 국민 개개인으로 봤을 때 완전히 반대가 되었던 역설적 상황을 일례로 들 수 있다.[15] 평균 소득이 높은 주에서는 민주당에 투표한 시민의 비율이 높았지만, 각 주별로 소득이 높은 개인을 살펴보면 공화당에 투표하는 경향이 크게 두드러졌다. (어떻게 이 같은 일이 가능한지를 간단히 설명한 예시가 책의 주에 나와 있다.[16]) 오래전부터 생태학적 오류가 드러나는 사례를 많이 찾아볼 수 있다. 1897년 현대 사회학을 창시한 인물인 다비드 에밀 뒤르켐(David Émile Durkheim)은 저서인 《자살론(Le Suicide)》에서 구교도보다 신교도의 자살률이 높다고 밝혔는데, 그 이유를 구교도가 더욱 엄격한 사회적 통제 아래 있기 때문으로 꼽았다. 하지만 뒤르켐의 결론은 구교도가 중심인 국가에 비해 대체로 신교도가 중심인 국가의 자살률이 높다는 종합적인 데이터를 바탕으로 한 것이었다. 개개인으로 봤을 때 신교도 신자가 구교도 신자에 비해 자살할 위험이 높다고 볼 수는 없다.[17] 어쩌면 실상은 이와 반대일 수도 있다. 이런 식의 잘못된 오해가 건강 연구 분야에 적용될 때 특히 우려스럽다. 1970년대 진행한 한 연구에서는 지방 함량이 높은 식단을 즐기는 나라의 여성이 유방암에 걸릴 확률이 높다고 밝혔다.[18] 고지방 식단의 위험성이라는 주제는 솔깃할 만하지만, 국가 차원의 증거만으로 지방 섭취량이 많은 여성 개개인이 유방암에 걸린다고 결론 내린다면 어리석다고 볼 수 있다.[19]

평균을 일반적인 경우라고 가정할 때 불필요한 심리 치료가 진행되거나, 특정 상황에서 사람들이 어떻게 반응할 것이라고 지나치게 단순화해서 생각하는 일이 생긴다. 연구진은 사람이 젊거나 나이가 들었을 때, 결혼이나 동거를 할 때, 종교적 믿음이 있을 때, 직업이 있을 때, 넓은 대인관계를 누릴 때, 부유할 때, 건강할 때 더욱 행복하지만, 40~50대는 행복하지 않다는 연구 결과를 발표했다.[20] 하지만 이는 평균적인 경우를 말한 것이지 특정 개개인을 반영한 것은 아니다.

뉴욕 페이스 대학교(Pace University)의 앤서니 맨시니(Anthony Mancini)와 컬럼비아 대학교의 조지 보내노(George Bonnano)가 결혼과 출산, 이혼, 사별, 신체적 외상에 대한 개인의 반응 정도를 조사했을 당시 두 사람은 설문 결과에서 드러난 다양성에 '깜짝 놀랐다'고 밝혔다.[21] 1만 6,000명의 대표 표본을 통해 똑같은 일을 겪어도 개인의 반응이 모두 다르다는 것이 드러났다. 이혼 후 훨씬 행복해졌다고 응답한 사람이 거의 10퍼센트에 달했는데, 결혼 생활이 행복했다면 이혼을 하지 않았을 것이기에 이는 충분히 납득이 가는 결과였다. 19퍼센트는 삶에 대한 만족도가 떨어졌으며, 72퍼센트는 이혼이 삶에 대한 만족도에 어느 쪽으로도 영향을 끼치지 않았다고 밝혔다.

더욱 놀라운 것은 배우자의 죽음에 대한 사람들의 응답이었다. 보통 사별 후 삶의 만족도가 대폭 떨어졌다가 조금씩 올라가며 사별 전과 같은 수준을 회복하는 것으로 알려져 있다. 하지만 이런 패턴은 표본의 1/5에게서만 찾아볼 수 있었다. 59퍼센트라는 다수가 '놀랄 만한 수준의 회복력'을 보였다. 이들은 배우자의 사망 이전이나 이후나 삶에 대한 만족도가 크게 달라지지 않았다. 맨시니와 보내노는 평균적인 반응이 곧 표준이라는 추측을 바탕으로 한 심리 치료는 자칫 역효과만 낳을 수 있다고 우려했다. 이를테면 유가족을 대상으로 한 테라피는 지속적으로 높은 수준의 괴로움을 호소하는 사람들에게만 효과가 있을지도 모른다. 그렇지 않은 사람들, 어쩌면 다수에게는 이런 테라피가 오히려 악영향을 끼칠수도 있다.

그럼 어떻게 해야 할까? 하나로 간단히 요약된 숫자로 세상을 볼 때 두뇌의 피로감은 훨씬 줄어들겠지만, 이런 숫자들이 단순화된 개념이라는 점을 결코 잊어서는 안 된다. 작가인 나심 니콜라스 탈레브(Nassim Nicholas Taleb)는 키가 큰 사람도 평균 수심이 고작 약 122센티미터인 강을 건너다가 빠져 죽을 수 있다고 지적했다. 어떤 달의 평균 기온이 섭씨 33도(화씨 91도)인 휴양지로 휴가를 떠났다가 추위에 온몸을 덜덜 떨지도 모른다. 환자의 평균 대기 시간이 3분밖에 안 되는 병원에서는 너무 오래 기다리게 한다는 환자들의 불평을 접수하고는 깜짝 놀라게 될지도 모른다. 건초열을 앓던 날 치른 IQ 테스트에서 좋지 못한 점수를 받았단 이유로 대학에서 뛰어난 인재의 입학을 거절하는 일이 생길 수도 있다. 숫자 하나로 현실을 설명하려 한다면, 결국 우리는 숫자가 그 누구도, 어떤 현상도 대표하지 못한다는 사실만 깨닫게 될 것이다. 헤드라인에 등장하는 숫자들은 아주 많은 정보를 덜어냄으로써 만들어진다. 그리고 여기서 버려진 정보들이 바로 우리가 알고 싶은 정보일 때가 많다.

Something Doesn't Add Up

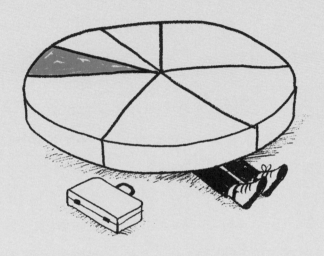

4장

경계를
뛰어넘다

5퍼센트에 집착하다

로버트 에른스트(Robert Ernst)가 심장마비에 걸릴 것이라고는 누구도 상상하지 못했다. 30대 때 술과 담배를 모두 끊고 59세의 나이로 텍사스의 월마트(Walmart) 내 청과물 코너 매니저로 일하던 그는 마라톤과 사이클링을 주기적으로 하던 사람이었다. 심지어 아내인 캐롤(Carol)을 처음 만났던 곳이 그가 PT로 일하던 헬스장이었다. 캐롤은 "에른스트는 해가 뜨자마자 눈을 떠 하루를 시작했다"고 설명했다. 에른스트 덕분에 그녀의 인생은 즐거움과 뜻밖의 일들로 가득해졌다. 부부는 열기구 축제를 돌며 며칠이나 캠핑을 하고, 해비타트 포휴머니티(Habitat for Humanity)에서 자원봉사를 하며 거주 시설을 짓기도 했다.[1]

에른스트에게 병이라고는 손의 힘줄염뿐이었고, 그는 이부프로펜을 복용하기 시작했다. 이후 의사가 바이옥스(Vioxx)라는 진통제를 처방했다. 다른 약물보다 위장 장애가 적다는 것이 이 약의 가장 큰 장점이었다. 한동안 진통제가 잘 들었고, 그에게 다른 부작용도 없었다. 그러던 중 2001년 5월의 어느 날 오후, 바이옥스를 복용한 지 6개월 정도 되었을 무렵 에른스트는 캐롤에게 심박이 평소보다 느린 것 같다고 알렸다. 그가 매일같이 하는 달리기를 마치고 막 집에 돌아온 시점이었다. 그날 저녁 부부는 첫 데이트를 했던 이탈리아 레스토랑에 가서 저녁을 먹고, 집에 돌아와 함께 TV를 시청한 후 잠자리에 들었다. 그날 밤 에른스트의 호흡이 비정상적으로 느려졌다. 캐롤은 응급 구조대를 불렀지만 요원들은 아무런 처치도 할 수 없었다. 에른스트는 다시 눈을 뜨지 못했다. 신체 건강하고 활력 넘치며, 유쾌했던 남편이 갑자기 세상을 떠난 것이 도무지 이해되지 않았던 캐롤은 남편이 해당 진통제를 제조한 대형 제약 회사인 머크(Merck)의 충격적인 은폐 공작의 희생양이었음을 확신했다.[2]

　머크사는 2003년까지 80개국이 넘는 나라에 바이옥스를 판매해 연매출 25억 달러를 거뒀다. 1999년 기업은 바이옥스가 블록버스터 신약이 될 것이라 보고 런칭에 3억 달러를 쏟아부었다. 머크사 세일즈팀은 의사들에게 바이옥스 처방을 권할 때 어떤 화법으로 어떻게 미소 지어야 하는지까지 세세히 배우며 회사로부터 꼼꼼한 트레이닝을 받았다. 마케팅 교육 자료에는 마틴 루터 킹(Martin Luther King)의 연설 "나에게는 꿈이 있습니다(I have a dream)"까지 소환되었다. 트레이닝 책자에는 이렇게 적혀 있었다. "킹은 목표 지향적인 인물이었습니다. 매번 좌절을 겪었지만 계속 밀고 나갔습니다. (…) 이처럼 우리도 의사에게 계속 설득력 있는 메시지를 반복해 전달해야만 합니다. 그러다 보면 언젠가 의사가 머크사의 약물을 처방하며 '마침내 자유를 얻을 것'입니다. 물론 적절한 환자에게 올바르게 처방될 때 말입니다."[3]

하지만 머크사에 모든 것이 순조롭기만 했던 것은 아니었다. 임상 실험 동안 익명의 73세 여성이 바이옥스를 투약하던 중 심장마비로 갑자기 사망한 사건이 있었다. 나중에 드러난바, 동일한 임상 실험 도중 해당 약물 복용 후 사망한 환자가 일곱 명이나 더 있었다. 당시 바이옥스와 나프록센을 두고 효능과 안전성을 비교하던 중이었다. 약 5,500명이 참여한 임상 실험에서는 대략 두 그룹으로 나눠 두 개의 약물을 투약했는데, 나프록센으로 사망한 환자는 한 명뿐이었다.

무작위 실험에서 약물 하나를 섭취한 그룹에서는 여덟 명이 사망하고, 또 다른 약물을 섭취한 그룹에서는 한 명이 사망했다면 자연스럽게 이런 질문이 떠오른다. '두 약물이 똑같이 안전하다면 이런 일이 벌어질 확률이 얼마나 되는 걸까? 지나친 우연의 일치일까?' 통계에서 유의성 검정(significance test)이 바로 이런 궁금증에 대한 실마리를 제공해준다. 유의성 검정을 하기 위해선 우선 가설을 설정해야 한다. 이 경우 두 약물이 똑같이 안전하다는 가설이 되겠다. 그렇다면 이제 이런 질문을 하게 된다. 만약 가설이 사실이라면, 하나의 약물에서 최소 여덟 배가 넘는 사망자가 나올 확률은 얼마나 될까? 이 가능성을 p-값(p-value)이라고 한다. 그 확률이 40퍼센트라고 하면 두 약물의 안전성이 동일하다는 가설에 의문을 품겠는가? 아마도 대다수의 사람들은 사망률의 차이를 우연에 의한 것으로 생각할 것이다. 무작위로 두 개의 그룹을 나누는 과정에서 어쩌면 바이옥스 약품 그

숫자는 어떻게 생각을 바꾸는가

룹에 덜 건강한 사람들이 포함되었을지도 모른다고 말이다. 동전 던지기를 했는데, 앞면이 여섯 번 나오고 뒷면이 네 번 나왔다 해서 뭔가 잘못되었다고 의심하지 않는 것과 비슷하다. 하지만 임상 실험에서 이런 결과가 나올 가능성이 2퍼센트뿐이라면 어떻겠는가? 이 경우 두 약물의 안전성이 동일하다는 전제 아래서는 한 약물에서 여덟 배가 넘는 사망자가 나올 가능성은 희박하다고 여길 것이다. '동일한 안전성'이라는 가설에 굉장한 의구심이 들 테고 아마도 그 가설을 채택하지 않을 것이다. 문제는 개연성 또는 p-값이 얼마나 낮을 때 가설을 기각해야 하는가다. 저명한 통계학자였던 로널드 에일머 피셔(Ronald Aylmer Fisher)는 1930년대 이를 5퍼센트 또는 스무 번 중 한 번의 확률이라고 정리했다. 피셔의 제안에 따르면 p-값이 5퍼센트(또는 0.05) 미만일 때 통계학적으로 유의하다고 볼 수 있다. 요컨대 유의성 검정에서 p-값이 5퍼센트 미만이면 특정 가설이나 주장이 사실이라는 가정 하에는 해당 결과가 나올 법하지 않으므로, 주장을 의심할 여지가 충분하다는 것이다.

다만 5퍼센트는 임의로 정해진 것이라는 점을 명심해야 한다. 과학적인 근거는 전혀 없다. 후에 p-값이 5퍼센트 미만일 때 가설을 기각해야 한다고 말한 이유가 무엇이었냐는 질문을 받자 피셔는 아무 근거가 없다고 인정했다. 그는 '편리하기 때문에' 5퍼센트라는 숫자를 선택한 것이었다. 피셔의 주장을 무조건적으로 따른다면, 동전을 열 번 던졌을 때 앞면이 아홉 번 나올 경우 해당 동전이 공평하다는 가설을 기각하지만(만약 동전이 공평하다면, 아홉 번 이상 앞면이 나올 확률은 1.07퍼센트다), 앞면이 여덟 번 나올 때는 가설을 기각하지 않겠다는 것이나 다름없다(만약 동전이 공평하다면, 여덟 번 이상 앞면이 나올 확률은 5.47퍼센트다). 하지만 피셔의 이론이 어떻든지 p-값이 6퍼센트, 심지어 10퍼센트라도 우리는 어떠한 가설이 성립하지 않는다고 충분히 말할 수 있다. 우리의 판단에 달린 문제다. 잘못된 가설을 '채택'함으로써 위험이 커지거나 치러야 할 대가가 클 때는 더욱 그렇다. 예컨대 어떠한 약품이 안전하다는 잘못된 가설을 수용하는 경우가 그렇다.[4] 하지만 아무런 근거가 없음에도 5퍼센트의 문턱값은 하나의 진리로 자리 잡았다. 90년 동안 의학, 약리학, 심리학, 경영 및 교육 연구 분야, 생물학의 여러 분야에 걸쳐 과학 전반을 온전히 지배해왔다. 과학 저널마다 등장하는 'p⟨0.05'는 논문 저자가 어떠한 두 개의 대상에서 관측된 차이가 우연에 의해 벌어진 것이 아니라고 결론 내릴 수 있을 만큼 통계적으로 유의한 차이를 발견했다는 의미로 쓰인다. 가령 A약물이 B보다 병을 더욱 빨리 치유한다거나, X경영 방식이 Y보다 높은 생산성을 창출한다거나, 전통적인 교수법보다 최신 교육법을 적용할 때 아이들이 더욱 효과적으로 학습한다는 식으로 결과가 발표된다. 현재 처방되고 있는 약물보다 신약이 더욱 효과적이라는 근거가 없다는 결과보다, 떠들썩하게 광고하는 새 학습법이 사실 아이들의 독해 능력을 향상시켜준다는 근거는 하나도 없다는 소식보다 앞서 나온 연구 결과가 훨씬 자극적이다. 학술 저널에서는 흥미로운 연구 결과를 싣고자 할 수밖에 없다. 컴퓨터가 연구 데이터를 처리하는 짧은 시간 동안 마법의 'p⟨0.05'가 모니터에 뜨길 숨죽인 채로 간절히 기다리는 연구진들의 모습을 예상할 수 있을 것이다. 연구의 성공 여부는 논문 출판에 달려 있고, 논문 출판은 'p<0.05'에 달려 있다.

예전에 저명한 심리학 저널에 실릴 논문을 검토한 적이 있다. 저널 편집자는 딱한 저자들에게 "당신이 대단한 사람이라도 되는 줄 압니까?"라는 코멘트를 달았다. "유의한 연구 결과라고 주장하지만 p-값이 간신히 10퍼센트를 밑도는 수준입니다. 과학적 기준에 따르면 5퍼센트 미만이어야 하는데 말이죠." 한 연구 콘퍼런스에서는 발표자가 "아, 이럴 수가!"라고 탄성을 내뱉자 청중으로부터 나지막하게 공감의 웃음이 터져 나왔다. 파워포인트 슬라이드에 p-값이 0.053(5.3퍼센트)으로 나오자 발표자는 자신이 의미 있는 발견을 했다고 주장하기 어렵다는 생각을 한 것이었다.

스위치를 올렸다 내리듯이, 연구 결과의 p-값이 5.3퍼센트일 때는 과학적으로 아무런 흥미를 끌지 못하다가 4.9퍼센트가 되었을 때 갑자기 과학적으로 '유의'해지다니 터무니없는 상황이다. 특히나 p-값이 반드시 옳다고만 볼 수 없는 어림과 추정을 근거로 산출된 값이라는 점에서는 더욱 그렇다. 따라서 그저 p-값을 명시하고 이를 바탕으로 해당 가설의 타당성을 사람들이 직접 판단하게 하는 것이 훨씬 적절하다. 실제로 훗날 피셔도 위와 같은 방식을 제안했으나, 그때는 이미 악습이 굳게 자리 잡아 5퍼센트에 대한 집착이 여러 학문 분야에 널리 퍼진 후였다.

한편 머크사의 데이터 분석가들은 다른 이유로 5퍼센트에 목을 매고 있었다. 보통의 연구자들과는 달리 이들은 두 개의 약물에 대한 차이점을 밝혀내려는 생각이 없었다. 이들은 단지 새로 등장한 바이옥스가 당시 널리 쓰이고 있던 나프록센만큼 안전하다는 점만 확실히 하고 싶었다. 여기서 문제는, 두 약물이 안전성 면에서 동일하다면 임상 중 바이옥스를 복용한 사람 가운데 여덟 명이 사망한 반면, 나프록센의 경우 단 한 명만 사망할 확률이 희박하다는 점이었다. p-값이 5퍼센트에 한참 못 미쳤기 때문에 두 약물의 안전성이 동일하다는 가설은 기각되고도 남음이었다. 이 결과로 인해 머크사 경영진이 큰 충격에 빠졌다는 언론 보도가 여럿 나왔다. 문제의 임상은 마케팅 부서에서 바이옥스가 나프록센보다 위장 장애를 덜 일으킨다는 점을 증명하기 위해 시작된 것이었다. 하지만 사실, 나프록센보다 위장 장애 부작용이 적다는 점은 앞서 진행된 임상으로 이미 밝혀졌고, 이번 임상은 600명의 의사에게 바이옥스를 소개하기 위한 홍보 수단으로 설계된 것이었다. 그런데 여러 사망자가 발생하며 머크사로서는 상당히 난감한 상황에 처하게 된 것이었다. 당시 머크사의 수석 과학 연구원이었던 에드워드 M. 스콜닉(Edward M. Scolnick)은 이렇게 기록했다. "멍청한 방법이었다. 학술적으로 하등 쓸모없는 자잘한 마케팅 연구는 극도로 위험하다."[5]

큰 부담감을 느낀 데이터 분석가들은 성가신 p-값이 5퍼센트보다 약간이라도 상회하길 바라며 결과를 샅샅이 훑었다. 만약 바이옥스로 인한 사망자 한 명을 데이터에서 삭제한다면 어떨까? 73세의 여성이 아들에게 흉통을 호소한 점은 인정하지만, 엄밀히 말해 심장마비는 확실한 사인이었다기보다 가장 가능성이 높은 사인이었다. 따라서 그녀의 죽음을 '사인 불명'으로 보고한 것이다. 이것으로 끝이었을까? 아니었다. 분석가들은 바이옥스로 인한 심장마비로 사망한 환자 세 명을 데이터에서 삭제한 것으로 알려졌다.[6] 그 결과 바이옥스 복용 후 심장 질환으로 사망한 환자 비율은 우연으로 보일 수 있는 수준이자 통상적으로 용인이 가능한 다섯 배 차이로 좁혀졌다. 이 다행스런 결과는 당시 저명한 의학 저널인 〈내과학연보(Annals of Internal Medicine)〉에 제프리 R. 리스(Jeffrey R. Lisse)가 제1 저자로 등재되어 실렸다. (리스는 후에 해당 논문은 머크 직원들이 작성한 것이라고 밝혔는데, 머크사 측의 수상한 의도를 짐작케 하는 대목이다.[7])

에른스트가 사망한 지 4년이 넘은 어느 날, 캐롤은 두 아이와 함께 머크사를 상대로 벌인 소송의 판결을 기다리며 법정 증인석에 앉았다. 당시 바이옥스가 심장마비의 원인이 되었다는 증거가 점점 많아지고 있는 상황이었다. 그 외에도 다수의 소송에 휘말려 있었던 머크사는 모두를 상대로 법정 싸움을 벌이겠다는 다짐을 내비쳤다. 바이옥스의 광고 문구는 '매일같이 승리를(for everyday victories)'이었지만 정작 머크사는 승리를 거머쥐지 못했다. 적어도 처음에는 그랬다. 하루하고도 반나절 동안 이어진 숙의 끝에 배심원은 정신적 고통과 경제적 손실에 대한 보상금으로 머크사는 캐롤에게 2,450만 달러를 지급해야 한다는 판정을 내렸고, 이에 더해 약물의 위험성을 인지하고도 경솔하게 시중에 유통시킨 벌로 캐롤에게 2억 2,900만 달러를 추가로 지급할 것을 명했다. 그러나 캐롤의 시련은 아직 끝나지 않았다. 머크사가 항소를 제기했고, 2008년 텍사스주 항소 법원에서는 캐롤의 변호인단이 바이옥스가 에른스트를 사망에 이르게 했다는 점을 증명하지 못했다며 원심을 뒤엎었다. 2012년 대법원은 항소심 판결을 그대로 유지했다. 캐롤은 단 한 푼도 받지 못했다.

법원의 판결에도 불구하고 다른 여러 케이스에서 바이옥스가 심장 마비의 위험을 높였다는 증거가 많이 나오자 결국 머크사는 압박에 굴복하고 2004년 9월 바이옥스의 판매를 중지했다. 당시 2,000만 명에 가까운 미국인과 수백만 명의 해외 환자들이 해당 약물을 복용하고 있었다. 바이옥스로 인한 사망자 수에 따른 분석은 저마다 달랐다. 한 의학 저널에서는 바이옥스로 심장마비를 경험한 사람이 약 8만 8,000명 가까이 되고 이 중 3만 8,000명이 사망했다고 추정했다.[8] 과거 보수주의 뉴스 사이트를 운영했던 론 언즈(Ron Unz)는 바이옥스가 출시되던 1999년 미국 사망률이 전에 없이 치솟았고, 약품 판매가 중지된 2004년 급격히 낮아졌다고 발표했다.[9] 상관관계에서 인과관계를 추론할 때는 상당히 신중을 기해야 하지만(10장 참고), 언즈는 바이옥스로 목숨을 잃은 미국인이 베트남 전쟁 때 미국군 사망자의 열배에 가까운, 약 50만 명에 이를 것으로 봤다. 결국 2007년 머크사는 수천 건의 소송을 해결하기 위해 약 50억 달러를 배상하겠다고 발표했다. 아마도 관련 사건 중 최대 규모의 배상액을 지불한 케이스였지만 끝내 머크사는 잘못을 인정하지는 않았다.

물론 머크사의 분석가들이 데이터를 '경제적으로' 사용한 책임을 피셔의 5퍼센트 법칙 탓으로만 돌릴 수는 없다. 하지만 '약물이 안전하다', '약물이 안전하지 않다'는 식의 두 가지 임의적인 결론에서 시작하는 유의성 검정은 분석가들에게 진짜 확률을 숨길 수 있는 가림막을 제공하고, 숫자를 그들의 이익에 따라 조작할 동기도 되었다. 머크사 측이 세 명의 심장마비 사망 사건을 데이터에서 삭제한 후에도 내 계산으로는 바이옥스와 나프록신의 안정성이 동일하다는 가정 하에 바이옥스 복용으로 사망률이 최소 다섯 배에 이를 가능성은 12퍼센트가 나온다. 이 수치 역시 두 약물 간의 사망률 차이를 단순한 우연으로 보기에는 너무 낮은 확률이지만(또한 결과적으로 보면 1/8확률이다), 간편한 'p<0.05' 법칙을 차용한 머크사는 두 약물에 따른 사망률 차이가 통계적으로 유의하지 않다고 알리며 두 약물이 동일하게 안전하다는 잘못된 메시지를 전달했다.

필요에 따라 p-값을 0.05 이상 또는 이하로 만들기 위해 데이터를 조작하는 행태를 지칭하는 용어가 있다. 바로 'p-해킹(p-hacking)'이다. 펜실베이니아 대학교 와튼 스쿨의 우리 시몬손(Uri Simonsohn)은 심리학 논문 다수를 조사하는 과정에서 p-값이 이상할 정도로 0.05에 가까운 수로 나오는 경우가 많다는 것을 언급하며 p-해킹이 상당히 만연해 있는 것 같다는 점을 지적했다. 그는 그렇다고 해서 모든 과학자들이 동료 연구자가 떠난 뒤 어두운 연구실에 홀로 앉아 밤늦도록 데이터를 조작하는 사기꾼이라는 말을 하는 것은 아니라는 점도 분명히 밝혔다.[10] 연구 결과를 분석하는 과정에서 연구자들은 여러 선택을 맞닥뜨리는데, 주로 이때 p-해킹이 발생한다. 데이터를 더 수집해야 할 것인가? 데이터를 분석하기 위해 어떠한 방법을 써야 할 것인가? 몇몇 현상은 너무도 일반적이지 않은데 데이터에서 제외시켜야 할 것인가? 이를테면 온라인으로 새로운 치료법의 이점을 평가하는 설문에서 다른 사람들은 모두 최소 90퍼센트라고 답했는데, 한 사람만 0퍼센트를 클릭했다면 응답자가 실수를 저질렀다는 생각이 들 수 있다. 연구자가 어떠한 가설이 옳다고 진심으로 확신할 경우 자연스럽게 가설을 뒷받침하는 쪽으로 사고가 편향되기 마련이다.[11] 뭔가 착오가 있었던 것 같은 응답자를 포함시키면 p-값이 0.14가 되는데 이 사람을 제외시키면 0.03이 되므로 데이터에서 배제하기로 하는 것이다.

여전히 의문이 생긴다. 양심적인 과학자들이, 똑똑하고 탐구심도 있는 이들이 왜 'p〈0.05' 법칙은 아무런 의문을 품지 않고 무조건 따르는 것일까? 한 가지 이유는 아마도 과학자들은 보통 전문 교육을 받은 통계학자들이 아닌 경우가 많고, 그래서 p-값이 의미하는 바를 정확히 이해하지 못하는 사람이 대부분이기 때문일 것이다. 과학자들은 연구 결과를 발표하기 위해서는 그저 이 이상한 값이 0.05 이하여야 한다고만 알고 있는 것이다. 한 연구에서는 심리학과 학생들과 교수진에게 유의성 검정 결과를 잘못 해석하고 있는 진술 여섯 개를 제시했다. 학생 모두와 90퍼센트의 교수진은 이 중 최소 한 가지 진술은 사실일 것이라고 답했다.[12]

또 다른 이유로는 단순한 법칙을 내세울 때 이야기의 전달력과 이해도가 높아지기 때문일 것이다. 앞에서 봤듯이 지루하기 짝이 없는 학술 저널마저도 재밌는 이야기를 선호한다. '아이들의 맞춤법 실력을 향상시키는 데 A 방법이 B보다 유의하게(significantly) 효과적이다'라는 식의 전달 방식이 '두 가지 방법이 동일하게 효과적이라고 할 때, 맞춤법 정확도에서 두 그룹 간 차이가 발생할 확률이 4.2퍼센트다'라는 발표보다 이해하기가 쉽다. 또한 두 번째 문장은 최신 과학 연구 결과를 수집하는 신문 편집인들에게 채택되지 않는다. 전자의 경우 '유의하게'라는 단어를 포함해 이목을 집중시키기도 한다. 이 단어는 '중요한' 또는 '관심을 가질 만한'이라는 의미를 담고 있다. 이 문구를 읽은 사람들은 A 방법이 아이들의 맞춤법을 상당히 향상시킬 수 있을 것이라는 생각을 하게 되고, 자녀가 있다면 왜 선생님들이 이 방법을 채택하지 않는 것인지 의아해지기 시작한다. 하지만 상당히 향상시킬 것이라는 추측은 망상에 가깝다. 통계적 유의도란 단순히 두 가지 방법에서 비롯된 차이가 우연히 일어났을 확률이 낮다는 뜻이다. 실질적으로 두 방법론의 차이는 아주 작을지도 모른다. 예컨대 맞춤법 시험에서 A 방법으로 교육을 받은 학생들은 아이 한 명당 평균 4.13개의 실수를 저질렀고, B 방법으로 학습한 아이는 4.15개의 실수를 저질렀을 수도 있다. 통계적으로 유의하지만 아주 근소한 이 차이는 특히 참여 인원이나 대상이 많을 때 발생할 확률이 높아진다(가령 각각의 교육법으로 만 명의 아이들이 학습한 후 시험을 친다면 말이다). 거대한 현미경으로 들여다보듯 대규모의 표본에서는 집단 간에 실질적으로 의미가 없고 지극히 작지만 통계적으로는 유의한 차이를 잡아내기가 쉽다.[13] 따라서 단지 차이가 있다는 게 아니라 그 차이가 어느 정도의 규모인지 관심을 가져야 한다. 하지만 이런 부분은 보통 발표하지 않는다.

이런 이유가 종합적으로 작용한 결과, 언론을 통해 우리는 매일같이 무엇이 건강에 좋고 나쁜지 손바닥 뒤집듯 바뀌는 연구 결과를 접하게 된다. 어떤 연구에서는 커피가 건강에 나쁘다 하고 또 다른 연구에서는 건강에 좋다고 한다. 하루에 와인 한잔은 어떨까? 피하라는 연구가 있는가 하면, 건강에 이점이 많으니 즐기라는 연구도 있다. 생선, 치즈, 붉은 고기도 항상 상반되는 연구 보고가 끊임없이 나오는 주제다.[14] 건강에 신경을 많이 쓰는 사람이라면 최신 연구 결과가 뉴스 헤드라인을 장식할 때마다 식단을 바꾸느라 괴로울 것이다.

마지막 이유는 'p〈0.05'라는 기계적인 법칙을 적용할 때 과학자들은 연구 결과에 대해 더 이상 깊이 생각할 필요가 없기 때문이다. 유의하다, 유의하지 않다, 이것으로 끝이다. 이와 동시에 이 법칙을 일률적으로 적용함으로써 과학적 체계와 더불어 논문의 지속성, 엄격성, 객관성을 유지할 수 있다. 저널에서 해당 법칙에 대한 집착을 지워보려던 시도는 보통 실패로 돌아갔다. 1990년 중반 영국 심리학회(British Psychological Society)의 노력 또한 물거품이 된 일이 있었다. "그냥 흐지부지됐어요." 당시 일원 중 한 명은 이렇게 설명했다. "학술지에 너무 큰 혼란을 가져올 것 같다는 의견이었죠."[15] 이후로도 주기적으로 변화를 위한 시도가 계속되었고, 2016년 미국 통계학회(American Statistical Association)에서는 스물네 명이 넘는 전문가들이 동참해 'p-값은 특히나 통계에서는 대단히 위험하다'는 경고를 담은 성명서를 발표했다.[16] 또 다른 전문가들은 p-값이 과학적 연구 과정에 상당한 왜곡을 일으킨다고 경고하기도 했다.[17] 스탠퍼드 대학교의 존 이오아니디스(John Ioaniidis) 교수가 2005년에 발표해 널리 알려진 에세이는 훨씬 섬뜩한 제목으로 실렸다. 바로 '발표된 연구 결과의 대부분이 거짓인 이유'라는 제목이었다.[18]

과학계의 관습이 곧 바뀌게 될까? 이오아니디스의 글이 세상에 소개된 지 14년이나 지났지만 오랜 전통은 여전히 굳건하게 남아 있다. 따라서 나는 크게 기대하지 않는다(p < 0.0001).

혼란만 야기하는 학점 제도

진정한 등급을 감추는, 임의적 숫자로 나뉜 범주로 인해 건강이나 세상을 이해하는 관점에는 아무런 피해를 받지 않았더라도 어쩌면 직업은 달라졌을 수도 있다. 자신이 원하는 직업을 갖게 될지는 학교나 대학에서 치른 시험 점수에 달려 있을 때가 많다. 보통 시험과 수업활동 등 평가 점수는 백분율이지만 채점 후에는 학점이나 등급으로 환산되는 경우가 많다. 예를 들어 영국 대학교에서는 학생이 수강한 여러 학과목 점수의 평균을 내고, 이 평균 점수로 등급이 나뉜다. 평균 70퍼센트 이상은 1등급 우수학위[또는 '퍼스트(first)']로 뛰어난 학업 성과를 의미하고, 60퍼센트에서 69퍼센트는 상위 2등급 우수학위[영국 대학교에서만 고수하는 옛날 방식에 따라 '투원(2:1)'이라고도 한다], 50퍼센트에서 59퍼센트는 하위 2등급 우수학위[투투(2:2)], 40퍼센트에서 49퍼센트는 써드(third)다. 이 아래로는 유급 또는 통과인데, 몇몇 소식통에 따르면[19] 1925년 옥스퍼드 대학교는 영국의 전 총리인 앨릭 더글러스홈(Alec Douglas-Home)에게 4등급을 주었다고 전해진다.

이러한 제도가 확고하게 자리 잡은 탓에 각 등급을 칭하는 런던 토박이들의 슬랭(slang)이 따로 있을 정도다. 퍼스트는 1966년 월드컵 결승전에서 해트트릭을 기록한 축구선수 제프 허스트(Geoff Hurst)의 이름에서 유래해 '제프'라고 한다. 투원은 아틸라 더 헌(Attila the Hun, 훈족의 왕 아틸라-옮긴이)을 본따 '아틸라', 투투는 남아프리카의 성직자이자 아파르트헤이트(Apartheid, 인종 분리 정책-옮긴이)에 맞서 싸운 데스몬드 투투(Desmond Tutu)를 차용해 '데스몬드'다. 써드는 영국의 전 내무장관인 더글러스 허드(Douglas Hurd)에서 유래했는데, 사실 허드는 1등급 우수학위를 받았다. 하지만 잠시만 생각해보면 61퍼센트 또는 85퍼센트라고 정확한 수치로 나온 평균 점수를 '아틸라', '제프'로 굳이 변환하는 것은 분명한 정보를 애매모호하고 불분명하게 표현하는 것밖에 안 되는 일이란 것을 금세 깨닫게 된다.

한 가지 큰 문제는 평균 69퍼센트와 70퍼센트라는 근소한 점수 차로 두 학생에게 다른 학점이 수여되고, 이는 학생들의 미래에 지대한 영향을 끼칠 수도 있다는 점이다. 반대로 69퍼센트와 60퍼센트의 차이는 큰 편이지만 같은 학점을 받는 일이 벌어진다. 학생의 입장에서는 간발의 차이로 한 단계 높은 등급을 놓치는 불평등한 일이 벌어질 수 있기 때문에 여러 대학에서는 등급 경계에 있는 학생들이 높은 학점을 받을 수 있도록 복잡한 공식을 따로 적용하고 있다. 물론 상위 등급으로 올라가는 규정 역시 임의로 정해진 것이다. 과거의 사례를 대규모 표본으로 꼼꼼하게 분석하고, 본래 상위에 속한 학생들과 상위 등급으로 업그레이드가 가능한 학생의 수준이 같다고 확실하게 규명하는 절차가 있을 것이라 보기는 어렵다.

어떤 경우 상위 등급으로 올라갈 때 적용되는 규칙이 상황에 따라 해석하기 나름이거나, 규칙에 명시된 '일반적으로'라는 유용한 문구 덕분에 외려 일반적인 규범에서 벗어날 여지를 주기도 한다. 그 결과 시험 위원회에 속한 연구진은 존 스미스의 학점을 데스몬드로 올려야 할지, 메리 존스가 제프가 될 자격이 정말 충분한 것인지 몇 시간이나 토론하며 고뇌에 빠진다. 결국에는 토론에 참여한 사람들의 성향에 따라 결과가 달라진다. 다른 학문 분야의 교수들로 구성된 위원회라면 충분히 결정이 달라질 수도 있다는 뜻이다. 안타까운 점은, 이 모든 노력과 복잡한 규칙이 모두 무용지물이라는 것이다. 이들은 결국 정확한 결과물을 보다 질 낮은 정보로 변환하고 있는 것뿐이다.

이런 문제를 감안해 요즘 대다수의 고용주는 학생이 이수한 과목의 점수가 각각 상세하게 명시된 성적 증명서를 요구한다. 하지만 대학원 입학을 바라는 학생들에게는 학과목별 점수보다는 투원 또는 1등급이 요구되므로, 이렇듯 쓸데없고 혼란만 가중하는 낡은 관행이 굳건하게 유지될 수 있다.

영국에서는 점수를 범주나 등급으로 전환하는 관행이 초기 교육 제도부터 지속되어왔다. 스코틀랜드를 제외한 영국의 주로 만 16세 학생들이 치르는 중등교육 수료 시험(General Certificate of Secondary Education, GCSE)은 백분율 점수를 최근 9에서 1로(9점 만점) 채점하는 방식으로 바뀌었다. 과거에는 A(가장 높은 등급)에서 U로 표기했다. 이보다 더 오래전, GCSE의 전신이 되는 시험에서는 1에서 9로(1점 만점) 평가했다. 이런 등급제는 학부모와 교직원들에게 커다란 혼란을 야기할 뿐 아니라 앞서 등장했던 학점 등급과 비슷한 문제를 안고 있다. 시험 난이도가 매년 달라지기 때문에 등급으로 나누는 것이 점수 결과의 일관성을 유지하는 방법이라는 주장도 있다. 시험이 어려운 해에는 65퍼센트가 가장 높은 등급을 받는 반면, 쉬운 해에는 가장 높은 등급에 들기 위해서는 75퍼센트가 되어야 하는 것처럼 말이다. 2017년 GCSE 시험에서는 수학이 겨우 15퍼센트만 되어도 통과 등급인 C를 받는 일이 벌어지기도 했다.[20] 그러나 타당한 원칙을 바탕으로 퍼센트 구간을 조율하거나 배점 기준을 조정하는 편이 더욱 나을 수도 있다. 혼란스럽기만한 임의적 등급제보다 퍼센트 점수를 채택할 때 상황이 훨씬 단순명료해질 것이다.

원점수를 비교적 덜 유용한 등급제로 변환하는 나라는 비단 영국만이 아니다. 위키피디아에는 80개국 이상의 점수 변환 제도를 자세히 정리해뒀는데, 미국과 캐나다 등의 국가에서는 지역에 따라, 심지어 교육 기관에 따라서 달라지기도 한다. 몇몇 시스템은 복잡할 뿐 아니라 등급을 나누는 경계가 제법 정밀해 마치 과학적으로 정교하다는 인상을 주지만 사실 착각일 뿐이다. 한 예로 미국의 학교 몇 곳에서는 96.5에서 100을 A+로, 92.5에서 96.49는 A, 89.5에서 92.49는 A-로 변환한다. 학생들과 졸업생들이 다른 지역은 물론 다른 나라로도 이동하는 것이 일상적인 일이 된 현대 사회에서는 이렇듯 혼

란스럽고도 일관성 없는 변환 제도는 마치 숫자판 바벨탑의 저주와
도 같다.

꼬리표에 얽매일 때

미처 깨닫지 못할 뿐 숫자로 된 임의적 경계는 우리가 세상을 보는
관점에 영향을 미친다. 심리학자인 마이런 로스바트(Myron Rothbart),
카렌 데이비스-스팃(Carene Davis-Stitt), 조너선 힐(Jonathan Hill)이 공
동 집필한 논문에는[21] 유대인들의 옛날이야기 한 편이 등장한다. 폴
란드와 러시아 국경에 인접한 땅을 일구는 농부에 대한 이야기였다.
오랫동안 이어진 국제 분쟁으로 양국의 국경 경계가 수차례 달라졌
다. 자신의 땅이 어느 나라에 속한 것인지 헷갈렸던 농부는 측량사를
고용했다. 몇 주 동안 면밀하게 조사를 한 측량사는 땅이 폴란드 국
경 안에 있다고 농부에게 알렸다. "하느님, 감사합니다" 하고 안도감
어린 탄성을 내뱉으며 농부는 이렇게 말했다. "더 이상 러시아의 혹
독한 겨울을 걱정할 필요가 없겠군!"

러시아의 날씨가 러시아 군인마냥 국경을 넘어오지 못할 것이라
믿는 농부의 말에 웃음이 터지겠지만, 심리학 연구에서 드러난 사람
들의 태도는 농부와 별반 다르지 않다. 한 예로, 집에서 일정 거리 안
에 원자력 발전소가 들어온다 해도 자신의 집과 발전소 사이에 정
치적으로 정한 국경이 있다면 사람들은 방사능 물질 유출을 덜 걱
정하는 것으로 드러났다.[22] 하지만 짐작건대, 방사능 오염 물질은 러

시아의 눈발만큼이나 국경을 신경 쓰지 않을 것이다. 연속적 척도 (continuous scale)를 (학점 등급제처럼) 임의적 경계로 구분 지어 범주를 나눌 때, 현실에 대한 자각이 이야기 속 농부처럼 왜곡될 수 있다. 이런 현상으로 상당히 유감스러운 결과가 생기기도 한다.

선진국에서 집착의 대상이 되어버린 몸무게를 한번 살펴보자. 미국만 해도 2014년 다이어트 산업의 규모가 약 640억 달러였다. 건강한 몸무게를 판별하는 기준 가운데 하나인 신체질량지수(BMI)는 몸무게 킬로그램을 미터로 환산한 신장의 제곱으로 나누는 것이다. BMI는 연속적 척도지만, 세계보건기구(World Health Organization, WHO)는 이를 몇 가지 범주로 구분해 18.5는 저체중, 25에서 29.9는 과체중, 30 이상은 비만으로 분류하고 있다. 그러나 연구자 대다수가 분명한 근거도 없이 저마다 다른 기준점을 적용하고 있다.[23] 1998년 전까지만 해도 미국 국립보건원(National Institutes of Health, NIH)에서 정한 과체중 기준은 남성 27.8, 여성 27.3이었다. WHO의 가이드라인을 따라 남녀 모두 기준이 25로 바뀌자 자신이 정상 체중이라고 생각했던 수백만 명의 미국인들에게 갑자기 '과체중'이라는 딱지가 붙었다.[24] 그렇다고 해서 이들이 실제로 하룻밤 새 체중이 증가한 것은 아니었으니 달라진 기준 자체는 무해하다고 여길 수 있지만, 범주 간 어디에 경계를 두느냐가 우리의 사고에 편향적인 영향을 끼칠 수 있다.

이탈리아 트리에스테에 있는 국제과학대학원(SISSA)의 프란체스코 포로니(Francesco Foroni)와 미국 오리건 대학교의 마이론 로스바

숫자는 어떻게 생각을 바꾸는가

트(Myron Rothbart)가 진행한 실험에서는 참가자들에게 비쩍 마른 체구에서 점차 몸집이 커지는 여성 아홉 명이 일렬로 죽 늘어선 실루엣 드로잉 그림을 보여줬다.[25] 실험 첫 단계에서 참가자들은 주어진 그림 속 나란히 선 실루엣 두 개를 한 쌍으로 유사도를 분석했다. 10분의 휴식을 가진 후 참가자들에게 임의적 경계에 대해 알렸다. 살집이 적은 실루엣 세 명은 '거식증 환자', 가운데 세 명은 '정상', 마지막 세 명은 '비만'으로 이름을 붙였다. 그리고 다시 한 번 실루엣 간 유사도 분석을 진행하게 했다. 이제 참가자들은 같은 부류에 속한 실루엣끼리 유사하다고 인식하기 시작했다. 다시 말해 나란히 있는 실루엣 두 개가 임의로 정해진 경계에 따라 다른 그룹으로 갈렸을 때보다 같은 그룹에 속할 때 두 그림이 유사하다고 느꼈다. 경계의 타당성에 문제가 제기되었을 때도 결과는 마찬가지였고, 심지어 경계가 사라진 후에도 유사성에 대한 판단은 달라지지 않았다.

이와 비슷한 경계 효과(boundary effect)는 다른 연구에서도 여러 차례 등장한다. 로드아일랜드주 프로비던스의 평균 기온에 대해 8일의 간격을 두고 물은 결과(예를 들어 19일과 27일을 비교할 때), 사람들은 8일이라는 기간 동안 월이 달라졌을 때(6월 27일과 7월 5일) 온도 차를 더욱 크게 예상했다.[26] 어떠한 경계가 생기고 나면 우리는 같은 범주 안의 유사성은 과대평가하고, 범주 간의 차이는 과장해 인식한다. 경계에 임의적 변화가 있을 때에도 이 효과는 사라지지 않았다. 입사 지원자의 적성 검사 점수가 '우수(ideal)', '양호(acceptable)', '보통(marginal)'으로 분류되고, 이를 분류하는 커트라인 점수가 달라졌음에도 같은 범주 안에 있는 지원자들 간 유사성이 높다고 판단하는 경향은 사라지지 않았다. 실험 참가자들에게 해당 경계는 완전히 임의적으로 만들어진 것이라고 설명한 후에도 상황은 마찬가지였다.[27]

이런 식으로 무언가에 꼬리표를 붙이는 현상이 우리 자신을 또는 타인을 보는 관점에 깜짝 놀랄 만큼 강력한 힘을 발휘하기 때문에 문제가 된다. 한 종적 연구에서 어린 시절 '지나치게 뚱뚱하다'고 불린 여자아이들은 어린 시절 BMI와는 관계없이 약 10년 후 BMI 지수가 '비만'에 가까울 확률이 훨씬 커졌다는 것이 드러났다.[28] 연구진은 뚱뚱하다는 꼬리표로 인한 스트레스가 과식이라는 방어기제를 가동시켰다고 추측했다. 또한 이런 식의 꼬리표가 여성의 신체상에 끼치는 영향은 정신 건강까지 관여한다는 근거도 있다.[29] 로버트 로즌솔(Robert Rosenthal)과 르노어 제이콥슨(Lenore Jacobson)이 진행한 연구에서는 초등학교 교사들에게 시험 점수가 상위 20퍼센트에 해당하는 아이들을 알려줬다.[30] '학업 잠재성이 높은 학생들'이라는 이름을 붙였지만 사실 이 아이들은 무작위로 뽑혔고, 대부분이 다른 아이들과 실력이 비슷했다. 그러나 두 연구자가 1년 후 다시 학교에 방문해 아이들을 테스트한 결과 '잠재성이 높은 학생들'은 IQ 테스트에서 다른 아이들보다 10에서 15점가량 점수가 높았다. 꼬리표가 자기 충족적 예언이 된 셈이었다. 어쩌면 교사들은 '잠재성이 높은 학생들'의 지적 향상을 위해 노력을 들인 것일 수도 있다. 시험이나 적성 검사 점수를 임의적 경계에 따라 분류하는 것이 아이들의 미래에 큰 영향을 끼칠 수 있다는 점을 충분히 추론할 수 있다.

왜 숫자 척도를 잘게 조각내려는 걸까?

숫자 척도를 잘게 나눠 훨씬 모호한 범주로 나눌 때 정보가 손실되고 현실을 왜곡하는 현상이 발생한다는 것을 이미 여러 사례를 통해 확인했다. 그럼에도 우리는 왜 그러는 것일까? 수십 년 전 아일랜드의 극작가 조지 버나드 쇼(George Bernard Shaw)는 이런 말을 했다. "대충 정해놓은 범주와 잘못된 일반화는 정돈된 삶의 저주다." 고대 그리스 철학자들은 범주에 어떻게 경계를 그어야 하냐는 문제로 고민했다. 더미의 역설(sorites paradox, '더미'를 뜻하는 그리스어 'soros'에서 파생했다)이란 모래 더미에서 모래 알갱이 하나가 사라지는 상황을 뜻한다. 알갱이 하나가 없어져도 여전히 모래 더미로 볼 수 있는 것일까? 만약 모래 알갱이가 하나씩 계속 사라진다면 어떻게 되는 것일까? 알갱이가 하나씩 사라져도 여전히 모래 더미로 봐야 하는지에 대한 의문이 생긴다. 결국 모래 알갱이가 딱 하나만 남은 상황이 되면 더 이상은 더미로 볼 수 없다. 이 과정에서 모래는 '더미'라는 범주에서 '더미가 아닌' 범주로 소속이 달라진다. 언제 이 경계를 넘었다고 봐야 할까? 모래 한 알이 사라지는 아주 작은 변화가 범주의 경계를 넘는 커다란 전환을 이끈 지점은 언제인 것일까? 온도나 신장처럼 연속적 척도는 물질의 양이 최소한으로 줄어드는 모래 알갱이와는 달리 작은 변화가 무한히 더해질 수 있다. 몇 도에서 더 이상 방이 따뜻하지 않다고 말할 수 있을까? 어느 정도부터 키가 크다고 분류되는 걸까?

이러한 철학적 고뇌에도 불구하고 범주는 매일같이 정보의 홍수로 괴롭힘을 당하는 우리가 복잡한 세상을 감당할 수 있도록 해준다. 인간의 두뇌는 수십 억 개의 뉴런과 시냅스로 우수함을 자랑하지만, 한 번에 처리할 수 있는 정보의 양은 극히 제한되어 있다. 연속적 척도를 몇 개의 카테고리로 나눌 때 우리가 처리해야 할 정보의 양이 줄어든다. 또한 범주화를 통해 세상을 조금 더 쉽게 이해할 수 있다. 인간의 내향성 또는 외향성을 측정하는 연속적 척도법이 있긴 하지만, 파티에서 누군가의 특징을 설명할 때 저 남자는 내향적이고, 저 여성은 외향적이라는 식으로 두 개의 범주로 설명하는 것이 훨씬 간단하다. 범주로 나누고자 하는 욕구는 인간의 생존을 보장하기 위해 진화했을 확률이 높다. 선조들은 굉장히 많은 종의 뱀이 서식하는 환경에서 살았을 것이고, 이 중 몇몇은 인간에게 무해했을 것이다. 하지만 모든 뱀을 '위험한 생물!'이란 범주에 국한시키는 편이 깊은 산속을 거닐다 난생 처음 보는 뱀이 나무에 매달려 있는 것을 마주한 상황에서는 더욱 안전하다고 볼 수 있다.

또한 범주라는 개념이 있을 때 타인과의 소통이 한결 간단해진다.[31] 연속적인 전자기 스펙트럼을 통해 나타난 빛을 누군가에게 알리고 싶다면 "472 나노미터의 파장이 저쪽을 비추고 있어!"라고 소리쳐서는 안 될 것이다. '472 나노미터의 파장'을 '파란색'으로 바꾸는 편이 훨씬 낫다. 하지만 파랑 역시 임의적 경계로 구분 지어진 범주 안에 있다. 450에서 495 나노미터의 파장을 파란색으로 구분하지만 엄밀히 따지면 색이 저마다 다르다. 사실 분광광도계를 항상 소

숫자는 어떻게 생각을 바꾸는가

지하고 다니는 것이 아닌 이상 색의 정확한 파장을 구분하는 것은 불가능한 일이기도 하다.

요약하자면 척도를 잘게 나누는 것은 자연스러운 행위로, 우리에게 도움이 될 때도 있다. 하지만 그에 따른 위험과 왜곡 역시 발생할 수 있음을 알아야 한다. 한 발짝 차이로 낭떠러지에 떨어지듯 범주가 하나 달라지는 것만으로 어쩌면 인생이 달라질 수 있고, 상상의 경계선으로 분류된 사람들을 스테레오타입으로 고정화하는 위험한 오류를 범할 수 있다. 이러한 문턱값 때문에 과학 연구 보고에서는 아주 사소한 변화로 인해 '유의미하지 않은 결과'가 갑자기 마법처럼 '유의미한 결과'가 되기도 하고 그 반대가 되기도 한다. 대학 졸업생과 학생들의 미래를 좋게 또는 나쁘게 변화시킬 수도 있고, 개인의 정신 건강과 신체상에 지대한 영향을 미칠 수도 있다. 경계 그 자체로는 큰 의미가 없을지 몰라도 지각없이 경계선을 수용할 때 그 영향력은 은밀하고도 교묘하게 그리고 널리 작용할 수 있다는 점을 알아야 한다.

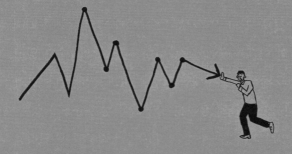

Something Doesn't Add Up

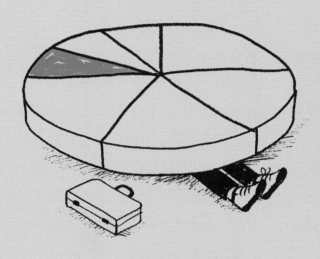

5장

숫자가 지배한
일상

숫자로 기록하는 것의 의미

1년 전쯤 스페인 산탄데르에 머물며 6월의 멋진 저녁 시간을 누리던 중 언짢은 사건이 벌어졌다. 산탄데르에서 타일이 깔린 넓은 산책로를 따라 서쪽으로 걷다 보면 환상적인 바다 전경이 펼쳐진 우뚝 솟은 절벽 길이 나온다. 얼마 남지 않은 저녁을 보내기에는 완벽한 산책길이 될 것 같았다. 따뜻한 날씨와 마음이 편안해지는 파도 소리를 들으며 최소 몇 킬로미터를 걸었다. 호텔에 돌아오고 나서야 가벼운 문제가 생겼다는 것을 깨달았다. 피트니스 트래커(fitness tracker)를 차고 있지 않았던 것이다. 절벽 꼭대기까지 오르느라 들였던 모든 노력과 걸음이 헛수고가 되고 만 것이었다. 트래커에는 내가 그날 일일 목표 걸음을 달성하지 못한 것으로 나왔다. 이미 하늘이 어두워지고 있었지만 잠깐 동안 말도 안 되는 생각이 스쳤다. 나가서 또 걸을 수 있을 것 같다는 생각이었다. 6월이라 해가 길기도 했고, 좀 전에 다녀왔던 절벽 정상까지의 길을 되돌아갈 수 있다고 확신했다.

다행히도 이성이 돌아왔다. 기록이 없으므로 그때 내가 걸었던 걸음은 모두 무효였다는 농담도 했지만 찜찜한 기분을 지우기 어려웠다. 〈가디언〉에서 한 여성의 고백을 담은 기사를 읽었던 것이 떠올랐다. "최근 들어 걱정이 생겼어요. 핏빗(운동량 트래커-옮긴이)이 없다면 나는 존재하지 않는 걸까? 데이터가 없으면 나는 죽은 것이나 다름없는 건가?"[1] 여행객들이 겪는 증후군과 유사한 증상을 내가 앓는 것이 아닌가 하는 생각이 들기 시작했다. 경험보다 기록으로 남겨야 한다는 목표 의식으로 카메라 렌즈나 스마트폰 화면으로만 세상을 보는 여행객들 말이다. 어쩌면 삶과 감정, 즐거움은 모두 숫자를 늘리는 행위로 대체되었는지도 모른다. 내 친구 중 하나는 가능한 많은 나라를 방문하는 것이 목표였다. 그는 길게 늘어선 나라 이름 옆으로 체크 표시를 해가며 계속 리스트를 업데이트했다. 한번은 보트를 타고 케이프 타운에서 트리스탄다쿠냐까지 6일이 걸리는 항해를 최대한 짧게 단축해 도착했다. 그의 목표는 그저 여권에 도장을 찍는 것이었다.

많은 생각이 들었다. 경험을 정량화하거나 수치로 된 목표를 달성하는 데 얽매일 때 경험의 충만함은 얼마나 훼손되는 것일까? 삶의 진실은 믿지 못할 기억이나 변덕스런 심리에 오염되지 않은, 기록된 숫자에서 드러나는 것일까? 아니면 또 다른 무언가가 있는 것일까?

라이프로깅

최근 몇 년 동안 삶의 다양한 측면을 기록할 수 있는 새로운 과학 기술이 기하급수적으로 성장했다. 몸에 차거나 몸 안으로 삼킨 기기를 통해 지리적 위치, 신체 활동, 수면의 질, 심박, 뇌파, 칼로리 소비량, (사용자 목소리를 바탕으로 한) 사회적 상호 작용의 질, 감정, 행복도를 기록할 수 있게 되었다. 2019년 콘돔 제조 회사인 브리티시 콘돔(British Condoms)은 빈도, 시간, 칼로리 소모량, 지정된 시간 동안 위치 변경 횟수 등 성생활과 관련된 다양한 요소를 수치화하고 기록하는 스마트 콘돔 아이.콘(i.Con)을 개발했다. 어떤 기기는 관계 중 신음 소리의 크기와 파트너 명수까지 기록하는 기능이 있다. 사용자들은 순위표에 이름을 올려 자신의 성적 기량을 비교하고 자랑할 수도 있다.[2] 심지어 자궁 속 태아와 아직 잉태되지 않은 생명도 수치화의 대상이 된다. 최신 웨어러블 기기는 예비 엄마의 심박과 피부 온도, 호흡수를 모니터해 아이를 잉태하기 가장 좋은 때를 알려준다. 임신 후에는 태아의 심박수와 발차기 횟수, 산모의 수면 자세까지 기록하는 기기도 있다.[3]

물론 삶의 여정을 세세하게 추적하고 기록하는 욕구는 전혀 새로운 일이 아니다. 일기를 쓰는 사람들은 오래전부터 있었다. 다른 방식을 채택한 사람들도 있었다. 1726년 스무 살이었던 벤저민 프랭클린은 절제, 침묵, 절약, 진실, 겸손 등 열세 가지 덕목을 얼마나 잘 지켰는지 그날그날 일기로 남기기 시작했다. 그는 13주간 한 가지 덕목에만 집중했다. 그로부터 250년 이상 지난 1998년 마이크로소프트(Microsoft)의 컴퓨터 과학자인 고든 벨(Gordon Bell)은 편지, 책, 회의, 대화 및 전화 내용 등 일상 속 모든 것들을 디지털로 기록하기로 결심했다. 2003년부터는 정지 상태에서 20초마다 사진을 찍는 담뱃 갑만 한 크기의 소형 카메라를 목에 걸고 다니기 시작했다. 항상 카 메라를 소지했던 게 아니었음에도 2012년까지 기록된 분량은 6만 에서 8만 장가량의 사진으로 된 수백 개의 시퀀스였다. 콘퍼런스로 들어가는 길, 식사 시간, 대화를 나눴던 사람들의 사진 등이 남아 있 었다. 그는 이 프로젝트를 '마이라이프빗츠(MyLifeBits)'라고 이름 지 었다. 이탈리아의 개념 미술가인 알베르토 프리고(Alberto Frigo)는 2004년 스물네 살 때부터 오른손에 쥐고 있는 물건을 모두 사진으 로 남기기 시작했다. 하루 평균 76장의 사진을 찍은 그는 2040년까 지 해당 프로젝트를 계속할 계획으로, 그때가 되면 사진이 약 100만 장이 넘을 것으로 예상했다. 그가 지금껏 찍은 사진으로 커다란 벽을 가득 채운 작품이 여러 전시회에 공개되었다.

위의 사례들은 삶을 숫자로 기록하는 형태는 아니지만, 최첨단 장비 덕분에 삶을 정량화하는 움직임이 점차 커지고 있다. 2007년 〈위어드(Weird)〉 매거진의 에디터인 개리 울프(Gary Wolf)와 케빈 켈 리(Kevin Kelly)가 만들어낸 단어인 자기 정량화(Quantified Self)라는 하나의 운동도 생겨났다. 2016년 자기 정량화 협회(Quantified Self Institute)의 회원 수는 7만 명이 넘었고 전 세계적으로 각 도시마다 모임도 생겼다. 이 운동의 모토는 '숫자를 통해 자기 자신을 이해한 다'는 것이다. 울프는 자신의 평범한 일상을 직접 공유하기도 했다.

나는 지난밤 12시 40분에 잠이 들어 오늘 아침 6시 20분에 일어났다. 밤새 두 번 잠에서 깼다. 1분 심박수는 61회이고, 세 번의 측정 결과 혈압은 평균 127/74였다. 감정 상태는 5점 만점에 4점이었다. 지난 24시간 동안 운동은 0분 했고, 운동 중 최대 심박은 측정되지 않았다. 400밀리그램의 카페인을 섭취했고 알코올은 섭취하지 않았다. 혹시나 싶어 밝히자면 ['유효성을 널리 인정받은 심리학 테스트로 몇 분이면 측정이 가능한 검사'에 따르면] 내 나르시시즘 점수는 0.31이다.[4]

이런 건조한 수치들은 예술로도 승화되었다. 2005년부터 2014년까지 미국의 그래픽 디자이너인 니컬러스 펠턴(Nicholas Felton)은 자가 추적한 1년치 데이터를 감각적인 차트와 숫자로 담아 고급 잡지 같은 생김새의 연보로 출간해 판매했다.

오늘날 라이프로깅(Lifelogging)은 단순히 자신의 신체와 경험을 추적 관찰하는 데 그치지 않는다. 타인과의 관계 또한 정량화할 수 있다. 이른바 관계 정량화(Quantified Relationship)다.[5] 예를 들자면 커플리(Kouply)라는 앱을 통해 이성 관계를 하나의 게임으로 만들 수 있다. 깜짝 꽃 선물, 발 마사지, 뜨거운 키스, 로맨틱한 요리 등을 받았을 때 파트너에게 포인트를 준다. 원한다면 순위표에 이름을 올려 다른 커플들과 경쟁하는 것도 가능하다. 시애틀에 위치한 마이크로소프트 소속 앱 개발자들은 '상대방에게 감사함을 느끼고 즐거움을 나누며 오래도록 변치 않을 사랑을 지켜주는 앱'이라 묘사하며 언젠가 부부 관계 상담 전문가들이 이 앱을 처방해주는 날이 오기를 바라고 있다.[6]

일상이나 이성 관계를 숫자로 기록하는 데는 자기 자신을 알기 위한 것 외에도 몇 가지 동기가 있다. 가장 큰 동기는 자기 개선을 향한 갈망일 것이다. 자기 정량화 운동의 공동 창립자로 흰색 수염이 덥수룩한 켈리는 "측정할 수 없다면 향상될 수도 없다"고 말했다. 캔버라 대학교 교수인 데보라 럽튼(Deborah Lupton)은 이런 동기는 정부가 아닌 자기 자신이 건강과 행복을 책임져야 한다는 현대 사회의 시대정신과 연관선상에 있다고 분석했다.[7] 이런 맥락에서 사회적으로 혜택을 받지 못하거나 신체적으로 불편한 상황에 놓였을 수 있다는 가능성은 배제된 채, 건강과 행복이란 목표를 달성하지 못한 것 또한 온전히 개인의 몫으로 돌아가고 있다. 여러 사회학자와 심리학자들은 약 60년 전부터 전통적인 삶의 양식에 순응하려는 경향이 줄어들고, 개인에게 자신의 삶을 직접 만들어갈 선택권이 주어졌다고 강조했다. 하지만 이런 선택권은 불확실성을 동반한다. 이러한 현실에서 자가 추적 기기는 사람들이 자신의 삶을 통제하고 생활 기회(life chances, 삶의 질을 높이기 위해 개인에게 주어지는 기회-옮긴이)를 최대한 활용할 수 있도록 보장해주는 도구가 된다.[8] '최적화된 인간(optimised human being)'이 되는 것이다. 건강 분석 기업 닥터 포스터 인텔리전스(Dr Foster Intelligence)의 공동 창립자인 로저 테일러(Roger Taylor)는 이제 인간을 위협하는 것은 더 이상 박테리아나 바이러스, 자연재해가 아니라, 스스로 자신을 통제할 수 없는 능력이 될 것이라고 밝혔다.[9]

경쟁심은 자기 개선에 효과 좋은 자극제로, 앞서 봤듯이 시중에 나와 있는 추적 기기 대부분이 순위표상에서 유저들과 대결하는 구조로 되어 있다[이를 설명하기 위해 게이미피케이션(gamification, 게임화-옮긴이)이라는 괴상한 용어가 쓰일 때도 있다]. 그러나 달리 보면 지위를 달성하는 것이 자가 추적의 또 다른 동기가 된다는 의미다. 어떤 이들은 순위상 높은 위치에 오르고 싶은 욕구가 자기 개선 동기보다 앞선 나머지 부정한 행위를 저지를 수도 있다. 〈월스트리트저널〉에 따르면 사람들이 활동량 트래커를 햄스터 챗바퀴나 전동 공구, 천장에 달린 팬, 애완견에게 부착해놓았다고 보도했다.[10] 1년 전쯤 영국에서 월별 걸음 수를 기록하는 순위표에서 한 가족이 한 달 동안 5백만 보를 달성하며, 발과 허벅지가 시큰거리도록 걸었음에도 1위를 차지하지 못한 이들의 분노를 샀다. 매달 하루에 약 161킬로미터를 꾸준히 걸은 셈이었다. 이 가족의 또 다른 데이터를 보면 하루에 스물세 시간 동안 활동했다고 나왔다. 아마도 지나치게 산만하고 활동량이 많은 애완동물을 키웠던 것으로 보인다.

감정 vs 수치

자기 정량화를 실천하는 사람들 가운데 숫자가 개인의 삶에 대한 가장 정확한 기록물이라고 절대적으로 믿는 이들이 있다. 스스로는 스트레스를 받는 줄 몰라도, 트래커 기기상에 내가 스트레스를 받고 있다고 표시된다면 트래커를 믿는 식이다. 우리의 감정, 판단, 기억은 신뢰할 수 없다고들 한다. 개인의 판단과 기억력에 관한 수많은 심리

숫자는 어떻게 생각을 바꾸는가

학 연구가 이를 뒷받침하고 있다. 이 분야의 대가로 세계적으로 저명한 아모스 트버스키(Amos Tversky)와 대니얼 카너먼(Daniel Kahneman)은 인간의 편향된 사고를 착시에 비유했다. 과거의 기억은 최근에 벌어졌거나 특별한 사건으로 인해 왜곡되기 쉽다. 우리는 서로 다른 현상에서 존재하지 않는 연관성을 찾고, 무작위로 벌어진 일들 사이에서 실제로는 없는 패턴을 찾아 인식한다. 인간은 현재 기분과 정서에 따라 왜곡된 렌즈를 통해 현실을 본다. 〈워싱턴포스트〉의 칼럼니스트 모니카 헤세(Monica Hesse)는 2008년 칼럼에서 "컴퓨터는 거짓말을 하지 않는다. 그러나 사람은 거짓말을 한다"고 적었다.

이와 반대로, 숫자로 나타낸 측정은 감정에 영향을 받지 않고 정확하며, 심리적 변화와 한계에 구애받지 않고 확실성이라는 안도감을 전해준다. 사람들은 수치 분석을 통해 전에는 알 수 없었던 패턴과 상관관계를 발견할 수 있다고 주장한다. 금요일 오전마다 행복도가 낮아진다고 표시하는 앱을 보고 그 이유를 찾기 시작하는 식이다. 간밤에 뒤척이는 시간이 다음 날 혈압과 상관관계가 있다면 수면의 질을 높이기 위한 노력을 기울일 수 있다. 개개인이 업로드한 자가 추적 기기의 수치로 통계 자료를 집계해 방대한 데이터 세트가 구축된다면 어떤 일이 무엇 때문에 일어났는지를 파악하는 의미 있는 발견이 가능할 수도 있다.

샌디에이고에 있는 캘리포니아 대학교의 물리학자인 래리 스마르(Larry Smarr)는 자신의 체중과 식습관을 모니터하고자 했다. 망가진 몸매에 당뇨병 전증도 앓았던 그는 혈액 내 오메가-6와 오메가-3 지방산 비율을 확인하기 위해 혈액 검사 서비스에 등록했다. 몇 건의 검사 결과로 나온 엄청난 양의 데이터를 분석하던 중 그는 C 반응성 단백질이 지속적으로 정상 범위를 벗어나 있다는 것을 발견했다. 때문에 그는 추가 검사를 받았고 놀랍게도 자신에게 크론병이 있었음을 알게 되었다. 2012년 한 콘퍼런스에서 그는 이렇게 말했다. "자신의 몸 안에서 어떤 일이 벌어지고 있는지 느낌으로 알 수 있다는 것은 인식론적으로 말이 되지 않습니다. 절대 가능하지 않은 이야기입니다."[11] 요즘 스마르는 분기 또는 해마다 혈액 검사를 받은 뒤 100여 개의 변수를 기록하고 그래프로 정리한다.

자기 정량화를 맹신하는 사람들에게 신체는 자동차 엔진처럼 성능을 측정해야 하는 하나의 기계와 다름없다. 어떤 사람들은 자가 측정 기기가 '몸의 대시보드'라고까지 말한다. 행복과 감정, 사회적 상호 관계의 질까지 포함한다면 '일상생활의 대시보드'라는 표현이 좀 더 적절할 것이다. 하지만 이러한 '환원주의적' 트렌드를 향한 비판의 목소리도 나온다. 전 캔터배리 대주교(Archbishop of Canterbury) 로완 윌리엄스(Rowan Williams) 박사는 BBC 라디오 4에 나와 "삶을 좀 즐기세요!"라고 말하기도 했다. 확신하건대, 우리의 개성과 행복을 구성하는 많은 요소들이 대시보드상 측정 대상에서 제외되었을 것이다. 몇몇 요소는 측정할 수 없거나 측정하기 어려워서 누락된 것일 수도 있지만, 어쩌면 자가 측정 기술이 대개 '북반구의 선진국(Global North)에 거주하는 고액 연봉의 백인 남성 이성애자'라는 앱 디자이너의 가치와 관심사를 반영한 결과물이기 때문일 수도 있다.[12] 예컨대 애플 워치가 처음 론칭되었을 때 생리 주기를 관리하는 기능이 없었던 것처럼 말이다.

어떤 사람들은 앱 개발자들이 애초에 제3자에게 판매할 것을 염두에 두고 수익성 높은 정보를 측정 대상으로 삼았을 것이라 걱정한다. 실제로 보험 회사들은 유저의 데이터에 뜨거운 관심을 보였고, 여러 업체에서 앱 개발자들과 계약을 성사시키기도 했다.[13] 앱 디자이너들이 유저의 행복이나 이성 관계의 질을 향상시키는 것보다 매출을 극대화하거나 (유저의 본의와 관계없이) 앱을 계속 사용하게 만드는 데만 관심이 있는 것이 아니냐는 우려의 목소리도 있다.[14] 정말 그렇다면 앱 디자이너들은 이해하기 쉽고 널리 알려져 있지만 검증된 바는 없는 건강 측정법을 선호하는 것일 수도 있다. 한 예로, 칼로리를 기록하는 앱들이 체중 감량에 도움을 준다는 연구는 거의 없다.[15]

측정이라는 행위로 인해 현실이 왜곡되거나 또 다른 현실이 만들어지기도 한다. 셀프 트랙커(self-tracker, 웨어러블 기기 등 첨단 기술을 통해 자신의 신체적, 정신적 상태 등을 추적 관리하는 사람-옮긴이)인 제프 코프먼(Jeff Kaufman)은 자기 정량화 웹사이트에 자신이 1년 동안 행복을 추적한 경험을 공유했다. 그는 핸드폰에서 임의의 시간대에 현재의 행복 지수를 1에서 10으로 기록하라는 알람이 울렸다고 적었다. 알람을 듣고 '지금 내 기분이 어떤 상태인가?'라고 묻는 대신 '예전에 지금과 비슷했을 때 보통 6이라고 했으니 지금도 6이라고 기록하자'는 생각을 지우기 어려웠다고 고백했다. "내게 솔직해질 때 더욱 불행해지기 때문이다"라고 덧붙였다.[16] 어떤 이들은 신체에 약간의 변화가 있을 때마다 강박적으로 측정하다 보면 건강 염려증이 생긴다고 지적한다. 또는 더욱 향상되어야 한다는 지속적인 부담감 때문에 오히려 불행해질 수도 있다. "오늘 아침 0.5킬로그램이 늘었다면? 뚱뚱해진 거죠. 하루 러닝을 건너뛰었다면? 게으른 사람인 거예요." 과거 셀프 트랙커였던 이 여성은 기기를 더는 '고문의 도구'로 여기지 않기 위해 자가 추적을 그만뒀다고 설명했다.[17] 자신의 삶에 대한 주도권을 잃었다고까지 느끼는 라이프로거들이 있을지도 모른다. 자가 추적 기기가 목표한 바와는 사뭇 다른 상황이 펼쳐진 셈이다.

설사 삶의 모든 측면을 정확하게 측정할 수 있다 하더라도 전체는 부분의 합보다 크거나 작다는 논쟁에 부딪힌다. 다양한 의학적, 신체적 수치보다는 스스로 컨디션이 좋다고 느끼는 것이 더욱 중요하다. 피트니스란 한 주에 몇 보를 걸었냐의 문제가 아니다. 성적 즐거움은 횟수, 신음 크기, 지속 시간을 더한 공식으로 설명될 수 없다. 성관계로 어느 정도의 칼로리를 소모했는지 측정해주는 앱은 어쩌면 사람들에게 잘못된 목표를 심어줄지도 모른다. 성행위에서 오는 즐거움을 가치 있게 여기기보다, 피트니스 센터에서 운동하는 대신 칼로리를 소모하기 위해 행하는 대안적 행위로 전락할 수도 있다. 럽튼은 수치가 과학적이고 중립적이며 객관적으로 보일 수 있지만, 어떠한 알고리즘으로 수치를 계산해 총점을 내는지는 '블랙박스' 안에 숨겨져 있다고 지적했다. 따라서 우리는 이런 알고리즘이 어떤 식으로 값을 산출하고 어떤 측면을 더욱 또는 덜 중요시하는지 알 길이 없다. 가령 어떤 앱에서는 호흡과 신체 움직임을 측정한 값을 더해 수면의 질을 1에서 100으로 표시한다. 또 다른 앱은 열여섯 가지 영양소와 운동량을 더해 주 단위로 건강 점수를 매긴다. 자가 추적 활동에서는 인생의 혼돈과 충만함이 깔끔하게 떨어지는 측정값으로 대체되면서 인생의 복잡성 또한 생명력이 없는 바이트 스트림(여러 개의 바이트가 배열되어 있는 데이터-옮긴이)으로 단순화된다. 벨라루스의 작가이자 사상가인 에브게니 모로조프(Evgeny Morozov)와 같은 비평가들은 개인적인 경험에 대한 확신이 바이트가 제시하는 바에 의해 흔들릴 위험이 있다고 우려한다. 모로조프는 정량화에 '제국주의적인 성격'이 있다고 지적한다.[18]

건강 보조제 역할을 하는 숫자

셀프 트랙커들을 나르시시즘에 빠져 있고 숫자에 집착하며 수치와 그래프, 대시보드로 자신의 삶을 축소시킨 너드라는 하나의 동질 집단으로 보는 시각은 상당히 잘못되었다고 할 수 있다. 물론 몇몇 사람들은 그렇겠지만, 셀프 트랙커들은 저마다 다른 다양한 사람들이 모인 무리로, 이들 중 대다수는 수치를 그저 자신의 삶을 보조하는 도구쯤으로 여기는 경우가 많다. 마스트리흐트 대학교(Maastricht University)의 타마르 샤론(Tamar Sharon)과 암스테르담 대학교의 도리언 잔드베르헌(Dorien Zandbergen)이 셀프 트랙커를 대상으로 심층 연구를 진행한 결과, 이들의 동기는 다양했지만 대체로 자신의 직감과 기기의 수치를 상호 보완적으로 활용하고 있다는 점이 밝혀졌다.[19]

이들은 자기 이해 또는 자기 개선이라는 목적을 이루기 위해 추적된 데이터와 직관을 조합해 활용했다. 결과적으로 수치 그 자체로는 아무런 의미가 없다. 수치란 해석이 되어야 하는 대상으로, 이때 개인의 주관적 관점이 개입하게 된다. 두 연구진이 인터뷰한 한 참가자는 이를 '디지털 스토리텔링(digital storytelling)'이라고 칭했다. 숫자는 단순히 자기 자신 또는 타인에게 전하는 이야기를 풍성하게 하는 도구인 것이다. 연구진은 이렇게 정리했다. "정량화된 데이터는 (연구 참가자들의) 사적이고, 주관적이며, 어떤 면에서는 접근하기 어려운 감정과 문제를 실재적이고 비교 가능한 대상으로 전환시켜준다."

연구에 참여한 셀프 트래커 가운데 몇몇은 자가 추적 기술이 육감을 발달시키고 세상을 향한 이해를 깊이 있게 만들었다고도 털어났다. 자신이 섭취하는 음식을 한동안 기록해온 한 남성은 이제는 음식을 보면 칼로리나 중량을 직관적으로 파악하는 능력이 생겼다고 밝혔다. 꽤 오랫동안 자가 추적 기기를 사용해온 또 다른 참가자는 더 이상은 이런 기기가 필요치 않다고 했다. 기기상에 어떻게 표시될지 직관적으로 느낄 수 있다는 것이다. 이들에게는 매일같이 쏟아지는 숫자는 이제 부가적인 고려 사항일 뿐이다. 이러한 숫자들은 그저 개인의 감각을 발달시켜 삶에 대한 의식을 더욱 날카롭게 만드는 데 도움을 주는 수단에 지나지 않는다.

숫자와 개인의 감정이 상충하는 때조차도 사용자에게 도움이 된다는 점도 드러났다. 의사 결정 과정에서 자신의 직관과 숫자가 가리키는 바가 다를 때, 이 둘이 상충하는 이유에 대해 깊이 생각해보는 것이 유익하다는 근거도 있다.[20] 차를 구매하려 한다고 가정해보자. 직접 계산해본바 소형 해치백이 가장 좋은 선택지이지만, 직관은 SUV를 말하고 있다. 판단과 직관의 불일치에 대해 고민하는 과정에서 새로운 통찰력과 명료함이 찾아오고, 그로 인해 더욱 우수하고 현명한 결정에 이를 수 있다. 어쩌면 자신의 직관이 틀렸을 수도 있고, 숫자에 오해를 불러일으킬 만한 요소가 있거나 무언가 빠졌을 수도 있다. 감성과 이성의 균형을 찾아가는 과정인 셈이다. 이와 유사하게 자가 추적 과정에서 일어나는 부조화가 새로운 통찰력을 가져오기도 한다. 트랙커상으로는 간밤에 내가 깊은 수면과 렘수면을 충분한 시간 취했다고 나오지만, 실제로는 피로함과 두통을 느낄 때가 있다. 도대체 무슨 상황인 걸까? 어쩌면 침실의 환기가 제대로 되지 않았거나 내 몸이 탈수 상태였을 수도 있다.

연애와 사랑은 좀처럼 정량화의 대상으로 여기기 어렵다. 후보자들의 특성에 따라 점수를 매기고 가장 높은 점수를 얻은 한 사람을 선택해 미래의 배우자로 삼는다는 개념이, 대다수의 사람들에게는 로맨스라는 본질과 정반대에 있다고 느껴질 것이다. 이미 커플이 된 사람들 가운데는 관계 정량화를 지지하는 이들도 있다. 하지만 상대에게 한 일을 기록하고 점수로 매기는 앱들이 연인 관계를 냉정한 경제적 거래로 탈바꿈시킬 우려가 있다는 비판의 목소리도 있다. 결과적으로는 서로 주고받는 것들로 상대의 가치가 매겨지기 때문이다. 골웨이 아일랜드 국립대학교(National University of Ireland, Galway)의 존 대너허(John Danaher)와 동료 연구진은 대부분의 이성 관계에는 집안일이나 그 외 잡다한 일 분담을 두고 불평등이 존재하고, 이성 커플의 경우 여성이 피해를 입을 때가 많다고 지적했다.[21] 논문 저자들은 이런 앱이 집안일 분담의 불평등을 인식하게 되는 계기가 되어 어쩌면 좀 더 공평하게 일을 분담하고 관계도 더욱 좋아질 수 있을지도 모른다고 주장했다. 어쨌거나 관계란 재정적 안정과 같은 목적과 개인의 내적 가치를 모두 충족하는 수단으로 존재하는바, 하나의 동기가 다른 동기를 가로막는 요인이 될 근거가 없다고 이들은 지적한다. 관계 내 어떤 측면이 수치화되어도 여전히 자연스러움과 편안함이 충분히 가능할 수 있다.

그렇다면 자가 추적은 저주일까, 축복일까? 이상적으로는 트랙커는 쓸모 있는 부가 정보를 전해주고, 힘든 삶을 헤쳐나가는 우리가 현명한 결정을 내릴 수 있도록 이끌고, 건강과 행복을 증진하는 역할을 할 것이다. 하지만 이런 기기들이 보여주는 숫자는 쉽게 얻을 수 있는 달콤한 열매일 뿐이라는 것을 기억해야 한다. 쉽고 편리하지만, 우리의 일상에 대해 단편적이고도 어쩌면 편향된 정보만을 제공한다. 숫자는 인간의 경험을 단면적이고 불투명하게 보여주고, 우리가 경계하지 않는다면 우리의 시야를 좁히고, 더욱 중요하지만 실제로는 확인하기 어려운 요소들을 가릴 수도 있다.

자가 추적으로 인해 무의미한 강박이 생길 수도 있다. 나는 조금 전 한 달 동안 걸은 걸음 수에서 아주 근소한 차이로 1위를 빼앗겼다는 것을 확인했다. 지는 것을 참을 수 없으므로 다음 달에는 꼭 랭킹 1위를 달성하리라 마음먹었다. 내 심박수가 알 수 없는 이유로 1분에 4회 증가했다. 의사에게 연락해봐야겠다. 현재 몸 상태로는 오늘 저녁에 휴식을 취해야 할 것 같지만, 오늘 정해진 칼로리를 소비하지 못했다. 헬스장에 가야 할 것 같다. 트래커 기기들은 우리의 삶을 향상시키는 도구로 시중에 소개되었지만 사람을 정말 신물 나게 만들기도 한다.

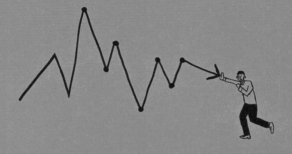

Something
Doesn't
Add Up

6장

여론이 부재한
여론 조사

충격적인 여론 조사

2013년 11월 1일 〈데일리익스프레스(Daily Express)〉 1면에는 '98 퍼센트가 새로운 이민자 금지법 찬성' 헤드라인과 함께 바로 아래는 '세계 최고의 신문'이라는 겸손한 문구가 적혀 있었다. 해당 신문사는 2015년 1월 21일 1면에 '80퍼센트가 EU 탈퇴 지지'라는 기사를 싣기도 했다. 2016년 1월 29일 ITV 뉴스에서는 '선진국 가운데 영국 청소년 문맹률이 "가장 높은 수준"'이라는 소식을 보도했다. 2017년 8월 16일 포브스닷컴(Forbes.com)은 '충격적인 여론: 대다수의 국가가 트럼프보다 푸틴을 선호'라는 소식을 전했다.

위에 등장한 놀랄 만한 기사는 모두 여론 조사를 바탕으로 나온 결과였다. 하지만 여론 조사는 현실을 반영하기에는 허술한 바로미터다. 설계와 시행 과정에서 벌어진 약간의 부주의만으로도 바늘이 걷잡을 수 없이 잘못된 방향을 가리킬 수 있기 때문이다. 굉장히 심혈을 기울여 설계하더라도 여론 조사는 그저 진실에 가까운 정도밖에 드러내지 못한다. 바늘이 극한을 가리키길 바랄 때는, 가령 자신의 주장을 뒷받침하기 위해 또는 이목을 사로잡는 헤드라인을 쓰기 위해 자극적인 결과가 필요하다면 조사를 설계하는 데 들어간 노고쯤은 가볍게 무시하는 것이 가장 좋은 방법이다. 여론 조사에 허점이 있다면 더욱 좋다.

영국인의 80퍼센트가 EU 탈퇴를 지지한다는 2015년 기사를 예로 들어보자. 〈데일리익스프레스〉는 '40년 만에 최대 규모의 여론 조사' 결과였다고 밝혔다. 대단히 특별해 보이지만, 그로부터 1년 후 행해진 국민 투표에서 EU 탈퇴를 바라는 국민이 고작 51.9퍼센트였다는 것에 비하면 80퍼센트라는 수치는 좀 높아 보이긴 한다. 그렇다면 2015년 여론 조사에 참여한 이들은 누구였을까? 알고 보니, 영국 보수당 하원의원 두 명과 영국 국회의원 입후보자 한 명이 노샘프턴셔의 그들이 속한 인접한 선거구 세 곳에 10만 장의 여론 조사 용지를 돌린 것으로 드러났다. 몇 달이나 걸린 이들의 노고에도 불구하고 그에 응답한 1만 4,581장만이 〈데일리익스프레스〉 신문사로 회수되었다.[1] 영국 전역의 국민들을 대상으로 조사를 시행하려는 노력은 전혀 없었고, 무엇보다 자기 선택 편향(self-selection bias, 자신이 특별히 선택받았다고 여기는 경향성으로, 통계를 대표하는 집단에 선택되거나 자발적으로 참여했을 때 자신에게 유리한 쪽으로 해석하려는 심리. 개인적으로 해당 문제에 관심이 높은 사람만이 응답하는 현상을 뜻하기도 한다-옮긴이)이라는 심각한 문제가 있었다. '역겨운 턴브리지 웰스(Disgusted of Tunbridge Wells, 보수 성향으로 언짢은 기사나 보도에 대해 언론사에 항의 편지를 쓰는 사람들을 가리키는 용어-옮긴이)' 현상도 작용했을 것이다. [이 경우에는 '역겨운 웰링버러(Disgusted

Wellingborough, 노샘프턴셔의 도시-옮긴이)'라고 볼 수 있겠다.] 신문사에 큰 불만을 가진 사람들이 항의 편지를 보내는 것과 마찬가지로, 이번 역시 강한 의견을 가진 사람들이 여론 조사에 응답할 동기가 더욱 높을 뿐 대중의 의견을 완벽히 대표한다고는 볼 수 없다.

〈데일리익스프레스〉의 편집인들에게는 80퍼센트라는 수치가 실망스러울 정도로 낮게 느껴졌을 것이다. 이 언론사에서 진행한 다른 조사 결과에서는 이보다 훨씬 높은 수치가 등장했다. '99퍼센트가 EU 탈퇴 지지', '99퍼센트가 영국의 대외 원조 증가 반대', '99퍼센트가 루마니아 집시 자국으로 추방 요구'였지만, 예외적으로 '자력갱생의 의지가 없는 가정에 복지 혜택을 주어서는 안 된다는 국민이 97퍼센트'라며 인정하는 모습도 보였다.[2] 앞서 하원의원들이 주도한 여론 조사와는 달리 위의 수치는 이른바 부두 여론 조사(voodoo polls)에서 나온 결과였다. 부두 여론 조사란 저명한 여론 조사 전문가인 로버트 우스터 경(Sir Robert Worcester)이 TV 시청자, 신문 구독자가 서로 다른 채널로 투표를 하지만 이 과정에서 전체 여론을 대표하는 표본을 추출하는 장치가 마련되지 않은 상황을 꼬집어 비판하는 의미로 만든 용어다. 〈데일리익스프레스〉가 진행하는 여론 조사에서는 사람들이 수신자 부담 전화번호 두 개 중 한 곳에 전화를 걸어 투표를 하는 방식으로 진행된바, 해당 신문사의 정치 성향에 호의적인 독자들이 참여하는 지극히 자기 선택 편향이 작용했다고 볼 수 있다. 또한 전화비만 감당할 수 있다면 몇 번이나 전화를 걸어 투표에 참여하는 광신자들을 걸러낼 장치도 없었다. 따라서 신문 1면의

숫자는 어떻게 생각을 바꾸는가

1/3을 차지할 정도로 큰 글자로 박힌 퍼센트 수치는 사실상 통계적 타당성이 전혀 없다는 뜻이다.

왜곡된 표집틀

의식 있는 여론 조사 기관은 전체 국민의 의견에 가까운 정확한 추정치를 얻기 위해 합리적인 노력을 최대한 기울이지만, 아무리 노력해도 모든 사람의 의견을 조사하는 것은 불가능한 일이다. 이렇게 대규모의 여론 조사를 진행할 정도의 자원을 가동할 수 있는 곳은 정부뿐이다. 2013년 미국 인구 조사를 진행하는 데 130억 달러(1인당 42달러)가 들었고[3], 2011년 영국의 인구 조사는 4억 8,200만 파운드(1인당 7파운드)라는 비용과 더불어 3만 5,000명의 인력이 투입되었다.[4] 그럼에도 결과가 정확하리라는 보장은 없다. 1990년 미국 인구 조사에서는 약 800만 명의 누락이 발생했는데 대부분이 이민자와 소수 인종 집단이었다. 10년 후 진행된 조사에서는 약 1,700만 명이 중복 집계되었다.[5] 2001년 영국 인구 조사 당시 약 100만 명의 청년층이 누락되자 책임자는 이들이 아마 이비사(Ibiza)에 체류 중일 것이라 말한 일도 있었다.[6] 대규모의 복잡한 절차가 필요한 인구 조사는 결과를 얻기까지도 오랜 시간이 걸린다. 여론 조사 결과가 선거를 마치고 18개월 후에 발표되서는 안 될 말이다. 방송사 경영진도 자사 프로그램의 시청률이 곤두박질치고 나서 2년 후에야 결과를 알고 싶지는 않을 것이다.

일반적으로 대규모 집단에서 필요한 정보를 적시에 얻을 수 있는 실질적인 방법은 전체 집단을 제대로 반영하기를 바라며 대표 표본을 추출하는 것뿐이다. (산업에서 품질 관리를 위해 제품을 시험하고 싶다면 샘플을 채취하는 수밖에 없다. 만약 성냥 제조업자가 제품을 테스트하기 위해 모든 성냥을 일일이 그어본다면 사업을 그리 오래 지속할 수 없을 것이다.) 하지만 대표 표본이 전체 모집단을 정확히 대표한다고 어떻게 자부할 수 있을까? 우선, 모집단 전체의 정보를 담은 리스트 또는 데이터베이스[표집틀(sampling frame)이라 한다]가 있어야 한다. 하지만 이 데이터베이스를 얻는 것이 말처럼 쉽지 않다. 맥주를 마시는 사람, 옥스퍼드 스트리트 쇼핑객, 비건, 다음 영국 총선에 반드시 투표할 사람 등의 리스트를 구하기가 쉽지 않을 것이고, 설사 리스트가 있다 해도 대표성이 현저히 낮을 가능성이 높다.

역사상 가장 유명한 통계 참사 중 하나로 꼽히는 1936년 〈리터러리다이제스트(Literary Digest, 1938년에 폐간한 미국 시사 주간 잡지-옮긴이)〉 사태의 핵심 원인이 바로 대표성을 잃은 표집틀이었다. 당시 프랭클린 루스벨트와 알프 랜던(Alf Landon)이 대통령 후보로 맞붙었다. 재임자인 루스벨트는 민주당 후보로 임기 동안 대공황을 타개하기 위해 뉴딜 정책을 펼쳐 일자리를 늘리고 저소득층의 복지를 강화했다. 공화당 후보자였던 랜던은 켄자스 주지사였다. 그는 뉴딜 정책에 대해 일부 동의하기도 했지만 "사회 보장 제도의 낭비이자 실책"이라며 반대했고, 루스벨트의 정책이 실업률 해소에 극히 적은 효과만 보였다고 지적했다. 앞선 선거에서도 그랬듯이 저명한 주간지 〈리터러리다이제스트〉는 어떠한 기준으로 봐도 대규모 표본이라 충분히 여길 수 있는 1,000만 명의 미국인을 대상으로 여론 조사를 실행했다. 독자들에게 '실제 투표 결과의 오차 범위 1퍼센트 내에서' 당선 결과를 미리 알 수 있을 것이라 단언했다. 200만 명이 넘는 사람들의 투표지가 회수되었고, 잡지사는 랜던 후보가 48개 주 가운데 32개 주에서 승리하며 57퍼센트의 투표율로 압승을 거둘 것이라고 자신만만하게 발표했다. 막상 뚜껑을 열어보니 루스벨트가 61퍼센트로 상대 후보자를 가볍게 짓눌렀다. 메인주와 버몬트주, 이렇게 단 두 곳에서만 랜던의 지지율이 높았다. 미국 역사상 지지율이 가장 크게 차이 난 선거 중 하나로 남았다. 선거 후 〈리터러리다이제스트〉의 표지에는 단 네 마디뿐이었다. "붉게 물든 것은 우리의 얼굴뿐이었다!"

어떻게 〈리터러리다이제스트〉의 여론 조사는 이토록 완벽하게 틀린 걸까? 우선, '역겨운 웰링버러'의 미국 버전으로 여론 조사에 기꺼이 응한 20퍼센트의 사람들이 랜던을 지지하는 쪽이었고, 이것이 정세의 흐름을 잘못 판단하게 만드는 단초를 제공했던 것은 분명해 보인다. 하지만 1,000만 명이 모두 참여했다고 해도 여론 조사 결과가 정확하게 나왔을 확률 또한 낮았을 것이다. 잡지사에서는 독자와 전화번호부, 자동차 등록부에서 응답자를 골랐다. 1930년대 미국에서 집에 전화가 설치되었던 사람들이 전체 인구의 1/4였던 만큼 이런 명부에 올라가 있는 사람들은 상대적으로 부유한 층이었고, 따라서 루스벨트의 정책으로 혜택을 보지 않은 국민 층이었기 때문에 랜던 쪽으로 마음이 기울었을 것이다. 여론 조사에 들였던 엄청난 수고와 비용에도 불구하고 대표성이 낮은 표본 프레임 때문에 시작부터 엇나갔던 것이다. 그래도 훗날 100세까지 살았던 알프 랜던만큼은 역사상 최악의 패배와 불명예스런 선거 예측 사례로 위로를 받았다. 그는 "근소한 차이였다면 사람들의 기억 속에서 잊었을 겁니다"라고 밝히기도 했다.

샘플은 누가 정하는 걸까?

여론 조사 요원이 누락이나 중복 없이 모집단을 정확하게 나열한 표 집틀을 얻는다면 임의(또는 확률) 표본을 추출할 수 있다. 본질적으로 모집단 전원에게 숫자를 부여하고 복권 추첨과 유사한 방식으로 무작위로 숫자를 선정하는 과정이 필요하다.[7] 즉 모집단에서 표본 안에 뽑힐 가능성을 계산할 수 있다는 의미다. 100만 명 가운데 2,000명을 선정해 조사한다면, 샘플에 선정될 확률이 2/1,000인 셈이다. 모집단 내 조사 대상으로 선정될 확률은 누구나 동일하므로 부유층, 남성, 대학 졸업자 등 특정 집단을 선정하는 체계적 편향(systematic bias)이 제거된다.

숫자를 적은 종이를 반으로 접어 모자 안에 넣고 섞는 게 아니고서야 무작위로 숫자를 뽑는 프로그램을 통해 컴퓨터로 선정하는 것이 일반적이다. 한때 나는 컴퓨터 깊숙한 곳 어디에선가 아무도 모르게 돌아가고 있는 룰렛 휠로 숫자를 뽑는 것이라 생각하기도 했지만, 사실 대부분의 컴퓨터는 의사 난수(pseudo-random number, 일정한 절차에

숫자는 어떻게 생각을 바꾸는가

의해 완벽히 무작위로 선정되는 것이 아니기에 의사라는 용어를 쓴다–옮긴이)밖에 생성하지 못한다.[8] 무작위처럼 보이지만 알고리즘을 파악하면 충분히 어떤 수가 나올지 예측 가능하다. 예컨대, 수학자이자 컴퓨터 과학자인 존 폰 노이만(Jon Von Neumann)이 개발한 옛날 방식은 시드값(seed number)이라 불리는 임의의 수를 제곱한 후 가운데 자리 수를 난수로 삼았다. 시드값이 38이라면 이를 제곱한 1,444에서 44가 난수이고, 리스트상 44번인 사람이 여론 조사 대상으로 뽑힌다. 그러고 난 뒤 44를 제곱하면 1,936이므로 다음 '랜덤' 수는 93이 되고, 이렇게 계속 반복하는 식이다. 그러나 이 방법에는 심각한 문제가 있다. 00, 50, 60이 나오면 이 숫자들이 계속 반복된다(50^2=2,500). 또한 24라는 값이 나오면 한 번 수식을 거친 후에는 다시 원래의 값이 나온다(24^2=576이고 57^2=3,249로 24, 57, 24가 반복된다).

이후로 더욱 정교한 방법이 개발되었지만, 어떤 것이든 조금씩 오류가 있고 엑셀처럼 널리 사용되는 소프트웨어 또한 예전 방식의 난수 생성 프로그램을 쓰고 있다. 다시 말하자면, 리스트상의 모든 사람이 동등하게 선택받을 확률을 보장할 수 없다는 의미다. (그럼에도 불구하고 최근 캐나다에서는 엑셀을 활용해 영주권 신청자 10만 명 가운데 1만 명을 '무작위로' 추첨했다.[9])

표본을 추출하는 과정이 정말 무작위로 진행되어 체계적 편향이 없다 하더라도 표본이 모집단의 단면을 대표한다는 보장은 없다. 모집단이 모든 소득층, 성별, 연령층을 아우른다고 해도 우연히 부유층 또는 남성, 또는 20대만이 표본으로 선정될 수도 있다. 모집단을 구성하고 있는 구조를 파악하고 있다면 층화[그 결과로 나온 표본을 층화 임의 표본(stratified random sample)이라 한다] 추출을 통해 표본의 신뢰도를 높일 수 있다. 이를테면 모집단의 55퍼센트가 여성이고 100명의 표본을 추출하려 한다면 (쉽게 말해) 한쪽 모자에 여성의 번호표를 넣고, 다른 모자에는 남성 번호표를 넣는다. 첫 번째 모자에서 무작위로 55개의 번호표를 뽑고, 두 번째 모자에서 45개의 번호표를 뽑으면 적어도 성비에 있어서만큼은 모집단의 구성에 따라 표본을 추출했다고 볼 수 있다. 문제는 모집단 전체의 이름뿐 아니라, 성별(나이와 사회적 계층 같은 정보 또한 필요할 것이다)도 알아야 한다는 점이다. 여론 조사 때 이런 정보를 함께 수집한 뒤 추후 표본에서 적은 또는 큰 비율을 차지한 집단을 조정하기도(가중치를 달리하기도) 한다.[10]

표집틀에서 참여자를 선택해 연락을 취하는 것보다, 여론 조사가 진행될 때 마침 길을 거닐거나 집에 머무는 덕분에 바로 조사에 응할 수 있는 사람들로 국한시키는 편이 훨씬 수월하다. 이때는 우연에 의해서가 아니라 면접 조사원이 표본에 속할 사람을 결정한다. 표본 선정에 있어 특정 집단에 치우치지 않도록 여론 조사 기관은 보통 연령층, 성별, 사회적 위치에 따라 할당을 정한다[할당 표본 추출법(quota sampling)이라 한다]. 층화 추출법과 마찬가지로, 목표로 한 모집단의 구성을 반영해 표본을 추출한다. 예를 들어 2017년 영국의 성인 인구 가운데 65세 이상 여성 인구는 약 11퍼센트이므로 표본 1,000명 가운데 이 연령층의 여성은 110명을 인터뷰하는 것을 목표로 하는 것이다. 그럼에도 누구를 인터뷰할 것인지는 여전히 면접 조사원에게 달려 있으므로, 모두에게 여론 조사에 참여할 기회가 공평하게 주어진 가운데 무작위 표본을 추출한 것이라고는 보기 어렵다. 개인이 여론 조사 대상으로 선정될 가능성을 산출하는 것은 불가능하다. 조사원은 보통 호의적인 인상이거나 바빠 보이지 않는 사람에게 접근할 확률이 높다. 시내 중심가에서 진행되는 설문 조사의 경우 쇼핑을 싫어하는 사람보다 쇼핑 중독자들이 응답자로 참여할 가능성이 높다고 봐야 한다. 조사원이 특정 시간대에 집으로 전화를 건다면 교대제 근무자나 10대와 같은 집단은 집에 있을 가능성이 낮다.

할당된 표본을 채우는 것이 불가능한 나머지 안절부절못하며 기준에 속하는 누구라도 찾기 위해 필사적으로 차를 몰며 거리 이곳저곳을 누비는 면접 조사원들의 이야기가 심심치 않게 들려온다. 할당 추출법이 처음 생겨난 당시 미국 갤럽(Gallup)의 면접 조사원이었던 벽 뷰캐넌(Buck Buchanan)은 목표 할당을 채우기 위해 인터뷰한 사람의 나이나 소득을 거짓으로 꾸며내고 싶던 때가 있었다고 고백했다. 어떤 때는 모르는 사람에게 사적인 정보를 묻는 것이 민망해서 조사원들이 지어내기도 했다. 할당 기준에 속하지만 상당히 적대적인 사람들도 있었다. 뷰캐넌은 여론 조사를 시도했던 한 농부와의 에피소드를 털어놨다. "그쪽이 상관할 일이 아니잖아!" 뷰캐넌이 다시 한 번 묻자 농부는 총을 겨눴다. "당신! 한 번만 더 근처에 얼씬대며 내가 누구를 뽑을지 묻기만 해봐! 재수 없는 놈 같으니라고." 뷰캐넌은 이 농부를 공화당 지지자로 표시했다.[11]

오늘날 대부분의 여론 조사는 인터넷으로 행해진다. 이제는 면접 조사원을 고용해 길거리에 세워두거나 무턱대고 현관문을 두들겨 가장 좋아하는 TV 프로그램에 푹 빠져 있던 사람들의 화를 돋울 필요가 없어졌다. (물론 방문을 반기는 사람들도 있다. 예전에 한 동네에 살았던 남자가 조사원으로 일했을 때 방문 조사차 문을 두드리니 나이 든 여성이 문을 열었다. 그녀는 환하게 웃으며 그를 맞았다. "들어오세요. 남자가 제 집에 들어온 건 5년 만이네요.") 전화 조사처럼 수신인이 의심 어린 목소리로 전화를 받고는 이내 욕설을 내뱉으며 수화기를 신경질적으로 내려놓는 것으로 끝나는, 수천 건의 전화비를 감당하지 않아도 된다. 수많은 미국인들이 정치 성향을 물어오는 전화에 진저리를 친 나머지 2009년부터 2013년까지 갤럽의 원치 않는 전화를 받은 사람들이 집단 소송을 벌였고, 2015년 갤럽은 1,200만 달러를 지불하는 것으로 소송을 마무리했다. (갤럽 측은 모든 범법 행위를 부인했다.)

그렇다고 해서 인터넷 조사에 아무런 허점이 없는 것은 아니다. 인터넷 유저를 대상으로 표본 선정에 필요한 표집틀을 마련하는 것은 어렵다. 또한 이메일 주소를 무작위로 선정할 실질적인 방법도 없으며, 설사 있다 한들 원치 않는 이메일을 스팸으로 간주하는 사람이 대부분이다. 따라서 여론 조사 요원은 다른 방법에 의지할 수밖에 없고, 이 과정에서 잘못된 결과가 도출될 가능성이 높다.

가장 널리 쓰이는 방법은 옵트인(opt-in, 사전 동의-옮긴이) 패널이다. 웹사이트를 통해 인터넷 사용자들을 패널 멤버로 모집해 향후 진행될 여론 조사에 참여시키는 방법이다. 이후 여론 조사 기관이 패널단에서 조사 성격에 맞게 무작위 표본을 선택한다. 여론 조사에 응한 패널에게는 보상이 주어지는 것이 일반적이다. 일례로, 영국의 오피니엄(Opinium) 에이전시는 '오늘의 주제에 응답하고 보상을 받는 4만 명의 회원에 합류하세요'라고 홍보한다. 미국의 해리스 폴(Harris Poll)은 '회원가입하고 자신이 가장 좋아하는 브랜드에서 사용할 수 있는 리워드를 모으세요'라고 사람들을 불러들였다. 인터넷 여론 조사의 응답자가 무작위로 선정되는 것은 맞지만, 일반 대중의 무작위 표본은 아니다. 패널단에 참여한 사람들은 보통 젊고, 컴퓨터를 잘 다루며 경제적으로 덜 여유로운 경향이 높다.[12] 보통 정치 여론 조사에는 정치에 관심이 높은 사람들이 참여하기 마련이다.[13] 또한 다양한 패널단에 가입하고 리워드를 빨리 받을 생각에 질문을 제대로 읽지 않고 넘기기 바쁜, 이른바 '전문(professional)' 응답자들도 문제다.[14] 물론 젊고, 컴퓨터 사용에 능하고, 정치에 관심이 많다고 해서 이들의 의견이 일반 대중을 대표하지 못한다고 치부할 수는 없다. 모집단의 구성이 반영된다는 전제하에 패널의 의견이 일반 대중과 크게 다르지 않은 사안에서는 옵트인 패널을 무작위 표본으로서 충분히 활용할 수 있다.[15] 무작위 표본은 여론 조사에 응하지 않는 사람이 생길 경우 그 기능을 잃는다. 최근 몇 년간 무작위 전화 여론 조사의 응답률이 곤두박질쳤다. 미국에서 진행한 한 연구에 따르면 1997년 36퍼센트였던 응답률이 2013년 9퍼센트로 떨어졌다.[16] 따라서 무작위 표본으로 실시한 여론 조사에 응답한 사람들은 참여 여부를 스스로 선택(self-selecting)했다는 점에서 패널 멤버로 가입한 사람들과 유사하다 볼 수 있다.[17]

사실과 다른 오차 범위

이론상으로는 무작위 표본 추출이 비무작위 표본 추출(비확률적 추출이라고도 한다-옮긴이)에 비해 한 가지 중요한 이점이 있다. 모집단에서 표본으로 선정될 확률을 알 수 있기 때문에 조사의 신뢰도 또한 계산할 수 있다는 점이다. 예를 들어 무작위로 추출된 1,000명을 대상으로 한 여론 조사 결과 오차 범위가 ±3퍼센트라면, 실제 수치는 여론 조사 결과의 3퍼센트 포인트 전후이고 이 범위 안에서 같은 결과가 나올 확률이 95퍼센트, 즉 매우 높다는 뜻이다. 표본이 클수록 오차 범위는 작아진다. 앞서 예로 든 여론 조사에 2,000명이 참여했다면 오차 범위는 ±2퍼센트가 될 것이다. 비무작위 표본 추출은 오차 범위를 산출할 수 없어 조사의 신뢰도를 확인할 길이 없다. 할당 표본 추출에서는 여론 조사 대상이 면접 조사원에게 온전히 달려 있으므로 수학적 측정이 불가능하다. 옵트인 패널의 경우 모집단 가운데 몇 명이나 패널로 가입할지 확률을 알 수 없다. 이런 한계에도 불구하고 여론 조사 요원들은 비무작위 표본 추출에서도 오차 범위를 발표한다. 한 예로, 미국의 여론 조사 기관인 퍼블릭 폴리시 폴링(Public Policy Polling)은 2019년 1월 오차 범위 ±3퍼센트로 유권자의 46퍼센트가 트럼프 대통령의 탄핵을 지지한다고 밝혔다.[18]

실제로는 무작위 표본 추출과 비무작위 표본 추출에서 등장하는 오차 범위 모두 사실과 거리가 멀고, 여론 조사 결과가 지닌 불확실성의 정도를 축소해 평가했다고 봐야 한다. 무작위 표본 추출의 경우, 불완전하고 부정확한 표집틀과 무응답자의 수가 조사 결과의 불확실성을 높이지만 오차 범위에 이런 요소는 반영되지 않는다. 여론 조사 결과를 성별, 21세 미만, 50세 이상 등 하위 집단으로 나눌 때 표본의 크기가 작아진 만큼 오차 범위는 상대적으로 커질 수밖에 없다. 하지만 커진 오차 범위에 대해서는 거의 언급하지 않는다. 또한 수학적으로 보면 추정 오차 범위란 같은 답변을 한 응답자의 비율에 달려 있으므로 질문이 다양할 경우 오차 범위 또한 저마다 다르다. 50퍼센트가 '트럼프는 탄핵되어야 한다'고 답하고, 나머지 50퍼센트가 '탄핵에 반대한다'고 답한다면 집단 내 찬반 여론의 비율이 상당히 불확실하다고 봐야 하므로 오차 범위가 가장 크다. 만약 찬성이 5퍼센트이고 반대가 95퍼센트라면 예상 오차 범위는 절반 이하로 낮아진다. 하지만 대부분의 여론 조사 기관에서는 전체 여론 조사에 하나의 오차 범위만 제시한다. 이 경우 일반적으로 응답자의 50퍼센트가 같은 대답을 했다고 볼 수 있으므로 역설적으로 여론 조사에 포함된 다수의 질문에 대해서는 오차 범위가 사실보다 높게 측정되었다는 의미가 된다.[19] 비무작위 표본 추출에서는 오차 범위를 더욱 신뢰하기 어렵다. 앞서 언급된 무작위 표본의 오류뿐 아니라 표본이 무작위로 추출되었다는 발칙한 오해까지 불러일으킨다.

또 한 가지 우려스러운 점은 여론 조사가 실제에 비해 신뢰도가 높아 보이도록 만드는 의심스런 관행이다. 여론 조사 요원 입장에선, 언론의 주목을 받는 선거 기간 동안에는 만약 내 여론 조사 결과가 다른 곳과 다르다면 상당한 위험 부담을 안게 된다. 다른 사람들의 예측은 실제 선거 결과와 비슷한 반면 혼자만 완전히 틀렸을 위험이 있다. 이 때문에 여론 조사 요원들이 다른 여론 조사 의견과 비슷해지기 위해 결과를 조정하는 이른바 떼짓기(herding) 현상이 발생한다. 그 결과 여론 조사의 정확도가 부풀려지기도 하는데, 만약 모든 여론 조사가 똑같은 메시지를 전달한다면 사람들은 분명 이들이 어떤 진실을 가리키고 있다는 착각을 하게 된다. 2019년 호주의 연방 선거 때 떼짓기 현상이 있었다고 강력히 의심할 만한 정황이 발견되었다. 당시 여론 조사 대다수가 0.25퍼센트 포인트 차이 내로 모두 빌 쇼튼(Bill Shorten)이 이끄는 노동당이, 스콧 모리슨(Scott Morrison)이 이끄는 자유 국민 연합을 이길 것이라고 발표했다. 그러나 태즈메이니아 출신의 독립 분석가 케빈 본햄(Kevin Bonham)은 모든 여론 조사 결과가 이렇게 근소한 차이를 보이는 일은 '대단히 불가능'하기에 상당한 불확실성이 제기된다고 지적했다.[20] 여론 조사 측에서는 하나같이 오차 범위가 2, 3퍼센트 포인트라고 발표했다. 결국 예상을 뒤엎고 모리슨이 승리하자 선거 여론 조사는 신뢰도 의혹에 휩싸였고, 수많은 평론가들과 정치인들의 뭇매를 맞았다.

확실해 보인다는 착각

2008년 〈라스베이거스리뷰저널(Las Vegas Review Journal)〉에는 '여론 조사 결과 헬러가 크게 앞서고 있다'는 헤드라인이 소개되었다. 얼마 후에 치러질 네바다주 선거에서 공화당 후보인 딘 헬러(Dean Heller)

가 51퍼센트로 지지율 38퍼센트인 민주당 질 더비(Jill Derby)를 이길 것이라는 기사였다. 하지만 등록유권자 221명만을 대상으로 한 규모 가 상당히 작은 조사였고, 오차 범위는 ±7퍼센트 포인트였다. 앞서 봤듯이 오차 범위란 보통 축소되는 경향이 있지만, 우선 위에 나온 수치대로 계산해본다면 더비는 최대 45퍼센트, 헬러는 최소 44퍼센 트의 지지율인 셈이므로 실제로는 더비가 앞선 상황으로 해석할 수 도 있다. 오차 범위가 클수록 이 가능성도 높아진다.

문제는 여론 조사 결과를 둘러싼 불확실성은 언론의 헤드라인으로 등장하지 않고, 오히려 여론 조사가 정밀한 결과를 도출한다는 잘못 된 인상을 심어준다는 것이다. 보통 기자들은 여론 조사상의 변화를 기사로 작성한다. 2018년 9월 5일 〈인디펜던트(Independent)〉에는 '여론 조사 결과 7월에 40퍼센트였던 제레미 코빈(Jeremy Corbyn)의 노동당 지지율이 41퍼센트로 상승했다'는 기사가 실렸다. 노동당 대 표에게는 희망적인 결과이겠지만 사실 1퍼센트 포인트는 오차 범위 내에서 충분히 발생하는 우연 변동(chance variation)에 가깝다. 모집단 의 여론이 동일하다 해도 표본 집단이 두 개일 경우 각 구성원이 다 른바, 여론 조사 결과에 약간의 차이가 생기는 것이 일반적이다. 우 연 변동이 대단한 차이를 불러오지는 못한다.

스웨덴과 덴마크에서 각각 행해진 연구를 통해 신문사가 여론 조 사상 우연히 벌어진 사소한 변화에 정치적인 해석을 덧붙여 여론이 크게 달라졌다는 오해를 심화시킨다는 점이 드러났다.[21] 이런 식이 다. '지난주 토론에서 후보자 A가 보여준 무기력한 태도에 지지율이

2퍼센트 포인트 하락했다.' '소득세 인하를 앞세운 후보자 B의 공약을 반기는 사람들이 많아졌다. 이 같은 반응은 지지율이 3퍼센트 포인트 상승한 결과로 이어졌다.' 무작위성을 견디지 못하는 우리를 위해 언론은 친절하게 서사를 만들어주는데, 이는 비단 여론 조사에만 해당하는 것이 아니다. 경제면에서는 주식 그래프상 일일 변동에 대해 브라질의 흉작 또는 미국 금리 인상 기대 등 나름의 해석을 덧붙인다. 스포츠 전문가들도 맨체스터 유나이티드가 세 게임 연속 아슬아슬한 차이로 패배한 데에 따른 원인을 분석하기에 바쁘다. 그러나 워릭 대학교(Warwick University)의 경제학, 정치학 교수인 크리스 앤더슨(Chris Anderson)은 "축구는 다른 어떤 스포츠보다 운이 많이 작용하는 운동이다"라고 지적했다.[22]

　여론 조사상 의미 없는 변화에 서사를 부여하고, 관측된 차이가 사실 불확실하다는 점은 언급조차 않는 미디어를 무조건적으로 비난할 수는 없다. 9장에서 보게 되겠지만, 우리의 주목을 끄는 데는 무미건조한 숫자보다 다채로운 스토리가 더 효과가 높기 때문이다. 또한 스토리는 애매한 범위보다 한 자릿수로 똑 떨어지는 숫자가 더해질 때 더욱 신빙성 있어 보인다. '노동당이 4퍼센트 포인트 앞서고 있다'는 헤드라인은 해당 기사를 읽게 만든다. '95퍼센트 신뢰 수준의 여론 조사에 따르면 노동당이 오차 범위 −1에서 +9퍼센트 포인트 사이에서 노동당이 앞선다'는 헤드라인이면 사람들은 다른 면으로 신문을 한 장 넘길 것이다. 사람들의 관심을 얻기 위해 치열한 경쟁을 벌이고 있는 정보의 홍수 속에서 숫자 하나만을 명료하게 제시한 카피가 독자의 시선을 사로잡기 쉽다.

그럼에도 불구하고 우리가 불확실성을 인지하는 상황에서는 정확한 수치를 기대하기 어렵다는 것을 인정하고 범위가 너무 넓지 않은 선에서 추정치를 충분히 수용한다는 증거도 있다.[23] 그러나 추정 범위가 일정 수준을 넘어 지나치게 넓어지면 수용하기 어려워하는 경향을 보인다. 사람들은 불확실성의 정도가 정확하게 제시되었을 때에도 추정 범위가 지나치게 확대되면 정보로서의 가치가 무용하다고 여긴다. 한 연구에서 유엔(UN) 가맹국이 몇 개국일 것 같은지 물으며 사람들에게 추정치를 범위로 제시했다. 참가자 90퍼센트가 50에서 300개국이라는 넓은 범위보다 140에서 150개국이라는 범위가 더욱 알맞다고 응답했다. 실제 가맹국은 159개국이라는 답을 들었음에도 말이다.[24] 여론 조사에서 실제 오차 범위를 산출할 수 있다 해도 상당히 넓은 범위가 나올 테고, 대다수의 사람들은 그냥 헤드라인에 적힌 간단한 수치를 믿고 싶어 할 것이다.

저널리스트와 독자가 여론 조사 수치가 현재 여론을 정확하게 반영했다고 인정하고 믿는 것이 문제가 된다는 증거는 너무도 많다. 여론 조사는 사람들의 의견에 영향을 미치고, 정부의 정책과 안건의 방향성을 제시하고, 유권자들의 행동에 직접적인 영향력을 발휘한다. 미네소타 대학교의 벤자민 토프(Benjamin Toff)가 진행한 두 개의 실험에서 사람들이 여론 조사 결과를 다수의 의견이라 믿고, 그 의견에 순응하는 경향을 보인다는 점이 드러났다.[25] 정크 푸드에 세금을 부과하는 데 다수가 찬성한다는 여론 조사 결과를 접한 참가자들이 그렇지 않은 참가자들에 비해 해당 정책을 지지하는 비율이 9퍼센트 포인트 높았다(사실 여론 조사 결과는 실험을 목적으로 만들어진 가짜였다).

선거에서는 한 정당이 상승세를 보이거나 근소한 차이로 다른 정당을 앞선다는 여론 조사가 발표된 후에, 비지지층 유권자들 사이에서 해당 정당의 지지율이 높아지는 밴드왜건 효과(가능성이 높은 후보에게 유권자의 지지가 쏠리는 현상으로 편승효과다-옮긴이)가 나타난다. 이렇듯 갑작스럽게 지지율이 높아지는 현상은 영국, 네덜란드, 프랑스, 오스트리아, 덴마크, 독일 등 수많은 국가에서 나타났었다.[26] 하버드 대학교의 토드 로저스(Tod Rogers)와 캘리포니아 대학교 버클리 캠퍼스의 돈 무어(Don Moore)는 여론 조사로 인해 언더독 효과(강한 후보를 견제하기 위해 상대적으로 약한 후보를 지지하는 심리-옮긴이) 또한 일어난다고 밝혔다.[27] 여론 조사에서 근소한 차이로 뒤처지는 후보에게는 큰 이득이 되는 셈이다. 이 정도 차이는 충분히 엎을 수 있다고 믿는 지지자들에게 여론 조사 결과는 커다란 동력으로 작용하기 때문이다. 2016년 미국 대선 당시 트럼프가 언더독 효과의 수혜자였을 것이다. 선거 준비 기간 동안 행해진 여론 조사에서 그는 힐러리 클린턴(Hillary Clinton)에게 뒤처졌지만, 힐러리가 앞섰다 해도 1퍼센트라는 근소한 차이일 때가 많았다. 트럼프는 언더독으로 평가받는 것을 분명 즐겼던 것 같다. 선거 며칠 전 마이애미 유세에서 트럼프는 지지자들에게 이렇게 말했다. "여론 조사 결과가 하나같이 우리가 플로리다에서 승리할 것이라 말하고 있습니다. 믿지 마세요. 믿으면 안 됩니다. 우리가 약간 뒤처지고 있는 걸로 합시다."

고장 난 바로미터?

최근 몇 년간 여론 조사 요원들은 큰 타격을 입었다. 선거 당일 저녁마다 충격적인 소식이 전해지는 것은 이제 일상이 되었다. 힐러리 본인도 2016년 11월 9일에는 미국 역사상 첫 여성 대통령으로 아침을 맞이할 것이라 믿었을 것이다. 데이비드 캐머런(David Cameron)은 자신이 2015년 영국 총선에서 승리할 것이라고 조금도 예측하지 않았고, EU 탈퇴 여부를 묻는 국민 투표를 진행하겠다는 공약을 정말 하게 될 것이라 생각지 못했지만, 결국 승리를 거뒀다. 또한 이후 진행된 국민 투표에서도 예상치 못한 결과가 나온 데 이어, 얼마 후 2017년에는 놀랍게도 테리사 메이(Theresa May)가 이끄는 보수당이 과반 의석을 차지하지 못하는 일이 벌어졌다. 프랑스의 〈르 파리지앵(Le Parisien)〉은 앞서 정당별 대선 후보 경선 결과를 잘못 예측했던 것에 비추어 2017년 대통령 선거 운동 기간 동안 아무런 여론 조사도 싣지 않겠다고 발표했다. 브라질 여론 조사에서 지지율이 심각할 정도로 과소평가되었던 극우 성향의 사회자유당 후보인 자이르 보우소나루(Jair Bolsonaro)가 2018년 대선에서 승리했다. 앞서 다뤘듯이 2019년 호주 연방 선거에서 집권당이 또다시 승리를 거머쥐자 예상치 못한 반전으로 온 나라가 떠들썩해지기도 했다.

한 가지 더 놀랄 만한 소식이 있다. 사우샘프턴 대학교의 윌 제닝스(Will Jennings)와 텍사스 대학교 오스틴(Austin) 캠퍼스의 크리스토퍼 플러지언(Christopher Wlezien)이 1942년에서 2013년까지 45개국에서 치러진 338건의 선거에 관련한 2만 6,000건이 넘는 여론 조사 결과를 분석한 결과, 여론 조사의 정확도가 낮아졌다는 증거는 없는 것으로 밝혀졌다. 오히려 미미하게나마 높아진 것으로 드러났다.[28] 여론 조사의 위기를 증명할 만한 단서는 없으며, 세상을 떠들썩하게 했던 몇몇 사건 때문에 여론 조사 산업 자체가 커다란 혼돈에 빠진 것은 아니라고 연구진은 지적했다.

하지만 그렇다고 해서 오늘날의 여론 조사가 빈틈없이 정확하고, 이들이 제시하는 수치를 당연하게 받아들여야 한다는 의미는 아니다. 다만 현재의 여론 조사가 지닌 장단점이 80년 전과 별반 달라진 것이 없다는 의미일 뿐이다. 위의 연구 결과는 선거 여론 조사에 국한되어 있다는 점은 분명히 해야 한다. 따라서 전 세계적으로 코카인을 단 한 번이라도 흡입한 경험이 있는 사람이 43퍼센트인 데 반해 영국 국민을 대상으로 조사한 결과에선 74퍼센트가 나왔고, 세계 평균 음주 횟수가 연 33회인 반면 영국인들은 1년에 51회라는 발표가 전해질 때, 우리는 누가, 어떤 과정을 거쳐 조사 대상으로 선발되었는지 의문을 품을 줄 알아야 하고, 아무리 완벽하게 설계된 설문 조사마저도 정확성을 잃을 수 있다는 것을 기억해야 한다.[29] 여론 조사 데이터는 알코올과 비슷하다. 너무 깊이 빠져들다간 얼빠진 사람이 되고 만다.

모집단을 완벽에 가깝게 대표하는 표본이 완성되었다고 해도 회의적인 시선으로 수치를 해석하는 편이 현명하다. 여론 조사나 설문 조사의 결과를 잘못된 방향으로 이끄는 요인에는 편향된 표본만 있는 것이 아니다. 다음 장에서 확인하게 되겠지만, 음주나 약물처럼 개인의 라이프 스타일 및 삶을 구성하는 요소에 관해서는 대다수의 응답자들이 거짓을 말할 준비가 되어 있다고 봐야 한다.

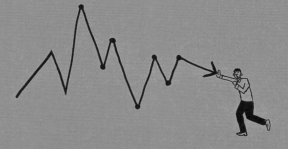

Something Doesn't Add Up

7장

지금 당신의 기분은 몇 점입니까?

길거리 여론 조사

중년 남성 조사원이 프리미어 리그의 풀백처럼 재빠른 발놀림으로 내 앞을 가로막았다. 옆에는 문구점의 전면 통유리 창이 버티고 있어 빠져나갈 틈이 없었던 나는 뭐라고 둘러대며 인터뷰를 거부해야 할지 핑계를 떠올릴 틈조차 없었다.

이내 정부 정책에 대해 어떻게 생각하는지, 대여섯 명의 정치인들의 이름과 함께 차기 총리감으로 어떤 평가를 내리는지 등등 속사포 같은 질문 세례가 이어졌다. 기후 변화와 대외 원조와 같은 심도 있는 질문에 기계적으로 대답하면서도, 조사원이 반달형의 작은 안경 너머로 밝게 빛나는 두 눈을 깜빡이지도 않고 나를 자세히 살피는 것이 느껴졌다. 그 사람은 '4점', 그 여성은 '5점', '네, 네, 네 맞아요', 드물게 '5점: 매우 동의한다', 한 번씩 대충 '그걸로 해주세요: 매우 동의하지 않는다'라고 대답을 했지만, '그 질문은 좀 까다로우니 제가 조사를 하고 생각도 좀 해볼 수 있도록 한 시간 정도 줄 수 있나요'라고는 단 한 번도 묻지 않았다.

숫자는 어떻게 생각을 바꾸는가

표현만 약간 달리했을 뿐 같은 질문이 몇 차례 반복되기도 했다. 세상에, 아까와 다르게 답하면 멍청이 같아 보일 텐데, 그런데 아까 내가 뭐라고 답변했더라? 간혹 내가 원하는 답이 보기 안에 없었을 때도 있었지만 그래도 어쨌거나 하나를 고르긴 했다. 그 후에는 개인의 취향에 대한 질문이 이어졌다. 추측건대 조사원이 70년대 팝 뮤직과 축구에 대해 듣고 싶어 할 것 같지 않아서, 바로크 음악과 신문에 실린 십자말풀이, 해외여행(테마 파크는 가지 않는다고 덧붙였다)으로 답했다. 하지만 조사 요원이 들고 있는 용지에는 '여행' 체크 박스만 있어서 그는 '기타 의견은 아래 기재해주세요'라고 적힌 공란에 내 답변을 휘갈겨 써 내려갔다.

조사 요원과 헤어지며 나란 사람을 거짓으로 포장한 것 같다는 기분에 약간의 당황스러움과 죄책감을 느꼈다. 사실 그다지 생각지 않았던 부분에 대해서 적극적으로 의견을 표현해야 한다는 부담감도 느꼈고, 처음 만난 사람에게 지적이고 이성적인 인간으로 보이고 싶었고, 그가 인터뷰 상대로 제대로 된 사람을 선택했다는 인상을 남기고 싶었다. 아마 다른 사람들도 나와 비슷한 기분을 느꼈으리라 생각한다. 개인의 주관적인 의견을 이런 식의 인터뷰나 이메일 또는 인터넷 설문지를 통해 데이터를 수집하는 경우가 점차 늘어나고 있다.[1] 숫자로 된 척도로 응답해야 할 때가 많아, 따뜻한 감정과 다양하고도 복잡한 개인의 생각은 차갑고도 빈약한 숫자로 환산되어야만 한다.

물론 화폐라는 개념이 생겨난 이래로 주관적인 판단은 숫자로 표현해야만 했다. 이 돼지 한 마리가 50그로트(groat)의 가치인가? 감자

한 망과 2플로린(florin)이 같은 가치인가? 하지만 이제 숫자로 된 척도는 행복, 통증, 선호도, 어떤 안건에 대한 동의 정도, 경험의 질, 역량, 예술적 가치 등 전통적으로 질적 영역으로 분류되었던 개념으로까지 확장되었다. 1점(끔찍함)에서 5점(훌륭함)을 기준으로 당신은 삶에 어느 정도 만족합니까? 사회에 차별이 만연한 정도를 표현하자면 0에서 10 중 어디쯤입니까? 내시경의 통증 수치는 어느 정도입니까? 리버 호텔의 이용 경험 만족도를 별 하나에서 별 다섯으로 평가해주세요. 허리 통증이 사라진다면 당신의 인생 중 며칠과 맞바꿀 수 있습니까? 이러한 질문을 통해 주관적 의견을 전달함으로써 비즈니스를 성하게도 망하게도 할 수 있고, 의료 행위가 달라지거나 자선 기부 활동의 수혜자가 바뀔 수도 있고, 직원이 해고당하거나 승진할 수도 있고, 시험에 합격하거나 떨어질 수도 있고, 심지어 정부의 정책에까지 영향을 미친다. 그렇다면 이런 평가들이 정말로 믿을 만한 것일까?

미심쩍은 답변들

1950년대 색깔 연구소(Color Research Institute)라는 이름의 미국 기관에서는 취합된 설문 조사 답변의 신뢰도가 낮은 것 같다는 판단하에 여러 가지 실험을 진행하기로 결심했다. 그중 하나는 사람들에게 '사금융 기관에서 대출을 받은 적이 있습니까?'라는 질문을 하는 것이었다. 응답자 전원이 아니라고 답했다. 고함을 지르듯 아니라고 대답하는 사람들까지 있었다. 하지만 인터뷰 대상자로 선정된 이들 모두 사금융 기관의 고객 리스트에 있었던 사람이었다.[2] 이후 여러 기관에 서 진행한 연구를 통해 미국 선거에 투표권을 행사하지 않은 사람들 가운데 25퍼센트가 선거 직후 투표 여부를 물었을 때 투표에 참여했 다고 답한 것으로 드러나기도 했다.[3]

요즘에는 시장 조사 요원이나 설문 조사를 진행하는 사람들 모두 고의로 또는 의도치 않게 설문지에 거짓 답변을 하는 응답자들이 있 다는 것을 잘 알고 있다. 문제는 허위의 정도를 판단할 수도, 허위 답 변을 가려내기도 어렵다는 데 있다. 1992년 영국 총선 당시 여론 조 사가 크게 헛다리를 짚은 사건 또한 여기서 비롯된 것이었다. 존 메 이저(John Major)가 이끄는 보수당은 당시 지지도가 심각하게 하락했 고 연이은 성 추문 스캔들로 흔들리고 있었다. 그 결과 '샤이 토리스 (Shy Tories, 토리당은 영국 보수당의 전신이며 여론 조사에 소극적으로 응답하는 보수 지지자들을 일컫는 용어-옮긴이)', 즉 여론 조사에서 보수당을 뽑을 것 임을 밝히길 꺼려 하는 사람들이 생겼다. 총선 직전 1퍼센트 포인트 차로 노동당이 보수당을 앞설 것이라는 여론 조사 결과가 나오자 노 동당 대표인 닐 키녹(Neil Kinnock)은 셰필드 유세 당시 상당히 들뜬 모습을 보였다. 하지만 키녹의 흥분은 전혀 근거 없는 설레발이 되고 말았다. 다음 날 보수당이 7.6퍼센트 포인트로 노동당을 앞서며 원내 과반을 차지했다.

설문 조사에서 성생활, 음주 습관, 소비자 선택 등 생활 양식 요인 을 밝혀야 할 때 응답자는 사회적으로 용인되는 선 안에서 대답을 하려는 경향이 커진다. 오하이오 주립대학교의 심리학자인 테리 피셔 (Terri Fisher) 박사가 주관한 가짜 실험에서는, 대학생 293명을 대상으로 전통적인 가치관상 '전형적인 남성', '전형적인 여성'의 행동으로 간주되는 행동을 얼마나 자주 하는지 묻는 설문 조사를 했다.[4] 예를 들자면 외설적인 농담을 하거나 다른 운전자들에게 소리를 치는 행위는 남성적인 행동으로, 몸무게를 속이거나 시를 쓰는 취미는 주로 여성적인 특성으로 보는 식이었다. 설문지에는 지금껏 관계를 맺은 파트너는 몇 명인지 등 성생활에 대해 묻는 질문이 네 개 포함되어 있었다. 피셔 박사는 참가 학생들을 무작위로 두 개의 집단으로 나눴다. 두 그룹 모두에게 같은 설문지를 제공했지만 한 그룹에는 진짜처럼 보이는 가짜 거짓말 탐지기를 몸에 부착했다. 성 역할 고정관념에 따른 질문에서는 가짜 거짓말 탐지기의 유무가 크게 관련하지 않았다. 예를 들자면 두 그룹 모두 여성 참가자들은 더러운 옷을 입는 등 '전형적인 남성' 행동으로 간주되는 무언가를 하는 것을 부담 없이 밝혔다. 하지만 성생활에 있어서만큼은 가짜 거짓말 탐지기를 부착하지 않은 그룹의 남성 참가자들이 부착한 그룹의 남성에 비해 더 많은 파트너들과 관계를 맺었다고 전했다. 이와 대조적으로 가짜 거짓말 탐지기를 부착하지 않은 그룹의 여성 참가자들은 대조 그룹에 비해 성관계를 맺은 파트너 수가 적었다. 거짓말을 해도 되는 상황에서는 여성과 남성 모두 성별에 따른 문화적 기대치에 벗어나지 않는 수준에 맞춰 자신의 성생활을 거짓으로 밝힐 의도가 있는 것으로 보였다. 피셔는 이렇게 정리했다. "성생활만큼은 참여자들이 성별

고정관념에 따라 응답해야 한다는 특수성이 작용했다."

알코올 소비 또한 사람들이 '진실을 전부 털어놓지 않는' 영역이다. 설문 조사로 추산한 술 소비량은 보통 음료 회사나 세무 기관에서 측정한 실제 소비량보다 훨씬 낮게 나온다. 술을 많이 마시는 사람들이 설문 조사에 참여하길 거부하는 것도 원인이겠지만, 이외에도 설문에 응답한 사람들이 최근 자신이 술을 얼마나 소비했는지 정확하게 떠올리지 못하는 것 같았다. 호주에서 진행된 한 연구에 따르면 사람들은 자신의 음주 소비량을 평균적으로 40에서 50퍼센트가량 낮춰 생각한다고 한다.[5] 젊은 층의 남성과 중년 여성이 그 정도가 가장 컸다.

소비자 선택도 비슷하다. 경제학자인 마리아 루레이로(Maria Loureiro)와 저스터스 로테이드(Justus Lotade)는 콜로라에 있는 슈퍼마켓 여러 곳을 돌며 사람들에게 '공정 무역' 표시가 있거나 환경 친화적으로 생산된 커피에 얼마나 더 금액을 지불할 용의가 있는지 물었다.[6] 아프리카계 남성 조사자에게 질문을 받은 사람들은 미국 백인 남성 조사자에게 질문을 받은 사람들에 비해 훨씬 높은 금액을 제시했다. 짐작건대 공정 무역과 환경 피해 감소가 질문자의 출신 지역에 거주하는 사람들에게 도움이 되는바, 응답자들은 아프리카계 설문 요원이 만족스러워할 만한 답변을 한 것으로 추측된다. 인터뷰 요원에게 좋은 사람처럼 보이고 싶어서 또는 자기 스스로 훌륭한 사람이라고 생각하고 싶은 마음에 상품이나 서비스에 대한 선호도를 진짜 속내와 다르게 밝히는 사례는 너무도 많다. 다양한 연구에서 응답자들이 유전자 변형이 되지 않은 식품[7], 전기 자동차[8], 지역에서 나는 유기농 사과[9], 친환경적 방식으로 포장된 상품[10], 동물 복지 인증을 받은 우유와 고기[11], 지역의 허름한 상점에서 물건 구매[12] 등 자신의 선호를 과장해 말하는 것이 드러났다.

질문자의 옷차림마저도 응답에 영향을 미쳤다. 숲에 온 방문객들에게 만약 삼림 보존 운동을 후원한다면 1년에 어느 정도의 기부금을 낼 수 있겠냐고 물었다. 사람들은 조사원이 '암청색의 값비싼 양복에 흰색 와이셔츠와 넥타이를 하고 검은색 가죽 구두'를 신었을 때, '티셔츠에 무릎까지 오는 반바지, 흰색 운동화' 차림일 때보다 보통 더 높은 금액을 지불하겠다고 응답했다.[13] 연구진은 설문이 진행되는 내내 조사원이 입은 옷 모두 깨끗하고 말끔하게 다림질 된 상태였다고 강조했다.

물론 설문지에 오른 가상의 질문에 응답하는 것과 실제로 무엇을 사고 얼마를 낼 것인지 결정하는 것은 분명 다르다. 설문에서 잘못된 답을 했다고 해도 감당해야 할 결과가 있지는 않기 때문에 사람들은 보통 답변을 하는 데 정신적 수고를 거의 쏟지 않는다. 미국의 연구자인 존 A. 크로스닉(Jon A. Krosnick)과 듀에인 F. 알윈(Duane F. Alwin)은 예의 바르게 행동하기, 친구들과 사이좋게 지내기 등 아이들이 갖춰야 할 바람직한 덕목 열세 가지 목록을 사람들에게 제시했다. 두 사람은 이 중에서 가장 중요한 세 가지를 꼽아 달라고 사람들에게 부탁했다. 참가자들이 달라질 때마다 항목의 순서를 매번 바꿨지만, 리스트상 상위에 제시된 덕목이 가장 중요하다고 꼽는 경우가 현저하

게 많았다.[14]

어떤 때는 응답자들이 답변을 잊어버려 잘못된 응답을 하기도 했다. 가령 작년 전기세와 수도세로 얼마를 지출했는지, 혹은 지난 석 달간 음식점과 커피숍에서 월평균 얼마를 소비했는지 기억하는가? 이 두 개는 미국에서 진행한 한 설문 조사에 실제로 포함되었던 질문이다.[15] 우리의 기억력은 완벽과는 거리가 멀다. 1980년대 네덜란드의 심리학자인 빌럼 알베르트 바게나르(Willem Albert Wagenaar)는 자기 자신에게 한 가지 실험을 한 결과, 직접 겪었던 일의 주요 세부 사항 20퍼센트는 1년 후 기억하지 못하는 것으로 드러났다. 그 일이 있었던 당시 '확실히 기억에 남을 일'이라고 명시했던 사항들이었음에도 말이다.[16]

어떤 경우 사람들이 질문에 대한 답을 정말 모름에도 조사자에게 모종의 압박감을 느끼면 자신이 모른다는 것을 인정하고 싶어 하지 않는 모습을 보였다. 심지어 가상의 이슈나 존재하지 않는 나라에 대해서조차 사람들은 자신의 의견을 밝혔다. 예컨대 1940년 행해진 초기 연구에서는 대다수의 응답자가 왈로니아(Wallonia, 가상의 나라-옮긴이)의 국민들을 향해 냉담할 정도로 부정적인 의견을 표현하기도 했다.[17] 후에 행해진 한 미국 연구에서는 사람들에게 이런 질문을 건넸다. "1975년에 생긴 공무법(Public Affairs Act)을 폐지해야 한다는 의견이 있는데, 여기에 동의하십니까, 동의하지 않으십니까?" 답변을 종용하자 응답자의 1/3가량이 동의 또는 반대 의견을 밝혔지만 사실 미국 법령집에 실제로 오른 법안이 아니었다.[18] 이와 유사하게 영국에서 진행한 한 연구에서도 통화 통제법(Monetary Control Bill)과 농업 무역법(Agricultural Trade Bill)에 대한 의견을 물었을 때 10에서 15퍼센트의 응답자가 (5점 척도로) 자신의 의견을 밝혔지만, 사실 두 법안 모두 가짜였다.[19] 정치에 관심이 있다고 밝힌 응답자들이 가상의 법안에 대해 의견을 표하는 경우가 많았는데, 아마도 정치적으로 의식이 있는 사람이라면 마땅히 의견이 있어야 한다고 스스로 생각했기 때문으로 추측한다.

너 자신을 알라

사람들이 자신의 의견에 확신하지 못한다는 것을 드러내는 한 가지 지표는 바로 '가변성(lability)'이다. 같은 사안에 대해 비교적 짧은 시간 안에 사람들의 응답이 달라지는 특성을 의미한다. 자국이 러시아와 협력해야 할지 아니면 강경하게 대응해야 할지 미국인에게 숫자 척도로 평가하게 했을 때, 6개월 후 같은 답변을 한 참가자는 절반 정도밖에 되지 않았다.[20] 나는 배스 대학교의 셈코 자한빈(Semco Jahanbin) 외 여러 연구자들과 함께한 실험에서 학생들에게 핸드폰, 노트북, TV 등 소비재의 여러 브랜드의 사진과 정보를 제시하며 직접 구매한다면 무엇을 고르겠는지 선택하도록 했다.[21] 이후 2개월에 한 번씩, 총 두 차례에 걸쳐 학생들에게 똑같은 질문을 했다. 세 번에 걸친 조사 결과 대부분의 제품에서 학생들의 선호 브랜드가 크게 달라진 현상이 관찰되었다. 물론 과학기술의 변화나 신제품 출시 여부,

실험 기간 동안 상품평을 접한 것 때문에 선호도가 달라진 것일 수도 있다. 어쩌면 진짜로 물건을 구매하는 상황이 아니었기 때문에 참가 학생들은 에너지를 쏟아가며 깊이 고민해야 할 필요가 없었다고 여겼을 수도 있다. 하지만 단순히 응답자 스스로 자신이 정말 원하는 것을 모르기 때문에 선택의 불일치가 발생했던 경우도 있을 것이다.

"인생에서 가장 어려운 일은 바로 자기 자신을 아는 것이다." 고대 그리스의 철학자이자 많은 이들에게 과학의 아버지로 추앙받는 탈레스(Thales)가 한 말이다. 아마도 자신의 선호나 사고방식을 깨닫는 것 또한 자기 자신을 아는 것만큼 어려운 일일 텐데, 더욱이 가상의 상황에서 어떤 선택을 내릴 것인지 대답해야 하는 것은 특히나 쉽지 않다. 인터뷰 요원에게 비행기에서 낙하산을 타고 뛰어내리면 재밌을 것 같다고 답하며 일말의 거짓 없이 진심을 말했다고 스스로 자신하겠지만, 막상 약 3킬로미터의 상공에서 뛰어내려야 할 상황이라면 열의가 조금은 시들해질 것이다. 시장 조사 요원에게 다음 날 출시될 멋진 전기 차를 바로 구매할 것이라고 진심처럼 떠들어댈 수도 있다. 하지만 막상 다음 달이 되고, 2만 5,000파운드라는 가격이 현실로 다가올 때는 5년 된 휘발유 자동차를 계속 타기로 마음을 고쳐먹게 될 것이다.

몇몇 연구자들은 일반적으로 대다수의 사람들은 고정된 선호나 사고방식이 없다고 주장한다. 다만 우리의 머릿속에는 반만 형태를 갖춘 잡다한 생각과 어느 정도만 일관된 의견과 견해가 있다고 한다. 누군가 의견을 물어올 때, 질문의 어법, 당시의 상황, 최근 경험에 따라 각기 다른 생각의 파편들이 떠오르고, 이 생각의 조각들을 바탕으로 다양한 선택지 중 하나를 골라 대답을 결정한다.[22] 그 결과 상황에 따라 답변이 달라지기도 한다. 설문지 질문의 배열 순서로 인해 머릿속에 떠오르는 생각이나 의견이 달라질 수 있고, 답변에 영향을 미친다. 일리노이 대학교 학생들에게 '그다지 행복하지 않다'에서 '극도로 행복하다'로 삶에 대한 만족도를 표시하도록 한 실험은 제법 널리 알려져 있다.[23] 이 실험에서 한 그룹에게는 '데이트에 얼마나 만족합니까?' 라는 질문에 먼저 답하도록 했다. 다른 그룹 학생들은 삶에 대한 만족도를 표시하고 난 뒤에 데이트 질문에 응답했다. 데이트 질문을 먼저 받은 그룹에서는 두 질문에 대한 답이 상당한 연관성을 보였다. 데이트 생활에 만족을 느끼는 사람들은 삶에도 더욱 만족하는 모습을 보였고, 데이트에 불만족하는 사람은 역시 삶에서도 그다지 만족하지 않았다. 하지만 데이트 질문이 나중에 나온 그룹의 경우 두 답변 간의 상관관계가 사라졌다. 아마도 데이트에 대한 질문이 특정한 생각을 불러일으켰고, 삶에 만족도에 대한 학생들의 답변에 영향을 미쳤던 것으로 짐작된다. 미국인을 대상으로 자신이 속한 지방 정부의 서비스에 전반적으로 어느 정도 만족하냐는 질문에서도 위와 비슷한 현상이 관찰되었다.[24] 공원, 경찰, 학교, 대중교통 등 특정 공공 서비스에 대해 먼저 답한 사람들은 전반적인 서비스에 대한 질문이 선행되었던 사람들에 비해 전반적인 만족도를 낮게 표시했다.

숫자로 응답해야 할 때는 사람들의 생각에 수를 인식시켜 답변에 영향을 줄 위험이 있다. 심리학자들은 사람들의 머릿속에 심어진 수치를 앵커(anchor, 닻 내림 또는 준거점-옮긴이)라고 하는데, 한 번 숫자가 인식되면 거기서 크게 벗어나지 못하고 비슷한 수준으로 답변을 하게 된다. 예를 들자면 '이 상품에 50파운드 정도를 지불하겠습니까?'라고 물은 뒤, '얼마를 지불하겠습니까?'라고 묻는다면 50파운드가 준거점이 되어 사람들은 두 번째 질문에 대한 답변을 이 수치에 가깝게 책정할 확률이 높다. 만약 처음 질문할 때 '이 상품에 25파운드 정도를 지불하겠습니까?'라고 묻는다면 두 번째 질문에는 처음 상황보다 낮은 금액대를 말할 것이다.

질문의 어법 또한 중요하다. 질문이 약간만 달라져도 사람들의 대답에 큰 영향을 끼친다. 대부분의 과학자들이 기후 변화가 벌어지고 있다고 확신하는 데 비해 미국인 대부분은 기후 변화에 대해 회의적인 입장이다. 이런 현실에 자극을 받아 당시 미시간 대학교(University of Michigan)에서 박사과정을 밟고 있던 조너선 슐트(Jonathon Schuldt)는 교수 두 명과 함께 한 가지 실험을 진행했다.[25] 세 사람은 '지구 온난화(global warming)'와 '기후 변화(climate change)'라는 용어에 따라 사람들의 관점이 달라진다고 판단했다. 이를테면 '지구 온난화'라는 단어는 기온 상승을 떠올리게 하는바, 적설량에 관한 헤드라인이나 뉴욕이 10년 만에 최저 기온을 기록했다는 보도와는 반대되는 개념처럼 인식될 수 있다는 것이다. 이와 대조적으로 '기후 변화'는 기온이 변화한다는 생각을 떠올리게 해 예상치 못한 계절에 갑작스럽게 온 도시를 마비시키는 스노우마겟돈[snowmageddon, '눈(snow)'과 '아마겟돈(armageddond)'을 합성한 신조어로 심각한 폭설과 추위를 의미한다-옮긴이]

을 연상시키는 데 훨씬 효과적일 수 있다. 또한 '지구 온난화'라는 표현은 인간이 미치는 영향이라는 어감이 있는 반면, '기후 변화'는 좀 더 자연적인 원인에 기인했다는 인상을 준다는 다른 연구를 참고했다. 세 명의 연구자는 진보적 싱크탱크 웹사이트에서는 '기후 변화'를, 보수적 싱크탱크 웹사이트에서는 '지구 온난화'라는 용어를 우세하게 사용한다는 점에도 주목했다. 연구진은 이를 우연한 현상으로 보지 않았다. 어쩌면 '기후 변화'보다 '지구 온난화'라는 용어를 쓸 때 보수주의자들이 해당 사안을 부정하는 근거를 찾기가 더욱 쉽기 때문일지도 모른다.

두 개의 단어가 각각 대중의 의식을 높이는 데 끼치는 영향력을 확인하기 위해 세 사람은 2,000명이 넘는 미국인들을 대상으로 아래의 질문을 던졌다.

> 지난 한 세기 동안 전 세계적으로 기온이 꾸준히 높아지는[달라지는] 현상을 뜻하는 지구 온난화[기후 변화]에 대해 들어본 적이 있을 겁니다. 당신의 의견은 어떻습니까? 실제로 벌어지고 있는 일이라고 생각합니까, 아니면 사실이 아니라고 생각합니까?

응답자 중 약 절반이 괄호 속 표현이 적힌 질문지를 받았다. 참가자들은 1(결코 일어나지 않았다)에서 7(분명히 일어나고 있다)로 의견을 표시했다. 연구진이 예상했던 대로, '지구 온난화'보다는 '기후 변화'라고 표현되었을 때 5 이상을 선택하는 응답자 수가 훨씬 많았다. 좀

숫자는 어떻게 생각을 바꾸는가

더 심도 있게 결과를 분석한 결과, 단어 선택에 따라 의견 정도가 달라지는 현상은 대부분 공화당 지지자들로 인해 벌어진 결과였다. 공화당 지지자 중 대다수가 용어 변화에 따라 커다란 차이를 보였다.

답변에 영향을 주는 것은 비단 용어만이 아니다. 숫자 척도로 답해야 하는 질문에서는 척도가 어떻게 제시되는지가 상당히 중요한 영향을 끼치기도 한다. 1990년대 독일 성인의 대표 표본을 선정해 자신이 얼마나 성공했는지를 묻는 연구를 진행했다.[26] 0(전혀 성공하지 못했다)에서 10(굉장히 성공했다)의 척도 중 0에서 5점 사이, 즉 자신의 성공 정도를 그리 높게 보지 않는 응답자가 전체의 34퍼센트였다. 그러나 척도가 −5(전혀 성공하지 못했다)에서 +5(굉장히 성공했다)로 달라지자 −5에서 0점 사이에 표시한 응답자가 13퍼센트밖에 되지 않았다. 참가자들은 음수를 극단적인 실패로 인식하는 한편, 0에서 10 사이의 낮은 숫자는 성공하지 않았다는 개념으로 받아들였고, 이를 사람들이 좀 더 편안하게 인정하는 것으로 드러났다.

숫자로 보는 행복

그렇다면 당신은 얼마나 행복한가? 당신이 사는 나라는 얼마나 행복한가? 지난 20년간 행복에 대한 연구가 폭발적으로 증가하며 클립보드를 장전한 여론 조사 요원들이 사람들의 의견을 얻기 위해 전 세계 곳곳을 돌아다니고 있다. 아마 다음과 같은 질문을 가장 흔하게 접할 것이다.

제일 아래가 0이고 제일 위가 10인 사다리를 하나 떠올려보세요. 사다리 제일 꼭대기는 당신이 얻을 수 있는 최고의 삶이고 사다리의 맨 밑 칸은 당신에게 일어날 수 있는 최악의 삶이라고 가정해봅시다. 그렇다면 지금 현재, 당신은 몇 번째 칸에 올라 있는 것 같습니까?[27]

위와 같은 질문이 담긴 행복 조사 결과는 보통 다음과 같다.[28] 2018년 세계 행복 보고서(World Happniness Survey)에 따르면 핀란드가 7.632점으로 세계에서 가장 행복한 나라로 뽑혔다(그럼에도 자살률과 살인 사건 발생률이 서양에서 가장 높은 수준이고, 알코올 남용은 핀란드 남성의 주된 사망 원인이다). 2위는 7.594점을 기록한 노르웨이였다. 미국은 (6.886점으로) 영국(6.814점)보다 한 단계 높은 18위에 머물렀다. 순위표 제일 끝에는 아프리카 대륙의 중앙에 있는 부룬디로 2.905점밖에 되지 않았다.

요즘에는 여러 정부에서 정책을 수립하는 데 행복 지수를 활용하고 있다. 놀랄 만큼 아름다운 경치와 고대의 불교 사원을 여럿 보유한 히말라야 부탄 왕국은 1971년부터 국내총생산이 아니라 국민총행복(Gross National Happiness)을 국가 성장의 지표로 삼아왔다. 영국 또한 뒤늦게 이를 따라 전국적, 지방별, 지역별로 정기적으로 개인의 행복도를 측정하고 있다. '현재의 삶에 전반적으로 어느 정도 만족하고 있습니까?', '당신이 하는 일이 전반적으로 얼마나 가치 있다고 느낍니까?' 등의 질문이 행복도 조사에 포함되어 있다. 0은 '전혀 그렇지 않다', 10은 '전적으로 그렇다'로 답변을 표시한다. 결과는 상당히

숫자는 어떻게 생각을 바꾸는가

정밀하게 나온다. 2018년도 보고에 따르면 스코틀랜드에서는 개인이 삶에서 해온 일들에 대한 만족도 점수가 2017년 3월 평균 7.81점이었던 것이 2018년 3월에는 7.88점으로 상승했다고 강조했다.[29]

하지만 전 국민의 행복을 소수점 두세 자리의 숫자로 측정하는 것이 정말 가능한 걸까? 개인적으로는 열한 칸이 있는 가상 계단이나 영국의 0에서 10 척도 사이에 내가 어디쯤 있는 것일지 판단하기가 어렵게 느껴진다. 억지로 노력해봐도 최근에 있었던 피상적이고도 가장 핵심적인 일들만 내 머릿속을 가득 채운다. 무례한 이메일, 이웃과의 즐거운 대화, 햇볕이 좋았던 날, 호되게 앓았던 감기, 심지어 맛있었던 커피 한잔마저도 나를 창문닦이처럼 사다리 위아래로 바삐 오가게 만들 것 같다.

이런 사람이 비단 나만은 아닐 것이라 생각한다. 심리학자인 노버트 슈워츠(Norbert Schwarz)는 얼마나 행복한가, 무언가가 얼마나 아름답거나 얼마나 위험한가, 발언이 얼마나 진실한가 등을 판단해야 할 때면 평가 대상이 감정과 하등 관련이 없음에도 우리는 현재 감정과 기분을 바탕으로 평가를 내린다는 점을 밝혔다.[30] 가령 쉽게 읽히는 구절은 이해하기가 어려운 구절에 비해 더욱 진실하다고 평가하기 쉽다. 식품 첨가물 또한 플루스라크닙(Fluthracnip)처럼 발음하기 힘든 것이 마그날록세이트(Magnalroxate)와 같이 발음하기 쉬운 것보다 더욱 위험하다고 판단하는 경향이 있다.[31] 슈워츠가 만하임 대학교(Mannheim University)에서 박사과정 학생일 당시 진행했던 유명한 실험이 하나 있다. 그는 참가자들에게 질문지를 건네며 삶의 만족도를 물었다. 슈워츠는 참가자들이 질문지 작성을 시작하기 전에 먼저 종이 한 장을 복사해 달라 부탁했다. 참가자 중 절반은 슈워츠의 계획대로 복사 기계에서 운 좋게 동전을 발견했다. 우연한 발견 덕분에 일시적으로 상승된 기분은 자신의 삶 전체를 좀 더 만족스럽다고 평가하기에 충분한 역할을 했다.

앞서 확인했듯이 질문의 어법과 배열 순서가 참가자들의 응답에 대단한 영향을 미친다. 가령 사다리 질문에서는 '당신이 얻을 수 있는 최고의 삶'이라는 표현을 썼다. 이 문구가 어쩌면 사람들에게 이상적이나 도달하기는 어려운 삶을 떠올리게 했을지도 모른다. 대부분의 사람들은 자신의 삶이 이상에는 못 미친다고 보기 때문에 이 질문의 어법으로 인해 개인이 느끼는 행복 정도를 낮게 평가했을 수도 있다.[32] 충분히 가능한 이야기인 것이, 심리학자들에 따르면 우리가 어떠한 기준보다 못하다고 여길 때 느끼는 불행이, 기준보다 높이 있을 때 느끼는 행복보다 그 강도가 훨씬 강렬하다고 한다.[33] 상대적으로 빈곤한 국가의 사람들은 이미 충분히 행복한 상태임에도 미국의 부유한 중산층 라이프 스타일을 그린 〈프렌즈(Friends)〉와 같은 프로그램을 보며 아직도 사다리를 한참 올라가야 한다는 생각에 빠질지도 모른다.

행복에 대한 질문을 하는 것부터 부정적 효과가 생긴다. "스스로 행복한지 묻는 순간 더 이상 행복하지 않을 것이다"라고 존 스튜어트 밀(John Stuart Mill)은 말했다. 특히나 평상시에는 마음속 깊이 묻어두었던 것들을 새삼 상기시키는 질문일 때 더욱 그렇다. 하반신

숫자는 어떻게 생각을 바꾸는가

마비와 같이 심각한 장애를 갖고 있는 사람들의 행동을 관찰해보면 이들이 평범한 사람들만큼 자신의 삶을 즐긴다는 것을 쉽게 알 수 있다.[34] 현실을 받아들이고 난 후에는 더 이상 자신이 안고 있는 문제에 대해 고민하며 시간을 보내지 않는다. 앞으로의 삶을 잘 헤쳐나가기 위해 노력할 뿐이다. 하지만 어떠한 질문으로 인해 자신의 상황을 인식하게 된다면 삶의 만족도에 대해 비관적인 평가를 내리게 될 확률이 높다.

뿐만 아니라 특히나 국가별 비교를 위한 행복의 정의를 내리는 것 또한 문제가 된다. 행복이란 단어를 대체하는 용어로 흔히 '삶의 만족도', '웰빙'과 같은 단어가 사용되지만 사실 각기 다른 개념을 지칭한다. 가령 어떤 연구자들에게 웰빙은 즐거움을 성취하고 고통을 멀리하는 개념이 될 수도 있다. 또 다른 연구자들은 삶의 의미와 자아실현의 정도를 가리키는 개념으로 쓸 수도 있다. 심지어 '행복한(happy)'이라는 한 단어마저도 언어에 따라 정확한 번역어가 없는 경우도 있다. 덴마크의 경제학자인 크리스티안 비에른스코우(christian Bjørnskov)는 프랑스어와 러시아어에서는 행복 그리고 행운을 뜻하는 반면, 덴마크어인 뤼켈리(lykkelig)는 영어보다 더욱 강한 의미를 지닌다고 지적했다. 그럼에도 불구하고 세계 행복 순위에서 덴마크는 꾸준하게 1위 또는 최상위권에 오른다.

그렇다면 국가의 성공 여부를 이런 순위표상 위치로 판단해야 하는 것일까? 또한 정부의 정책은 GDP가 아닌 행복 지수를 높이는 것을 목표로 삼아야 하는 것일까? 런던 정경대학교(London School of

Economics)의 리처드 레이어드 경(Lord Richard Layard)과 같이 행복 지수 측정을 지지하는 사람들은 위 질문에 그래야 한다는 입장이다. 앞서 확인했듯 행복에 대한 자기 보고식 평가에는 여러 한계가 있지만, 레이어드 경은 자기 평가가 개인의 코르티솔 지수(코르티솔은 스트레스를 받을 때 몸에서 분비되는 호르몬이다)와 같이 객관적인 수치와 밀접한 상관관계가 있다고 주장했다. 그는 과거에는 우울 정도를 측정한다는 개념이 사람들의 비웃음을 샀지만 이제는 우울 측정 검사가 보편적으로 쓰이는 점을 들었다. 또한 개인 간 행복의 차이를 측정한다면 어떤 요인이 행복을 불러일으키고 어떤 요인이 그렇지 않은지를 파악할 수 있다고 덧붙였다.[35]

어떤 사람들은 우울과 행복은 서로 다른 독립적인 심리 상태이기 때문에, 이 둘을 단순히 스펙트럼의 양극단에 놓인 상반되는 개념으로 이해해서는 안 된다고 지적한다. 특정 호르몬의 수치와 생물학적 표지자를 통해 우울증은 예측이 가능한 반면, 행복과의 연관성은 상대적으로 불분명하다. 즉, 행복에 대한 자기 평가를 객관적인 척도로 활용하는 것이 아직은 불가능하다.[36] 철학가인 줄리언 바지니(Julian Baggini)는 행복을 측정한다는 것에 대해 좀 더 근본적인 걱정과 우려를 표하고 있다.[37] 그는 반드시 행복이나 만족을 전해주는 일만이 개인의 삶을 가치 있게 만드는 것은 아니라고 지적한다. 인간의 삶은 행복이나 만족보다 훨씬 복잡한 개념이라는 것이다. 자신의 현재 상황에 만족하지 못한다 해도 새로운 자격증을 따거나 기술을 익히고, 몸매를 건강하게 가꾸거나 훨씬 재밌고 보람 있는 일자리를 구하는 등 상황을 개선하는 과정을 즐길 때 삶은 나름의 가치를 지닐 수 있다. 좋은 삶이 무엇인지 정확하게 정의할 수 없다면 우리는 지금 잘못된 대상을 측정하고 있는 것인지도 모른다고 그는 지적한다.

행복 연구자들은 새로운 측정법을 개발하며 비평가들에게 맞서고 있다. 순간의 감정을 바탕으로 삶의 만족도를 평가하는 데 따르는 위험을 제거하기 위해 하루 중 몇 차례 무작위 시점에 핸드폰 알람을 울려 응답자가 질문에 대답하도록 하는 경험 표집법이 그 예다.[38] 행복에 대한 자기 보고식 평가의 유효성을 검증하는 한 방법으로 참가자가 미소 짓거나 웃는 횟수를 직접 기록하게 하고, 주변 사람들에게 참가자가 얼마나 행복해 보이는지 평가하도록 한 뒤 참가자의 자기 평가와 주변인의 평가 간의 상관관계를 분석하는 방법도 있다. 그러나 행복에 대한 명확한 이해가 없다면, 행복을 측정하는 행위는 그저 객관적인 측정 도구 대신 답을 찾을 수 없는 질문을 통해 모호한 개념에 숫자를 억지로 매기는 무의미한 시도밖에 되지 않는다. 나라별로 다른 행복 지수의 소수점 세 자리가 신문 독자들에게 제법 즐거움을 줄 수도 있고 또 정밀한 결과처럼 보여 과학적으로 정확하게 느껴지겠지만, 자세히 들여다보면 정의가 불분명한 현상을 반영한 오차 있는 데이터에 현미경을 들이밀어 분석하는, 가짜 정확성의 전형적인 사례라는 것을 깨닫게 된다.

척도로 평가하는 통증

출산은 인간의 삶에서 가장 행복한 일 중 하나이지만, 진통을 상당히 심하게 겪는 여성들도 있다. 어떤 산모는 누군가 장기를 잡아 뜯는 듯 몸속이 비틀리는 경련을 경험했다 하고, 또 다른 산모는 출산의 고통을 기차에 깔리는 것으로 비유하기도 했다. 이런 와중에 1940년 대 몇몇 산모는 하얀 가운을 입은 과학자가 진통 중간중간 자신의 손에 화상을 입히며 현재 고통이 어느 정도인지 확인하는 것을 허락한 일이 있었다. 코넬 대학교(Cornell University)의 과학자들은 라틴어로 통증을 뜻하는 'dolor'에서 파생된 '돌(dol)', 즉 통증의 강도를 측정하는 방법을 연구 중이었다. 연구진은 자신이 개발한 통증 측정법에 통각측정(dolorimetry)이라는 이름을 붙였다. 척도는 0에서 인간이 느낄 수 있는 가장 큰 고통인 10.5돌까지 측정할 수 있다.[39]

당시 연구팀을 이끈 사람은 제2차 세계대전 때 노르망디 작전에 참전했던, 에너지 넘치는 텍사스 출신의 물리학자 제임스 D. 하디(James D. Hardy)였다. 연구진의 의도는 상당히 훌륭했다. 이들은 통증을 측정할 수 있다면 의사가 진통제와 그 외 통증 절감 처치의 효과를 분석하는 데 큰 도움이 될 것이라고 생각했다. 열세 명의 여성이 '호기심으로 또는 연구에 기여하고 싶다는 마음에 선뜻 자원해' 실험에 참여했다. 그러나 출산이 진행되는 동안 손에 화상과 물집이 잡힐 정도로 뜨거운 열이 닿자 O부인은 '시작 전에 몇 차례나 연구에 참여하고 싶다는 의사를 밝혔음에도 연구진에게 금세 적대심을 표출했

숫자는 어떻게 생각을 바꾸는가

다'. U부인 또한 통증 수치상 '2에서 4돌밖에' 되지 않았음에도 '격하게 눈물을 쏟으며 불만을 표했다'. 앞서 여섯 번의 유산을 겪은 한 참가자는 2도 화상을 일으키는 10.5돌의 통증까지 진행할 수 있도록 했다. 연구진은 이 여성에 대해 '임신 주수를 완전히 채울 수 있었던 데의 감사함으로 전적으로 실험에 협조했고 테스트를 끝까지 완수하겠다고 고집을 피웠다'고 기록했다.

다행스럽게도 산모들이 0에서 10.5상의 수치로 자신의 고통을 직접 밝혀야 하는 수고까지는 하지 않아도 되었다. 대신 손등에 전해지는 통증을 가장 마지막에 느낀 자궁 수축의 통증과 비교해 연구진에게 알렸다. 산모의 반응에 따라 연구진은 열의 강도를 낮추거나 높여 진통의 수치를 매기는 식으로 진행했다. 이 과정에서 3초마다 세 번에서 네 번가량 산모의 손등에 뜨거운 열이 가해졌다.

이 용감한 산모들과 더불어 또 다른 실험에서 기꺼이 자신의 이마에 화상을 입겠다고 자원한 의대생들의 용기에도 불구하고, 하디와 동료들이 개발한 통각 측정은 당시 인정을 받지 못했다. 과학자들은 이들의 연구 결과를 재현할 수 없다는 점을 들었다. 특히나 통제된 환경에서 진행된 통증 실험은 '진짜' 통증과는 다른 양상을 띤다. 하디팀 연구의 참가자들은 어느 정도 훈련이 되었다고 봐야 했다. 실험에 자발적으로 참여했고, 어떤 일이 벌어질지 사전에 고지를 받았으며(따라서 통증이 일부 예측 가능했다), 생각을 환기하거나 분산하는 등 통증의 경험에 영향을 줄 수도 있는 행위를 스스로 차단하려는 태도를 갖추고 있었다. 이후부터는 통증이란 표준화시킬 수 있는 하나의 현상이 아니라 사람마다 달라지는 개인의 특수한 경험으로 인식되기 시작했다.[40] 예컨대 머리카락 색깔이 붉은 사람, 운동에 흥미가 없는 사람, 눈에 띄게 과체중이거나 우울한 사람이 통증에 대한 내성이 낮다는 증거가 있다.[41] 통증 민감도 또한 개인차가 있지만, 대다수의 사람들은 자신이 잘 쓰는 쪽의 몸에 전해지는 통증을 더욱 잘 견디는 편이다(오른손잡이라면 오른쪽 신체 부위의 통증을 잘 견딘다).[42]

통증 평가법이 그 가치를 인정받기까지 상당한 난관이 있다는 의미다. 우선 유사한 상황에 해당 방법을 적용했을 때 사람들에게서 일관적인 반응을 끌어낼 수 있도록 신뢰성이 있어야 한다. 또한 측정 목표로 한 대상을 정확하게 측정해야 한다. 가령 불안이나 기분을 측정해서는 안 되고, 의료진에게 유난스럽게 보이고 싶지 않아 통증을 솔직하게 표현하지 않는 사람들의 심리도 고려해야 한다. 특히나 고령인 경우 아픔을 호소하는 것이 나약함의 상징이라고 배운 세대이기도 하고, 이를 응당 노화의 과정이라고 여기기 때문에 통증을 표현하지 않을 가능성이 있다.[43] 마지막으로 어떤 방법이든 사람들이 이해하기 쉬워야 한다. 통증에 휩싸였을 때 사람들은 복잡한 질문에 머리를 싸매며 대답하고 싶어 하지 않을 뿐더러 솔직히 답변하지 않을 확률도 높다.

최근 한 연구에 따르면 0에서 10의 척도로 통증을 표시하는 방법이 위에 언급된 문제점들을 최대한 피하는 평가법이라고 한다. 적어도 성인들 또는 인지적 장애가 없는 이들에게 말이다.[44] 환자들도 이 평가법을 선호하는 것으로 알려져 있다. '경미한', '보통', '심각한',

'매우 심각한'이라는 문구가 있을 때는 환자들이 제시된 단어를 기준으로 대략적으로 통증을 평가하기 때문에 시간의 흐름에 따라 통증에 미묘한 변화가 생긴 경우 포착해내기가 어렵다. '통증 없음'과 '상상할 수 있는 가장 극심한 통증' 이렇게 양극단만 제시된 선상에서 환자가 이 사이 어디쯤으로 자신의 통증을 표시해야 할 때는 통증상의 미묘한 변화를 반영하기가 더욱 어려워진다. 한편 아이들의 경우 통증에 따른 표정 변화가 통증 정도를 파악하는 데 유용하다.

사람들은 자신이 겪고 있는 통증을 숫자로 변환하는 것을 대체로 꺼리지 않는다는 점에서, 또한 치료법을 조절해야 하는 의료진에게도 유용한 정보를 전해준다는 점에서 숫자 통증 척도가 적절한 방법처럼 보인다. 하지만 사람들이 표시하는 숫자는 주관적으로 경험하는 통증의 정도를 대략적으로만 나타낼 뿐이다. 때문에 몇몇 과학자들은 뇌 영상법, 바이오마커 연구와 같은 발전된 기술을 이용해 객관적인 통증 진단의 최적 표준을 찾고 있다. 성공한다면 현재 의존하고 있는 환자의 자기보고식 평가의 타당성을 입증할 수 있고, 어쩌면 새로운 측정법을 발견할 수도 있다. 하지만 쉽지 않아 보인다. 가령 코르티솔, 아드레날린과 같은 스트레스 호르몬 수치는 통증 외에도 다른 요인에 영향을 받는 한편, 땀이나 피부 전도도는 개인의 피부 특성이나 주변 온도에 따라 달라질 수 있기 때문이다.[45] 그럼에도 불구하고 지난 2013년 미국의 과학자들은 100명이 넘는 사람들을 대상으로 기분 좋게 따뜻한 정도에서 고통스러울 만큼 뜨거운 수준의 열에 노출시키고, 최신 컴퓨터 알고리즘을 통해 이들의 두뇌 이미지를 확인했다.[46] 통증의 정도에 따라 두뇌 반응이 달라지는 공통된 패턴을 발견했다. 흥미롭게도 연구진은 육체적 고통과 연인과 결별 후 경험하는 고통 등의 사회적 고통이 두뇌에서 서로 다른 반응을 보인다는 사실도 발견했다(한 초기 연구에서는 자신을 거부한 사람의 사진을 본 후 참가자의 두뇌 이미지가 어떻게 달라졌는지 제시하기도 했다).

다만 미국에서 진행한 연구는 젊고 건강한 실험 자원자들의 팔뚝에 적당한 수준의 고통을 전달해 그 결과를 분석한 것이었다. 극한의 통증, 만성 통증, 다른 신체 부위에서 느끼는 통증, 지치고 두렵고 아픈 환자들이 경험하는 통증은 두뇌에서 다른 패턴을 형성할지도 모른다. 따라서 두뇌 영상법을 적용한 연구는 아직 초기 단계에 불과하고, 또한 통증이 객관적으로 측정될 수 있는 개념이라고 생각하지 않는 사람들도 많다.[47] 하지만 만약 성공한다면, 의료진에게 획기적인 발견이 될 뿐 아니라 지금껏 의사가 의존해야 했던 주관적인 수치가 실제로 정확했던 것이었는지 확인할 기회가 될 것이다.

자선 단체 선택

2018년 9월 말, 규모 7.5의 강진이 인도네시아의 섬 술라웨시를 강타했다. 지진의 여파로 쓰나미가 덮쳐 6미터 높이의 파도가 해안가를 휩쓸었고 집과 회사, 호텔, 이슬람 사원, 교통 및 통신 시설이 모두 파괴되었다. 쑥대밭이 된 팔루 시 인근 지역은 가정집들이 1.6킬로미터 이상 떠내려가 진흙탕에 잠기고, 배와 보트는 내팽개쳐진 장

난감들처럼 섬 곳곳에 널브러져 있었다. 수천 명의 사람이 목숨을 잃거나 다치고, 폐허가 된 허허벌판에서 잠이 들었다. 먹을 것도, 마실 물도, 집도 없었던 이들 중 대부분이 생존을 위해 어쩔 수 없이 인근 슈퍼마켓을 약탈해야만 했다. 전 세계 TV에서는 국제 원조를 간곡히 호소하는 방송이 이어졌다. 영국의 재난구호 위원회(Disasters Emergency Committee, DEC)에서는 모금 활동을 펼쳤다. 수백만 명의 사람들처럼 나 역시도 이러한 간청을 모른 척하기가 어려웠다.

그로부터 얼마 후 읽은 책에는 자연재해가 발생할 때 피해 지역에 기부하고 싶은 충동에 저항해야 한다고 적혀 있었다.[48] 책에서는 비극적인 사건을 접하고 감정적 반응이 일어난다는 이유만으로 기부를 하는 것은 실수라고 꼬집었다. 옥스퍼드 대학교의 철학과 부교수인 저자 윌리엄 매캐스킬(William MacAskill)은 자신의 기부금이 세상을 개선하는 데 가장 큰 보탬이 될 만한 곳이 어디일지 조사를 한 뒤에 합리적인 선택을 내려야 한다고 주장했다. 일반적으로 기부금은 수확체감의 법칙이 적용되는 경우가 많다. 초반에 투입된 기부금으로 가장 기본적이고도 가장 중요한 욕구부터 해결하기 때문에 나중에 받는 기부금보다 돈이 가져오는 혜택은 훨씬 크다. 따라서 1파운드씩 기부금이 늘 때마다 실제로 돌아가는 이득은 점점 더 줄어든다. 수백만 명이 인도네시아의 재난 구호에 동참하는바, 내 기부금의 한계 효용은 상대적으로 줄어들게 되므로 내가 차라리 다른 곳에 기부하는 편이 훨씬 큰 이익을 가져올 수 있다. 가령 충분히 예방 가능한 사인으로 매일 1만 8,000명의 아이들이 사망하고 있는 지역처럼, 언론의 헤드라인으로 장식되지는 않지만 비극적인 현실이 현재 진행형으로 이어지는 국가에 기부를 하는 것이 좋은 선택이다. 저자는 비용 대비 효과가 높은 자선 단체에 돈을 기부해서 이러한 비극을 줄여야 한다고 주장했다.

〈선데이타임스(Sunday Times)〉에서 '가슴이 아닌 머리로 판단하는 자선가'라고 정의한 매캐스킬은 효율적 이타주의를 선도하는 인물이다. 기부금으로 최대의 기여를 하고 싶다는 생각은 합리적이지만 그러기 위해선 자신의 돈이 가져올 이득을 정확하게 분석할 줄 알아야 한다. 500달러 기부금으로 맹인 한 명이 안내견을 들이는 것이 서아프리카에 안과를 세우는 것보다 더욱 큰 이득을 불러오는 것인가? 부상당한 참전 용사 지원 단체, 아동학대 예방 단체, 암 연구 센터 가운데 어디에 기부하는 것이 좋을까?

효율적 이타주의를 옹호하는 사람들은 보건 의료 자원 분배에 대한 의사 결정에서 쓰이는 질 보정 수명(quality-adjusted life year, QALY)이라는 측정법을 기부 활동에 적용할 것을 제안한다.[49] 1QALY는 건강한 상태로 사는 1년의 삶을 뜻하므로, 앞으로 건강하게 10년을 살 것으로 예상한다면 10QALY라고 볼 수 있다. 하지만 이 10년 동안 지속적인 허리 통증에 시달린다면 내 삶의 질은 완벽히 건강한 사람이 누리는 삶의 질에 75%밖에 미치지 못하므로 7.5QALY가 된다. 죽음에 이르는 것은 0QALY이나 죽음보다 더욱 끔찍한 상태도 있으므로 마이너스 QALY란 개념도 있다. 효율적 이타주의에 따르면 내가 기부한 500파운드로 콩고 남성의 QALY는 0.5 높아지고, 캄보디아 여성의 QALY가 0.8 높아진다면 내게 기부할 돈이 딱 500파운드만 있다는 전제 아래서는 캄보디아 여성에게 이 돈이 가야 한다는 입장이다. QALY의 향상 정도는 전체 구성원의 몫을 합산해 산출된다. 이를테면 오지에 이동식 안과가 한 번 찾아가는 것이 5,000명의 QALY를 평균 0.4 높인다면, 5,000×0.4로 계산해 2,000QALY라는 답이 나온다. 이동식 안과가 한 번 움직이는 데 4만 파운드가 든다면 비용 대비 효용이라는 기준으로 따졌을 때 1QALY당 20파운드다. 하지만 이 QALY라는 개념을 어떻게 측정할 수 있을까? 허리 통증이 있는 사람이 경험하는 삶의 질이, 완벽하게 건강한 사람의 75퍼센트밖에 되지 않는다고 어떻게 말할 수 있을까?

다양한 방법이 있다. 그중 하나는 사람들에게 다음과 같은 질문에 답하게 하는 것이다.

10년을 더 살 수 있다고 가정해보세요. 만약 (A) 허리가 아픈 상태로 10년을 사는 것과 (B) 건강한 상태로 8년을 사는 것 중 선택할 수 있다면 무엇을 고르겠습니까?

8년을 살겠다고 답하는 사람이 있을 것이다. A와 B 선택지가 비슷하게 느껴지는 지점을 찾는 것이 목표이므로 B를 덜 매력적으로 조정해야 한다. 따라서 이번에는 B안을 6년으로 수정해 다시 묻는다. 이때 사람들은 요통과 함께 10년을 사는 쪽을 택할 것이다. 이런 저런 조정 끝에 건강하게 7년을 산다는 안을 제시했을 때 사람들이 A

와 B를 별 차이 없게 여긴다는 결론이 나왔다고 가정해보자. 허리가 아픈 상태로 10년을 사는 쪽과 건강하게 7년을 사는 것을 동일하게 느낀다는 뜻이다. 이때 요통을 겪는 1년의 삶이 0.7QALY라고 볼 수 있다.

물론 실제 질문을 받은 사람들에게만 해당하는 수치이므로, 환자 또는 설문 조사에 참여한 사람들의 응답을 모아 평균을 구해야 한다. 연구진이 얻어낸 결과에 따르면 경미한 협심증은 0.9(즉 경미한 협심증과 함께한 1년의 삶이 건강한 0.9년의 삶과 동일하다는 의미다), 대부분의 시간 불안과 우울, 외로움을 느끼는 상태는 0.45, 갱년기 증상은 0.99로 나왔다.[50]

나는 개인적으로 허리 통증에 대해서는 답을 하기가 어려운데, 이유는 간단하다. 다행히도 지금껏 허리가 아팠던 적이 없었기 때문이다. 따라서 내 경우에는 A와 B를 선택하려면 허리 통증이 어떤 고통인지 상상해야만 한다. 여기서 한 가지 문제가 생긴다. QALY가 일반 대중을 기준으로 정해져야 하는 것일까, 아니면 특정 질병에 시달리는 환자를 기준으로 결정되어야 하는 것일까? 영국에서는 일반 대중을 기준으로 삼아 데이터를 취합한다. 건강한 사람들은 특정 의료 분야에 지원이나 관심을 높이려는 이해관계가 없으므로 편향된 답변을 할 가능성 또한 낮다고 보기 때문이다.[51] 하지만 앞서 봤듯이, 어떠한 질환이나 장애를 안고 있는 이들은 이미 자신의 상황에 적응하고 또 충분히 자신의 삶을 즐길 수 있는바, 일반인들이 상상하는 질병과 함께하는 삶은 진짜 환자들의 삶보다 훨씬 안 좋을 때가 많다. 사실 질

숫자는 어떻게 생각을 바꾸는가

병이 있는 사람들의 삶은 온전히 건강한 사람들이 누리는 삶의 질과 크게 다르지 않을 수도 있다. QALY는 건강과 삶의 질을 동등하게 보고 있다.

QALY를 평가하는 데 발생하는 문제는 더 있다. 건강이 좋아지는 대신 수명이 줄어든다는 것을 생각조차 하기 싫어하는 사람들도 있다. 또한 허리 통증과 같은 질병의 경우 저릿한 느낌부터 심신을 쇠약하게 만드는 고통까지 통증의 범위가 넓어 내가 만약 위의 질문에 대답하려면 요통이 어느 정도 심각한 상태인지도 알아야 한다. 몇몇 비판론자는 QALY의 이론적 타당성이 일련의 불확실한 추측에 근거하고 있다는 점을 지적했다. 예를 들어 허리 통증을 겪는 2년의 삶이 허리 통증과 함께한 1년의 삶보다 2배의 가치를 지닌다고 가정하는 것처럼 말이다. 기부 활동에서 QALY가 더욱 우려되는 지점은 나라마다 어떠한 문제를 평가하는 기준이 저마다 다르다는 것이다. 가령 영국 국민의 QALY는 영국보다 형편이 어려운 아시아나 아프리카 빈민 국가에게 전해질 기부금의 혜택을 평가하는 기준으로 부적합할 수 있다. QALY는 보통 집단 내 모든 이가 동등하다는 가정하에 적용되지만, 어린아이나 대단히 높은 생산성을 낼 가능성이 있는 사람의 질 보정 수명이 더욱 가치 있다는 지적도 있다.[52] 더욱이 QALY로는 부수적 혜택을 고려할 수 없다. 실명 환자가 시력을 되찾을 경우 가족을 위해 더 많은 돈을 벌수도 있고, 그로 인해 자녀들의 삶의 질이 향상될 수 있다. 동물 단체에 기부하는 활동은 또 어떤가? 개나 말, 닭의 삶의 질이 인간의 것과 마찬가지로 중요하다고 봐야할까? 만약 그렇다면 인간 외 생명의 QALY를 가늠할 방법도 찾아야 할 것이다.

언뜻 보면 QALY를 자선 기부금에 대한 의사 결정의 근거로 삼기에는 빈약하다 느낄 수도 있다. 하지만 만약 내가 기부하는 입장이라면 그 돈이 사람들의 삶을 개선하는 데 최대한의 보탬이 될 수 있는 곳에 쓰이길 바랄 것 같다. 그렇다면 어떻게 해야 할까? 주관적인 추정을 바탕으로 한 대다수의 수치들처럼 QALY 역시 대략적인 측정치로만 참고하면 될 것이다. 자선 단체를 정할 때라면 이 대략적인 수치가 기부에 가장 알맞은 곳을 찾는 데, 적어도 인간의 삶을 개선하겠다는 목표를 지닌 단체를 가늠하는 데 유용한 기준이 될 수 있다. 자선 단체마다 비용 대비 효용에 차이가 상당히 크기 때문에 QALY 추정치에 오차가 있어도, 두 개의 단체를 두고 어느 쪽에 기부할 때 더욱 큰 혜택(또는 QALY)이 발생하느냐를 따지는 데 큰 영향을 주지 않는다. 예를 들어 옥스퍼드 대학교의 철학자이자, 자선 단체인 기빙왓위캔(Giving What We Can)을 설립한 토비 오드(Toby Ord)는 어떤 단체에 기부하느냐에 따라 기부 효과가 1만 5,000배 차이가 난다는 근거를 제시하기도 했다.[53] [여기서는 QALY(s)와 유사한 개념인 장애보정생존연수(disability-adjusted life years, DALY(s))로 기부에 따른 혜택을 측정했다.] 심지어 같은 목적으로 설립된 단체들마저도 기부 효과가 상당히 달라진다. 가령 HIV 바이러스와 에이즈를 예방하는 단체를 생각해보자. 성매매업 종사자와 같은 고위험군을 교육하는 데 비용을 들이는 편이 에이즈 감염으로 피부 질환 및 여러 증상이 동반되는 심각한 합병증인 카포시육종 환자의 수술을 지원하는 것보다 비용 효율 측면에서는 1,400배 높다.[54] 이 정도의 차이라면 너무 냉철하게 보일지라도 QALY가 자선 단체를 선택하는 데 가치 있는 기준이 될 수 있다. 더욱이 효율적 이타주의자들은 단순히 QALY 등과 같은 척도에만 의존하지 않는다는 점을 명확히 해야 한다. 이들은 자선 단체의 방향이 방치된 곳을 향하고 있는지, 그래서 많은 자원이 투입될 여지가 있는지, 기부금이 원래의 취지대로 쓰일 가능성은 어느 정도나 되는지 등 다양한 기준을 들어 판단한다. givewell.org와 givingwhatwecan.org처럼 효율적 이타주의에 근거한 웹사이트에서는 자선 활동 내역과 운영의 투명성 등 다양한 추가 정보를 제공하기도 한다.

이런 지침들이 전부 유용하긴 하지만 엄청난 재해가 닥치면 나는 또 한 번 혼란에 빠질 것 같다. 마음에서는 재난구호 기금에 얼른 기부하라는 충동이 일지만 머리에서는 수치가 말하는 곳으로 돈을 보내야 한다고 할 것이다. 내내 비극이 자리하고 있는 곳, 어쩌면 단 한 번도 헤드라인을 장식하지 못했지만 적은 액수의 기부금으로도 큰 효과를 달성할 수 있는 곳의 아픔을 덜어야 한다고 말이다.

주관적인 숫자를 믿어도 될까?

앞서 통증 측정법에서 언급했던 것처럼 사람들이 같은 상황 속에서 일관성 있는 값을 도출한다면, 그리고 척도가 측정하려는 대상을 정확하게 측정할 수 있다면 주관적인 수치라도 신뢰할 수 있다. 연구자들은 첫 번째 특성을 신뢰도라고 부른다. 내가 학생들을 평가할 때, 같은 답안을 제출한 학생들에게 동일한 점수를 주지 않는다면 내 채점 방식은 신뢰할 수 없다고 볼 수 있다. 하지만 신뢰도만으로는 충분하지 않다. 학생 두 명에게 동일한 점수를 주더라도 이들의 답안에 비해 너무 높거나 낮은 점수를 줄 수도 있다. 내 채점 방식이 믿을 만하려면 두 번째 특성인 타당도가 보장되어야 한다. 측정하려는 대상을, 여기서는 학생이 제출한 답안의 질을 반영해야 한다는 뜻이다.

주관적인 숫자가 신뢰와 타당성을 잃게 되는 다양한 원인에 대해 앞서 살펴봤다. 질문의 어법과 배열 방식, 달리 해석될 여지가 있는 불분명한 개념을 묻는 질문은 우리의 판단에 영향을 미친다. 또한 응답자가 질문에 정직하게 또는 정확하게 대답할 능력이 없는 상황도 있다. 대다수의 사람들은 타당한 답변을 전달하는 것보다 질문자를 만족시키거나 질문자에게 어떠한 인상을 남기는 데 더욱 신경 쓴다. 우리의 판단이 최근 벌어진 일이나 잠깐 스쳐 가는 생각에 영향을 받을 때도 너무 많다. 어떤 때는 질문에 무슨 답변을 해야 하는지 전혀 모르지만 알고 있다고 착각하는 경우도 있다. 또는 대충 아무 답변이나 하고 넘기려는 심리가 발동할 때도 있다.

그럼에도 사람들의 주관적인 추정치가 상당히 잘 들어맞는 때도 있다. 사람들에게 몇 가지 대상에 대한 상대 도수를 물으면 생각보다 꽤 정확한 답변이 나올 때가 많다. 한 연구에서 사람들에게 패스트푸드 체인별 점포 비율이 얼마나 될지 물었더니 실제와 상당히 근사한 수치를 추측했다.[55] 사람들은 알파벳이나 단어의 등장 빈도수

숫자는 어떻게 생각을 바꾸는가

를 추측하는 데도 상당히 능숙한 모습을 보였다. 왜 그런 것일까? 어쩌면 인간의 진화적 결과일지도 모른다. 더운 날 사냥을 나갔을 때 사냥감을 얼마나 자주 마주치게 될지, 또는 특정 증상이 얼마나 자주 나타날 때 질병으로 발전하게 될지를 추정할 줄 알아야 생존할 수 있기 때문이다.

집단의 규모를 추정하는 것 또한 전쟁에 앞서 상대 부족의 규모를 살피고 자신이 속한 부족 내 자원이 충분할지 가늠해야 했던 고대 선조들로부터 전해져 내려온 능력일지 모른다. 일례로, 독일의 실험 참가자는 10만에서 19만 9,999명, 20만에서 29만 9,999명 등 인구 규모에 따른 독일의 도시 개수를 상당히 근사치에 가깝게 추측했다.[56] 또한 아주 제한된 정보만으로도 즉각적이고도 직관적인 예측이 굉장히 정확이 들어맞은 사례도 많았다. 이 이야기는 마지막 장에서 자세히 다루도록 하겠다.

하지만 정확도가 완벽하지 않은 주관적인 숫자를 바탕으로 결정을 내려야 할 때는 어떻게 해야 할까? QALY를 적용하면 그 추정치에 상당한 오차가 있을 때조차도 비용 대비 효용에 있어 몇몇 자선 단체가 훨씬 나은 기부 효과를 발생시킨다는 사실에는 변함이 없다는 것을 앞서 확인했다. 이와 비슷한 방법으로 의사 결정 분석가들은 민감도 분석(sensitivity analysis)을 활용하는데, 주관적 수치의 오류에 민감하지 않은 선택이 무엇인지 판단하는 방법이다. 예를 들자면 어떠한 차에 대한 선호도가 1에서 10 척도 중 3점에 불과하다 해도 다른 대안에 비해 이 차를 여전히 선호하는 현상을 발견할 수 있다.

정리하자면, 여러 결함에도 불구하고 주관적 수치는 우리가 어떠한 사실을 추측해야 할 때 '아주 대략적인' 단서로서는 유용하게 쓰이지만, 바로 이 대략적이라는 특성 때문에 사람들의 주관적인 응답을 바탕으로 한 아주 정확한 수치를 마주할 때는 의심해야 한다. 따라서 신문에서 사람들이 완벽한 행복을 거머쥐기 위해서는 정확히 2,230만 파운드 상금의 복권에 당첨되어야 한다고 생각한다거나,[57] 결혼하고 2년 11개월 8일 동안 부부가 가장 행복하다거나,[58] 영국인들은 기대에 못 미치는 차(tea)가 나올 경우 평균 7분간 불만을 표한다는 기사를 접한다면, 그저 가볍게 흘려듣는 편이 현명한 처사다.[59]

Something Doesn't Add Up

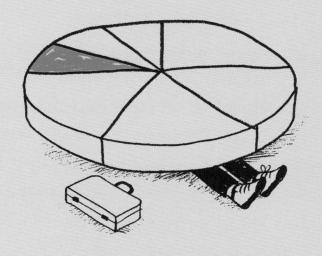

8장

사실일
확률이 높다

과학에서 주관적 수치는 '위대한 악마'다

(4장에 등장했던) 피셔에 대한 사람들의 평을 종합해보면 굉장히 복잡한 사람이었던 듯하다. 통계학, 실험 계획법, 유전학에 지대한 공헌을 한 위대한 사상가이자 가끔씩 따뜻하고 매력적인 모습을 보이기도 했던 피셔는 사람들에게서 적대감과 원한을 사 시달린 적도 많았다. 과학적 진리를 추구하는 데 열정적이었던 피셔와 달리, 그의 모친은 미신을 믿는 성격으로 1890년 그가 태어날 당시 이름에 반드시 'y'가 들어가야 한다고 고집을 부렸다. 모친은 앞서 알란(Alan)이란 이름의 사내아이를 아주 어린 나이에 잃었지만, 피셔의 형인 제프리(Geoffrey)와 누이인 에블린(Evelyn)은 무사히 자랐다. 1914년 군 입대에 거부당할 정도로 심한 근시였던 그는 불같은 성격으로 많은 고초를 겪기도 했다. 피셔가 스물일곱 살 때 열일곱 살의 어린 신부 루스 아일린(Ruth Eileen)의 홀어머니에게 승낙을 얻지도 않고 몰래 결혼을 밀어붙이기도 했다. 이렇듯 고집스런 성격으로 인해 그는 훗날 당시 새로운 학문으로 자리 잡기 시작했던 통계학의 유명 인사들 여

숫자는 어떻게 생각을 바꾸는가

럿과 수차례 날이 선 논쟁을 벌였다.

피셔가 논쟁을 벌였던 주제 중 하나는 과학에서 진실에 대한 주관적 평가의 역할이었다. 사실 확실하게 진실을 알 수 없는 상황은 셀 수 없이 많다. 손과 발에 감각을 잃은 환자를 보고 의사는 제2형 당뇨병을 진단하지만 정말 확실하게 단언할 수는 없다. TV 속 누군가가 영국인의 3퍼센트가 견과류 알레르기를 앓고 있다고 말하지만, 이 수치를 과장되게 말하는 것이 그에게 어떤 이익이 있기 때문은 아닐까? 새롭게 출시되어 한창 광고 중인 비료가 에이커당 밀 수확량을 높이지 못한다는 회의적인 과학자들의 보고에 화학 기업은 반박할 것이다. 하지만 기업으로서는 자사의 이익을 위해 마땅히 과학자들의 의견에 맞설 수밖에 없지 않을까? 정치인이 유권자의 대다수가 대외 원조를 삭감하길 바란다고 주장하지만 사실은 그저 자신이 속한 선거구의 유권자들이 듣고 싶어 하는 이야기를 하는 게 아닐까?

이런 상황에서 최선의 방법은 데이터를 모아 이 데이터가 무엇을 가리키는지 가늠하는 것이다. 그 과정에서 모집단의 대표 표본을 선정해 설문 조사를 진행해야 할 때도 있다. 이를테면 1,000명의 영국인을 대상으로 견과류 알레르기를 조사하는 것이다. 무작위로 농지 열 곳을 선정해 비료를 뿌리고 그렇지 않은 곳과 산출량을 비교하는 방법도 있다. 하지만 표본으로 얻어진 증거라는 한계로 인해 진실이 무엇인지는 확실하게 알 수 없다.

이때 피셔는 진짜 진실이 무엇일지 평가하기 위해서는 먼저 가설부터 세워야 한다고 주장했다.[1] 데이터를 통해 타당하지 않다는 결론이 나올 때까지는 잠정적으로 해당 가설이 진짜라고 가정해야 한다. 앞서 나온 이야기로 예를 들자면, 영국 국민의 3퍼센트가 실제로 견과류 알레르기를 앓고 있다는 가설을 세운다. 그런 뒤 관련 데이터를 취합한다. 데이터를 분석한 후 조사 결과와 가설이 얼마나 불일치하는지 살핀다. "가설이 사실일 때 결과와 가설 사이에 이 정도의 불일치가 일어날 가능성이 얼마나 되는가?"[2] 가령 표본 1,000명 가운데 1퍼센트만이 견과류 알레르기가 있다고 가정해보자. 이때 하나의 해석은, 3퍼센트라는 가설과 1퍼센트라는 결과의 차이는 아주 우연하게도 일반 사람들에 비해 알레르기가 있을 확률이 적은 사람들이 표본으로 선정된 탓일 수도 있다는 것이다. 표본의 추정치는 항상 오차가 있으므로, 여전히 가설이 사실일 가능성이 있다. 표본을 추출할 때 충분히 발생할 수 있는 표집 오차일 수 있다. 물론 가설이 틀렸다는 해석도 가능하다.

무작위로 표본을 추출했다면 확률론으로 참값에서 최소 2퍼센트(3-1=2퍼센트)만큼의 차이가 발생할 가능성을 계산할 수 있다. 그 가능성이 1/1,000이라고 가정해보자. 이제 우리는 해당 주장을 한 전문가에게 이렇게 말할 수 있다. "이것 보세요. 당신 주장이 사실이라면, 표본 추정치가 당신의 주장과 최소 2퍼센트 차이가 날 가능성이 1/1000이라는 뜻입니다. 따라서 당신의 주장에 의혹을 가질 만한 근거가 충분합니다. 당신의 주장이 사실이라면 우리가 진행한 조사에서 이런 결과가 나올 확률이 거의 없으니까요." (여기서 1/1000, 즉 0.001은 4장에서 봤던 p-값이다.) 여기서 중요한 것은 피셔의 방법은 어떠한 주장(또는 가설)이 사실일 확률을 구하는 게 아니라는 점이다. 주장이 사실일 때 우리가 얻은 조사 결과가 나올 확률을 의미하는 것으로, 이 둘은 완전히 다른 의미다.

또 다른 예로 의사의 진단을 들어보겠다. 의사는 환자가 제2형 당뇨에 걸렸는지 확인하기 위해 혈액 검사를 진행하기로 했다. 검사 결과, 환자가 해당 질환을 앓고 있는 것으로 나타났다. 하지만 검사가 병을 정확히 포착할 확률은 80퍼센트밖에 안 되므로, 다시 말해 환자가 당뇨에 걸렸을 때 혈액 검사에서 드러날 확률이 80퍼센트라는 것만 밝혀진 상황이다. 가만 보면 검사 결과는 묘하게 본질을 빗겨가 있다. 환자가 알고 싶은 것은 간단하다. 검사 결과가 양성이라는 전제하에 당뇨를 앓고 있을 확률은 얼마나 되는가다.

누군가의 주장이나 가설이 사실일 가능성을 알고 싶지만, 가설의 신뢰도가 아닌 가설을 뒷받침하는 증거의 신뢰도가 대신 주어지는 경우가 많다. 새로 나온 비료가 쓸모없다는 주장이 사실일 확률은 얼마나 될까? 어떤 약물이 인체에 무해할 가능성은 얼마나 될까? 영국인의 3퍼센트가 견과류를 알레르기를 앓고 있을 확률은 어느 정도일까? 수많은 과학적 발견의 기준이 되었던 피셔의 방법은 위와 같은 질문에는 답을 줄 수 없다. 우리가 원하는 대답을 얻기 위해서는 18세기 영국의 성직자인 토머스 베이즈(Thomas Bayes)가 정립한 베이즈 정리를 활용해야 한다.

1702년에 태어나 켄트주 턴브리지 웰즈에서 비국교도 목사로 활동했고, 1741년 왕립학회회원(Fellow of the Royal Society)이 되었다는 것 외에는 베이즈에 대해 알려진 바가 거의 없다. 그러나 사망하고 2년 후인 1763년에 발표된 이론은 그의 가장 중요한 업적으로 꼽히며 지금까지도 상당한 영향력을 미치고 있다. 베이즈의 이론은 의료 결과나 설문 조사처럼 새로운 정보를 접했을 때 이를 고려해 우리의 생각을 수정해나가야 한다는 것이다. 이를테면 아침에 구름이 긴하늘을 보며 오늘 비가 올 확률이 60퍼센트 정도 되겠다고 추측한다. 그런 뒤 TV 기상예보에서 오늘 내내 맑겠다는 소식을 듣고는 깜짝 놀란다. 하지만 TV 기상예보가 반드시 옳지만은 않다는 것 또한잘 알고 있다. 열흘에 한 번 정도는 예보가 틀리기도 했으니까. 이때기상예보를 본 뒤 자신이 생각하는 강수 확률을 베이즈 정리에 따라14퍼센트로 낮춰야 한다. (이런 유의 문제를 베이즈 정리로 계산하는 것은 그리 어렵지 않다. 어떻게 14퍼센트라는 결과가 나왔는지 주에서 설명하겠다.[3])

몇몇 역사학자는 베이즈가 동시대의 철학자인 데이비드 흄(David Hume)의 주장에 반박하고자, 보고된 기적이 거짓이나 환상이 아닐가능성을 논하기 위해 확률 이론을 활용했다고 보고 있다. 베이즈가신의 존재를 증명하기 위해 확률에 입문했다고 하는 이들도 있다(이에 대해서는 추후 자세히 다룰 예정이다). 또한 베이즈 정리를 종교적 질문에 처음 적용한 사람은 베이즈의 가까운 친구이자 '조용하고 겸손한성품'의 웨일스 목사 리처드 프라이스(Richard Price)라는 이야기도 있다. 어쩌면 사후 미발표된 논문을 정리하던 중 미완성된 베이즈 정리를 발견한 프라이스가 해당 이론을 완성한 것일 수도 있기 때문에 그의 노고가 인정받아야 한다는 의견도 있다[실제로 프라이스의 공로를 기리는 리처드 프라이스 협회(Richard Price Society)가 있다].[4] 무엇이 사실인지는 몰라도 오늘날 베이즈 정리는 스팸 차단부터 유전 탐사, 인공지능, 우주의 역사, 영화의 성공 예측 등 광범위한 분야에서 널리 사용되고 있다. 2003년에는 뉴욕 인근 롱아일랜드에서 바닷가재를 잡는 어부인 존 알드리지(John Aldridge)가 사라지자 수색을 위해 베이즈 정리가 활용되기도 했다.[5] 그렇다면 베이즈 정리와 피셔의 방법은 어떤 연관성이 있을까? 왜 피셔는 집착에 가까울 정도로 베이즈 정리를 반박하는 데 매달렸던 걸까?

베이즈 정리는 우리의 판단과 경험, 전문 지식을 기초로 해 어떤 가설이 사실이라는 초기 확률(initial probability)을 갖고 있는 상태에서 시작한다[사전 확률(prior probability)이라 하는데, 어떠한 가설이 사실이라는 확신의 정도를 반영한 수치다]. 베이즈 정리를 통해 이후 표본이나 조사 결과를 바탕으로 우리가 갖고 있던 확률을 수정한다. 피셔의 방법과 달리 이때 우리는 개인적 판단과 표본 및 다른 자료를 통해 얻어진 하드 데이터(hard data)를 조합해 가설의 확률을 얻을 수 있다.

손과 발에 감각 저하 증상이 생긴 환자의 사례로 돌아가자면, 의사는 혈액 검사 결과가 나오기 전에 충분한 경험과 판단력으로 해당 환자가 당뇨에 걸렸을 확률이 70퍼센트는 된다는 추측을 내릴 수 있다. 환자가 당뇨병에 걸렸다는 것을 알려 줄 혈액 검사 결과는 정확도가 80퍼센트다. 이 두 가지 정보를 조합했을 때 베이즈 정리는 환자가 당뇨에 걸렸을 확률이 90퍼센트 이상이라고 알려준다.

개인의 주관적인 판단을 가설의 타당성을 증명하는 근거로 삼는다는 바로 이 부분이 피셔가 불편해하는 지점이다.[6] 그의 관점에서 과학은 객관적이어야만 한다. 혈액 검사는 명확한 증거다. 하지만 의사의 사전 추정은 '소프트(soft)'한 판단으로, 피셔에 따르면 과학적 연구에서는 근거로 채택되어선 안 된다. 1920년대부터 대다수의 과학자들이 피셔의 주장을 따르고 있다. 과학 작가인 로버트 매튜스(Robert Matthews)가 적었듯이 '대다수의 과학자들에게 주관성이란 위대한 악마'인 것이다.[7]

객관성의 오해

주관성을 경계해야 한다는 과학자들의 주장에도 불구하고, 하얀 가운을 입은 연구자가 연구실에 차분히 앉아 어떠한 난관에도 불구하고 진리를 향한 집요하고도 순수한 열정에 빠져 가설을 검증하는 모습은 오해에 가깝다. 노골적으로 드러나는 경우는 없지만 사실 과학이란 불가피하게 주관적일 수밖에 없다.[8] 인간으로서 과학자들은 나름의 선입견과 믿음을 갖고 있고, 성취하고 싶은 커리어와 고려해야 할 평판은 물론 에고도 있다. 때문에 가끔씩 데이터를 조작하거나 연구 결과를 거짓으로 보고하는 등 명백하게 비윤리적인 행위를 저지르기까지 한다.

2012년의 발표에 따르면, 1975년 이후 생의학 및 생명과학 분야 논문이 연구 부정행위로 저널에서 철회된 사례가 열배 증가했다(조사 과정에서 1,300여 건 이상의 사기 논문이 드러났다).[9] 한편 정직한 과학자들마저도 의도치 않게 자신의 주관적 믿음을 연구 결과에 개입시키는 경우가 있다. 실험을 설계하고 진행하는 과정에서 수없이 많은 의사 결정이 필요한데, 이때 개인적인 판단이 관여해야 할 상황이 생긴다.[10] 어떤 장비를 써야 할까? 표본의 크기가 어느 정도여야 하고, 누구 또는 무엇을 표본으로 삼아야 할까? 어떠한 가외 변인(extraneous variable, 실험자가 조작하는 독립변인 이외의 변인)을 통제해야 할까? 가령 고령층과 청년층의 반응 시간을 비교하고자 한다면, 성별 또는 지능을 통제해야 할까, 아니면 실험 시작 시간을 통제해야 할까?

개인의 판단이 가장 많이 관여하는 부분은 아마도 실험 중 관측된 이상하거나 비정상적인 현상을 어떻게 처리할 것인지를 결정하는 때일 것이다. 내가 진행을 도왔던 한 실험에서는 슈퍼마켓에서 판촉 활동을 할 때 해당 상품에 대한 수요가 얼마나 증가하게 될지 사람들이 정확하게 예측할 수 있는지를 파악하고자 했다. 참가자들에게 판촉에 대한 상세 정보와 함께 과거 판촉 활동을 통해 매출이 상승했다는 자료도 함께 제시했다. 데이터를 보면 홍보 활동을 할 때마다 예외 없이 매출이 증가했다. 이런 데이터에도 불구하고, 참가자 중 소수는 판촉 활동이 매출을 떨어뜨리거나 별다른 영향을 끼치지 않을 것이라고 예측했다(이와 유사한 또 다른 실험에서 몇몇 참가자들은 주어진 정보로는 도저히 나올 수 없는 상당한 매출 증대를 예측하기도 했다). 합당한 근거를 찾기 어려운 비정상적인 결과였다. 참가자들이 프로젝트를 잘못 이해했던 걸까? 알 수 없는 모종의 이유로 이들이 실험을 망치려고 하는 걸까? 실수로 키보드를 잘못 눌렀던 걸까? 우리는 이 사람들을 연구 결과에서 배제하기로 결정했지만 연구의 투명성을 위해 해당 데이터를 배제했다는 사실을 밝혔다.

그럼에도 불구하고 위험은 분명하다. 연구진들은 보고 싶은 대로 데이터를 해석할 확률이 높다. 똑같은 데이터라 해도 개인의 믿음과 관점에 따라 저마다 다른 메시지를 읽는다. 이 메시지를 객관적 사실처럼 이해하기도 한다. 누군가에게는 그래프상의 임의적이고 일시적인 변화일지라도 다른 누군가에게는 해당 이론을 수정해야 한다는 근거가 될 수도 있다. 우리가 묵살해버린 비정상적인 현상이 어쩌면 가장 중요한 발견일지도 모른다. 1941년 겉보기에는 조용하고 평화롭던 일요일 오전, 하와이 오아후 섬의 레이더 정보 센터에서 임시 파견 근무 중이었던 커밋 A. 타일러(Kermit A. Tyler) 중위의 안타까운 사연을 떠올려보자.[11] 130마일(약 209킬로미터-옮긴이) 밖에서 빠르게 다가오는 다량의 항공기가 레이더 화면상에 비정상적으로 큰 불빛으로 잡히자 레이더 탐지 병사 두 명은 타일러 중위에게 보고했다.

마침 미국 본토에서 아군 폭격기가 도착할 예정이었던 터라 타일러는 병사들에게 "걱정하지 말게"라고 말했다. 이 한마디가 타일러를 평생 동안 옭아맸다. 사실 레이더에 잡힌 비행기는 진주만 공습을 위해 다가오던 180대가 넘는 일본 항공기였고, 이 사건은 미국이 제2차 세계대전 참전을 결정하는 계기가 되었다. 이후 공식적인 조사를 통해 타일러에게 아무런 책임이 없다는 것이 밝혀졌다. 운명의 날 아침에 주어진 임무를 수행하기에 타일러는 훈련이 덜 되어 있었고, 레이더상의 신호를 당일 예정되었던 미국 폭격기로 충분히 오인할

숫자는 어떻게 생각을 바꾸는가

수 있었다고 봤다. 그럼에도 그가 당시 아무것도 하지 않았다고 맹렬하게 비난하는 편지는 이후에도 계속 전해졌다.

우리가 눈으로 관측하기 전까지는 그 상태를 알 수 없는 양자 현상처럼 데이터 또한 해석되기 전에는 아무런 특성도, 의미도 갖지 못한다. 과학이라는 객관의 세계에서도 이 해석은 필연적으로 주관의 영역일 수밖에 없다.

베이즈 옹호론

언뜻 생각하면 사람들에게 주관적 확률을 과학적 분석에 활용해도 된다고 대놓고 허락하는 것이 우려스럽기도 하다. 개인의 편견을 뒷받침하기 위해 연구 결과가 조작될 수도 있지 않을까? 7장에서 이미 봤듯이 주관적 숫자는 일관적이지 않고, 편향되며 신뢰하기 어려울 수 있다. 어떠한 가능성을 머릿속으로 추측할 때는 이러한 특징이 더욱 두드러진다. 심리학자인 트버스키와 카너먼은 수많은 편향적 사고를 밝히고 그 원인을 설명한 연구로 널리 이름을 알렸다.[12] 두 학자는 인간이 어떠한 가능성에 대해 추측할 때 최근에 벌어졌거나 먼저 떠오르는 사건, 누군가에게서 들었던 정보와 고정관념, 자신도 모르게 머릿속에 심어진 숫자에 지나치게 영향받을 수 있다고 밝혔다.

그러나 앞서 우리는 주관성과 그에 수반되는 편견이 과학에서 불가피하다는 것을 확인한바, 이 문제를 공식적으로 논의하고 문서화하는 편이 훨씬 낫다. 베이즈 정리는 이때 필요한 토대를 제공한다.

베이즈 정리는 더 많은 정보를 모으기에 앞서 개인의 주관적 믿음을 솔직하게 드러내야 한다고 말한다. 과학자들에게 (가령 앞서 진행된 연구 결과를 바탕으로 형성된) 초기 믿음에 대한 근거를 밝히고 기록할 것을 독려한다면, 이들의 연구 결과에 대한 타당성을 더욱 정확하게 판단할 수 있을 것이다. 객관성이라는 은밀한 망토 아래 주관성을 숨긴다면 불가능한 일이다.

베이즈 정리에는 또 다른 매력이 있다. 우리가 주관적 판단을 얼마나 확신하는가와 새로운 정보가 얼마나 믿을 만한가, 이 두 가지 사이에서 깔끔하게 균형을 잡아준다. 새로운 정보의 신뢰도가 상당히 높다면 새롭게 수정된 확률[사후 확률(posterior probability)]에 상대적으로 큰 영향력을 미친다. 마찬가지로 우리가 갖고 있는 사전 확률에 대해 확신이 없을 때, 가령 우리가 세운 가설이 사실일 확률이 겨우 50퍼센트 정도일 때 베이즈 정리는 새로운 정보의 신뢰도만을 온전히 고려해 확률을 수정한다. 만약 우리의 가정이 맞을 확률이 98퍼센트라고 목숨을 걸 정도로 자신한다면, 확률을 수정하는 과정에서 사전 확률이 훨씬 큰 영향을 미칠 것이다. 정말 극단적으로 우리가 100퍼센트 확신한다면, 새로운 증거가 아무리 신뢰할 만하더라도 고려되지 않고 수정된 확률이 100퍼센트가 되는 식이다. 하지만 이런 상황에서는 오류가 발생한다. 만약 내가 버킹엄 궁전(Buckingham Palace)에 비행접시가 착륙했다고 100퍼센트 확신한다면, 상당히 신뢰도 높은 뉴스 매체가 그런 일은 벌어지지 않았다고 보도한다 해도 베이즈 정리에서는 100퍼센트라는 가능성을 수정하지 않는다. 그러나 이렇게까지 극단적인 주장만 하지 않는다면, 하드 데이터가 점점 많아질수록 개인의 초기 추정치에 비해 데이터가 사후 확률에 미치는 영향력도 더욱 커지므로 별 문제가 되지 않는다. 만약 연구진들이 저마다 생각하는 사전 확률이 다르다면, 이때 역시 데이터가 모일수록 사후 확률이 점차 수렴되는 현상이 나타난다.

가설의 초기 타당성을 고려하지 않는다면, 데이터에서 어쩌다 우연히 벌어진 사건을 매우 놀라운 발견으로 착각하게 되는 일이 생긴다. 내가 아침에 오트밀을 먹는 사람들의 IQ가 높다는 섣부른 이론을 갖고 있다고 가정해보자. 오트밀로 아침 식사를 하는 스무 명과 오트밀을 너무도 싫어하는 스무 명을 테스트하자 오트밀 혐오자들에 비해 추종자들의 IQ가 평균 5점 높다는 것을 발견했다. 뿐만 아니라 계산 끝에 오트밀이 IQ에 아무런 영향을 주지 않는다면 IQ가 이 정도로 차이 날 가능성이 겨우 3퍼센트밖에 되지 않는 것도 알아냈다. 따라서 오트밀에는 두뇌 기능을 향상시키는 효과가 있다고 만족스럽게 결론을 내리며, 이 귀중한 발견을 서둘러 발표하고 오트밀 업계의 찬사는 물론 당연히 기대해 마땅한 언론사의 연락을 기다린다. 하지만 실제로는 내 이론은 넌센스에 불과할 가능성이 높고, 베이즈 이론을 통해 내 계산에 반영된 미미한 타당성이 드러나는 순간 내 이론은 폐기처분이 될 것이다. 내 연구에서 오트밀을 먹는 사람들의 지능지수가 높았던 것은 분명 운 좋게 벌어진 우연이었을 뿐이다.[13]

문제는, 매년 출간되는 수백만 건의 과학 및 사회과학 논문 가운데 상당수가 이런 우연을 근거로 한다는 점이다.[14] 그럼에도 많은 논문이 상당한 영향력을 지니고, 그 안에 담긴 발견은 몰아내기 어려운 군건한 사실로 대중의 의식에 각인된다. 새로운 암 치료제를 찾는 과학자들이 다른 과학자들이 연구소에서 이뤄낸 획기적인 발견을 재현하는 데 자주 실패하는 이유 또한 기이한 발견이 세상에 너무 많은 탓이다. 미국의 대형 생명공학 제약 기업인 암젠(Amgen)이 조사한 바에 따르면 암 연구 분야의 53개 연구 가운데 43개가 재현이 불가능하다는 걱정스러운 결과가 나왔다.[15]

심리학 분야에는 현재 재현성 위기설이 돌고 있다. 2011년 심리학자인 대릴 벰(Daryl Bem)이 사람들에게는 미래를 내다볼 수 있는 초감각적 지각(extrasensory perception, ESP)이 있다는 논문을 저명한 학술지에 게재하며 이 사태가 시작된 것으로 보는 이들이 많다.[16] 벰이 진행한 실험 중 하나에서는 커튼 한 벌 이미지가 떠 있는 컴퓨터 모니터 앞에 코넬 대학생들을 앉게 했다. 사람에게 만약 육감이 있다면 아주 오래전부터 이어져 내려온 것일 터이므로 기본적 욕구에 반응할 것이라고 추측한 벰은 커튼 한쪽에만 선정적인 사진을 숨겨뒀다. 참가 학생들은 모니터상 어느 쪽 커튼에 해당 이미지가 있는지 선택해야 했다. 하지만 사실은 학생이 커튼을 먼저 선택한 후에 컴퓨터가 무작위로 어느 쪽에 사진을 띄울지 결정했다. 따라서 학생들이 맞췄다면 미래의 일을 정확하게 예견한 셈이었다. 학생들의 예측이 맞아 떨어진 경우는 53퍼센트였다. 그리 대단한 결과처럼 보이지 않지만, 추측으로 맞출 성공률을 50퍼센트로 예상했던 것에 비하면 높은 수치였다. 벰은 짐작으로만 이 정도 성공률을 보일 확률은 1퍼센트밖에 되지 않는다는 점을 계산으로 밝혔다. 뱀은 1,000명이 넘는 참 가자를 대상으로 진행한 아홉 개 실험과 참가자들이 단순 짐작으로 맞췄다고 보기에는 설명이 불가능한 여덟 개의 실험 결과를 정리해 논문으로 발표했다. 믿기 힘든 결론이었지만, 뱀의 연구는 정직하고 투명하게 진행되었고 표준으로 인정되는 절차를 따랐다. 많은 심리 학 연구자들이 자신이 오랫동안 써왔던 연구 방법론이 불가능한 일 을 사실처럼 보이게 만들 수 있다는 데 큰 충격을 받았다. 2017년 뱀 의 연구 결과를 재현하고자 신중하게 시행된 한 연구에서는 뱀이 주 장하는 현상을 뒷받침할 근거를 전혀 찾지 못했다.[17] 그리 위안 삼을 일이 아니었다. 2015년에 행해진 조사를 통해 저명한 학술지에 실린 논문 가운데 40퍼센트만이 그 결과를 재현할 수 있다는 것이 밝혀 졌다.[18] 노벨상 수상자이기도 한 카너먼은 "끔찍한 현실이 닥치고 있 다"며 경고하기도 했다.

일반적으로 봤을 때, 어떠한 연구 결과가 큰 이슈를 불러올 여지 가 높을수록 성공적으로 재현될 가능성은 낮아진다는 것이 정설이 다. 한 예로, 켄터키 대학교(University of Kentucky)의 심리학자들은 실험을 통해 사람들의 이성적 사고를 깨울수록 종교적 신념은 낮아 진다는 결과를 얻었다.[19] 실험 참가자였던 캐나다의 대학생들은 자 신이 지닌 신에 대한 믿음을 0에서 100으로 표시했다. 이들이 믿음 정도를 밝히기에 앞서 참가자 중 스물여섯 명에게 고뇌하는 모습을 청동 작품으로 표현한 오귀스트 로뎅(Auguste Rodin)의 〈생각하는 사 람〉 사진을 보여줬다. 다른 서른한 명에게는 운동선수가 원반을 던지는 모습을 포착한 고대 그리스 조각품인, 미론(Myron)의 〈원반 던지는 사람(Discobuls)〉 사진을 보여줬다. 〈생각하는 사람〉을 본 참가자들은 이후 신에 대한 믿음 정도를 더욱 낮게 평가했는데, 두 집단 사이의 차이가 우연하게 발생할 가능성은 3퍼센트밖에 되지 않았다. 연구진은 〈생각하는 사람〉 사진이 참가자들에게 이성적인 사고를 일깨웠고, 그로 인해 종교적 불신을 더욱 강하게 표출했다고 결론지었다.

조각상 사진을 본 것만으로도 신에 대한 믿음에 깊은 영향을 줄 수 있다니 믿기 어려운 결과지만, 이 논문은 세계에서 가장 명망 높은 학술지 중 하나로 꼽히는 〈사이언스(Science)〉에 실리며 이후 다른 논문에 400회 가까이 인용되었다. 한 연구진이 이 놀라운 연구 결과를 재현하려 했지만 실패하며, 앞선 연구는 참가자가 적었기 때문에 얻어진 통계적 요행이라고 지적했다.[20] 같은 연구진이 〈사이언스〉에 실린, 손을 씻으면 과거에 내린 선택에 대한 걱정이 사라지고 최근에 내린 결정을 스스로에게 정당화하려는 욕구가 낮아진다는 연구 또한 재현하려 했지만 실패했다.[21] 해당 논문에서는 손을 씻을 때 '과거에 대한 심리적 흔적'이 지워지기 때문에 과거에 대한 미련을 벗어던질 수 있다고 주장했었다.

도대체 어떻게 받아들여야 할까? 한 가지 분명한 점은, 과학적 발견이 여러 차례 재현에 성공하기 전까지는 확정적으로 받아들여서는 안 된다는 것이다. 따라서 뒷마당을 산책하는 것이 단기 기억력을 향상시킨다는 최신 연구 결과도,[22] 이름(first name)이 타인에게 당신이 얼마나 유능한지 또는 친절한지 판단하는 데 영향을 미친다는 결과에[23] 대해서도 일단 판단을 유보하는 것이 좋다. 하지만 타인의 연구를 재현하는 일은 상대적으로 영광스럽지 않다. 막상 해당 연구의 유효성이 입증되었을 때 연구를 재현한 연구자는 세상을 바꾸는 발견에 대한 기여를 인정받지 못한다. 또한 학술지는 다른 논문에 널리 인용될 확률이 높고 저널의 랭킹을 유지하는 데도 유리하다는 이유로 새롭고 신기한 발견을 선호한다. 뿐만 아니라 어떠한 연구가 발표되었다면 마땅히 신뢰해야 한다는 분위기가 암묵적으로 형성되어 있다. 결과적으로는 연구가 발표되기까지 해당 분야의 전문가들에게서 길고 긴 동료 평가를 거쳤기 때문이다. 연구자라면 응당 그렇듯 피셔의 법칙을 적용했으니 결과는 분명 믿을 만한 것일 터다. 굳이 연구 결과를 재현까지 할 필요가 있을까?[24]

실제로 재현을 했다고 해도 어떠한 과학적 발견에 근거가 충분하다거나 또는 심지어 오류가 있다는 것을 증명하기에는 충분하지 않다. 원본 연구를 진행한 연구진과 비슷한 문화적 배경을 지닌 과학자들은 문제가 되는 무의식적 편향이 유사하게 개입되기 때문에 잘못된 결과가 다시 한 번 사실로 도출될 수 있다. 또한 재현 연구를 수행하는 연구진이 미처 생각하지 못한 요인 때문에 재현이 실패로 돌아가기도 한다. 가령 실험실 온도와 같이 아주 사소해 보이는 요소가 다른 결과를 이끌 수 있다.[25]

연구 재현에 더해 베이즈 정리를 과학적 도구로 활용하면, 깜짝 놀랄 발견인 줄 알았더니 정작 아무런 근거가 없었던 뉴스나 언제는 건강에 좋다고 하다가 1년쯤 뒤에는 우리 몸에 상당히 나쁘니 반드시 피해야 한다는 식의 언론 보도에 좌우되지 않을 수 있다. 오스트리아 태생의 철학자 카를 포퍼(Karl Popper)는 "과학은 근거 없는 믿음에서, 그리고 그 근거 없는 믿음을 비판하는 것에서 시작해야 한다"고 적었다. 정답이다! 하지만 현대 과학에서는 합리적인 방법을 통해 근거 없는 믿음이 새로이 탄생하는 것을 막아야 한다.

추신: 베이즈 정리가 특이하게 적용된 두 가지 사례

신의 존재

2004년 4월 '신은 존재하는가─그럴 가능성이 높다', '신은 존재하는가? 수학적으로는 가능한 이야기다'라는 헤드라인들이 신문을 장식했다. 전직 양자 중력 연구자로 미국 에너지부(US Department of Energy)에서 핵 사고의 가능성을 계산하는 일을 했고, 이후 리스크 컨설턴트로 활약했던 스티븐 언윈(Stephen Unwin)의 신작 도서에 관한 기사였다. 책에 달린 여러 호평 속에서 코미디 작가이자 TV 드라마 〈레드 드워프(Red Dwarf)〉의 제작에도 참여한 롭 그랜트(Rob Grant)는 경고의 한마디를 남겼다. "이 책의 출간은 장차 악을 위해 일하려 했던 사람들에게는 안 좋은 소식이다." 경쾌한 문장력과 자조적인 유머로 찬사를 받은 언윈의 책은 《신이 존재할 가능성: 궁극적 진리를 증명하는 간단한 계산법(The Probability of God: A Simple Calculation that Proves the Ultimate Truth)》이라는 제목으로 출간되었다.[26] 여기서 간단한 계산법이란 베이즈 정리였다.

'완전한 무지'라고 칭한 상태에서 논쟁을 시작한 언윈은 신이 존재할 확률을 50퍼센트로 봤다. 이것이 그의 사전 확률이었다. 거기서부터 그는 신의 존재에 찬성 또는 반대의 증거로 삼을 만한 요인을 짚어나갔다. 가령 인간에게는 선함이 있다, 인간은 사악한 모습을 보이기도 한다, 죽은 사람이 부활하는 등의 기적이 나타난다, 자연은 지진, 홍수, 산불과 같은 현상을 통해 악한 모습을 보인다 등이 있었다. 그는 신이 존재하는 세상과 그렇지 않는 세상을 비교해 어떠한 일이 발생할 또는 발생하지 않을 가능성을 추정했다. 예컨대 신이 존재하는 세상에서는 인간이 선함을 지닐 확률이 열 배가 높고, 신이 존재하지 않는 세상에서는 자연의 악행이 벌어질 확률이 열 배가 높다는 식이었다. 이후 그는 베이즈 정리를 바탕으로 주어진 증거에 따라 자신의 사전 확률을 수정했다. 그 결과 신이 존재할 확률이 67퍼센트라는 결론을 얻었다.

언윈은 "증거를 평가하는 데 있어 사견이 들어간 만큼 67퍼센트라는 수치에는 주관적 요소가 개입되어 있다"고 인정했다. 사실 신의 존재를 찬성 또는 반대하는 증거로 그가 선택한 요소들은 물론 여기에 포함된 모든 수식이 지극히 주관적이다. 설사 그가 채택한 증거에 동의하더라도, 사람들마다 가중치를 매기는 방식은 분명 다를 것이다. 또한 50퍼센트라는 사전 확률은 언뜻 보기에는 중립적으로 보이지만 역시 주관적인 값이다. 언윈이 제시한 증거에 앞서 처음에 사전 확률을 어떻게 두느냐에 따라 다른 결과가 나오는 것이 충분히 가능하다. 언원의 책이 체계적이고 논리적인 사고력을 보여주는 흥미로운 예시인 것은 맞지만, 또한 그 자체로는 아무런 문제가 없지만, 미디어에서 널리 알려진 67퍼센트라는 수치는 구체적인 근거가 부족하다는 한계가 있다. 정확한 숫자는 찾아볼 수 없는, 주관적 숫자와 주관적 숫자의 합작품이었다.

유죄인가, 무죄인가?

당신이 저지르지 않은 살인 사건의 범인으로 몰려 법정에 서 있는 상황이라고 상상해보자. 한 믿을 만한 목격자가 당신과 머리 색깔, 신장, 성별이 똑같은 범인의 인상착의를 묘사한 증언이 당신을 범인으로 지목하는 유일한 증거다. 지역 대학의 통계학자는 증인이 말한 외모에 부합할 확률이 80명 중 한 명 꼴이라고 계산했다. 검사 측 변호사는 승리를 확신한 목소리로 통계학자의 말은 곧 당신이 무죄일 확률이 1/80이고, 따라서 유죄일 확률은 79/80라고 주장한다. 당연히 배심원단은 당신에게 유죄 판결을 내린다.

　여기서 무엇이 잘못되었을까? 정답은 배심원단이 이른바 검사의 오류(prosecutor's fallacy)라고 불리는 오류에 빠진 것이다. 통계학자는 당신이 무죄라는 전제하에 살인자가 당신과 유사한 생김새를 가질 확률을 계산했다. 검사 측의 주장에도 불구하고, 이 수치는 당신이 살인자의 인상착의와 동일하다는 전제하에 당신이 무죄일 가능성과는 다른 의미다. 당신이 무죄일 가능성이야말로 배심원단이 알아야 하는 확률이다.

다행스럽게도 베이즈 정리가 해결사 역할을 해준다. 살인이 발생했던 시각, 해당 지역에 있었던 사람이 당신을 포함해 1,000명이라고 경찰이 추산한다면, 당신이 살인자일 사전 확률은 겨우 1/1,000밖에 되지 않는다. 이제 목격자의 증언을 바탕으로 이 확률을 조정하면 새로이 수정된 확률은 당신이 무죄일 가능성이 92퍼센트를 조금 넘는 것으로 나온다. 아마도 항소 때 판사를 설득하기에는 충분한 수치일 것이다.[27] 논리는 단순하다. 살인이 벌어졌을 당시 1,000명이 있었고, 살인자의 인상착의와 일치할 확률은 1/80이므로(1/80 × 1,000) 대략 열세 명 정도가 목격자의 증언에 부합한다. 이 중 열두 명은 결백하므로 당신이 결백한 사람들 중 하나가 될 확률은 12/13, 즉 92퍼센트가 된다.

검사의 오류를 단순히 학문적 허점으로 볼 수만은 없다. 여러 곳에서 드러나는 통계학의 오용처럼 검사의 오류 역시 실제적인 영향을 미치는데, 한 예로 1960년대 캘리포니아의 유명한 콜린스(Collins) 재판을 들 수 있다. 1960년대 한 부부가 인상착의가 비슷하다는 이유로 노년 여성을 상대로 절도 행각을 벌인 범인으로 오인받아 유죄를 선고받았다. 배심원단은 부부가 결백할 확률은 1,200만분의 1밖에 되지 않는다는 검사의 잘못된 주장에 넘어가고 말았다. 이와 비슷한 사례로는 영국의 변호사인 샐리 클라크(Sally Clark)는 1999년 어린 아들 둘을 살해한 혐의로 잘못된 유죄 판결을 받았다. 살인이 아니라 유아 돌연사 증후군으로 두 아이가 사망할 확률이 7,300만분의 1이라는 잘못된 주장에는 클라크가 무죄일 확률은 거의 없다는 의미가 내포되어 있었다. 두 사건 모두 유죄 판결이 파기되었지만, 클라크의 경우 이미 3년 동안 수감 생활을 한 뒤였다. 억울하게 수감되었던 상처를 극복하지 못했던 그녀는 4년 후 자살의 증거는 없었지만 급성 알코올 중독으로 사망했다. 마흔두 살의 나이였다.

앞에서 봤던 것처럼 법원의 오심에도 불구하고 2011년 한 영국 판사는 베이즈 정리의 근간이 되는 통계 원리에 '확고함'이 부족하다는 것을 문제 삼아 법정에서 사용을 금했다.[28] 이 소식에 통계학자들 사이에서 동요가 일었지만 이후 2013년 영국의 항소법원 판사들이 베이즈 정리에 따른 주장을 기각한 일도 있었다. 판사들은 이렇게 밝혔다. "어떤 일이 벌어졌을 가능성이 25퍼센트라고 말하는 것은 적절하지 않습니다. 어떤 일이 벌어졌거나 벌어지지 않았거나 둘 중 하나입니다.'[29]

토머스 베이즈가 들었다면 아마 동의하지 않았을 것이다.

Something
Doesn't
Add Up

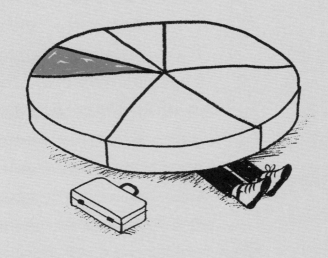

9장

숫자 따윈
관심 없다

살인범을 잡아라

그레이터맨체스터의 변두리, 동쪽으로 페나인 산맥이 낮게 깔린 구름처럼 에워싼 곳에는 붉은색 지붕의 전원주택과 상아색 아파트 건물 여러 채가 자리한 마을 하이드가 있다. 흰색 수염의 지긋한 나이에 안경을 쓴 의사 해럴드 시프먼(Harold Shipman)은 사무적이고 고압적이며 '허튼짓 따위는 하지 않을 것 같은' 분위기를 풍겼지만 하이드 내 환자들에게 인기가 많은 의사였고, 그의 동료들은 '의술이 뛰어난' 의사로 그를 평가했다. 하지만 그가 본인이 투약할 용도로 약물 처방전을 위조해 1970년대 유죄 판결을 받았다는 것을 아는 사람은 없었다. 시프먼은 당시 상당한 신임을 받는 인물이었다. 심지어 그는 TV 다큐멘터리에 출연해 정신 질환을 앓고 있는 환자들이 지역 사회 내에서 어떻게 돌봄을 받아야 하는지에 대해 조언하기도 했다. 그러나 시프먼은 1970년 중반부터 25년간 담당 환자 대다수에게, 주로 나이 든 여성에게 치사량의 헤로인을 주입하고 이들이 자연사한 것으로 의료기록을 조작했다.

숫자는 어떻게 생각을 바꾸는가

피해자 한 명의 딸이 집요하게 파고든 덕분에 시프먼의 범죄가 발각되었다. 변호사인 앤절라 우드러프(Angela Woodruff)는 모친의 사망 후 뒤처리를 맡았다. 모친의 서류를 살피던 그녀는 유산 상속자로 시프먼을 지정한다는 유언장을 확인하고 큰 충격을 받았다. 유언장이 조작되었음을 확신하고, 모친의 재산을 노린 의사가 살인을 저질렀다는 의심을 하기 시작한 그녀는 경찰에 신고했다. 모친의 시신을 다시 발굴해 사후 부검을 한 결과 사인이 모르핀 과다 투여로 밝혀졌다. 검사 결과 시프먼이 우드러프의 모친을 방문했을 당시 모르핀이 투여된 것으로 드러났다. 경찰이 시프먼의 집을 수색하자 그가 유언장을 위조할 때 썼던, 활자 키 하나가 고장 난 낡은 타자기가 나왔다. 믿을 수 없다는 반응과 경악이 뒤섞인 가운데 경찰은 이내 수많은 죽음이 시프먼과 관련이 있음을 밝혀냈다. 재판이 3개월 가까이 이어지던 2000년 1월, 그는 위조와 15건의 살인 사건으로 유죄 판결을 받았다. 4년 후 웨이크필드 교도소의 감방에서 목을 맨 시프먼을 교도관이 발견했다.

정확한 숫자는 영영 알 수 없겠지만 시프먼은 최소 260명을 살인한 것으로 알려져 있다. 이렇게 많은 살인 사건을 벌이고도 시프먼이 오랫동안 발각되지 않을 수 있었던 이유는 쉽게 유추할 수 있다. 사람들은 자신이 보고 싶은 것만 보는 경향이 있고, 당시 널리 존경받는 가정의가 연쇄 살인마일 것이라 생각하는 사람은 아무도 없었을 테니까. 시프먼은 자신의 행각을 교묘히 숨겼고 의심의 눈초리를 받을 때도 능수능란하게 빠져나갔다.

통계로 살인 사건을 막을 수 있었을까? 수사 공개에 따라 드러난 정황을 미뤄봤을 때 데이터만 있었다면 시프먼의 범죄를 충분히 막을 수 있었을 것이라는 결론이 나왔다. 놀랍게도 시프먼을 잡는 데 쓰였을 통계적 방법은 제2차 세계대전 당시 무기 생산의 질을 통제하기 위해 고안된 방법이었다. 한 번 생산되는 수량 내 결함이 있는 무기의 양이 일반적으로 허용되는 수준을 넘어서는지 차트로 기록했고, 이를 통해 목표 생산량 달성 여부도 확인했다. 의료계에서는 유사한 질환을 겪는 환자 사망률과 해당 질환을 진료한 의사별 환자의 사망자 수를 비교할 때 쓰인다. 이를 초과 사망률(excess mortality)이라고 한다. 초과 사망률은 누적치를 기록한 것으로, 차트상에 나타난 선이 임계치 상한선을 넘을 때 의사에게 어쩌면 무언가 문제가 있을 것이라는 신호가 된다. 이 문턱값은 거짓 경보가 울려 무고한 의사가 조사를 받는 일이 벌어질 위험과 시프먼 같은 의사를 잡아내지 못하는 위험 사이에서 균형을 잡는 역할을 한다. 물론 평균 수준의 초과 사망률에 비해 우연히도 높은 사망률을 내는 의사가 있을 수도 있기 때문에, 단순한 우연의 요소만으로는 이렇듯 높은 초과 사망률이 나올 수 없을 때만 감지되도록 차트를 설계했다.[1] 통계학자인 데이비드 스피겔할터(David Spiegelhalter)와 니키 베스트(Nicky Best)는 이런 차트를 썼더라면, 이론상으로는 시프먼이 구속되기 십수 년 전인 1985년에 그를 잡아서 약 200건의 살인 사건을 방지할 수 있었을 것이라 추정했다.[2] 시프먼의 사건을 비롯해 여러 비극적인 사건으로 인해 오늘날 대다수의 국가에서는 이와 유사한 모니터링 기법을 의료 시스

숫자는 어떻게 생각을 바꾸는가

템에 적용해 개업 의사와 외과 의사, 병원의 진료 행위를 추적하고 있다.[3]

지금껏 숫자가 잘못 쓰이거나 지나치게 강조된 탓에 현실을 왜곡된 시각으로 보게 되는 위험성에 대해 설명하는 데 이 책의 대부분을 할애했다. 하지만 또 다른 위험이 있다. 정확하고 정직한 숫자가 우리에게 무언가 중요한 사실을 제시하지만 우리가 기록하지 못하고 놓치거나, 혹은 무시하거나 외면하는 것이다. 정책 결정부터 사기 행각 적발, 대형 프로젝트 계획, 의학 진단까지 다양한 분야에서 숫자를 무시하는 바람에 큰 위험이 닥칠 수 있다.

다음 장에서는 정확한 숫자를 제대로 보지 못할 때 세상이 사실보다 훨씬 위험해 보일 수 있고, 심지어 우리의 행동이 달라질 수 있으며, 사실 알고 보면 별것 아닌 위험을 피하기 위해 대가를 치르기까지 한다는 것을 확인하게 될 것이다. 우선 이 장에서는 우리가 숫자 안에 담긴 유용한 정보를 취하지 못하는 일이 얼마나 자주 벌어지는지에 대해 다루고자 한다. 앞으로 보게 되겠지만, 새로운 정보를 얻어 우리의 믿음을 수정할 기회가 있을 때 우리는 8장에서 소개한 베이즈 정리의 이상과 아주 다르게 행동하곤 한다. 실제로 우리는 무엇이 확실하다 또는 불가능하다는 시각으로 사전 확률을 1 또는 0으로 둔다. 이렇게 되면 아무리 믿을 만한 정보라 해도 새로운 정보를 통해 우리의 믿음을 바꿀 수 없게 된다.

믿고 싶지 않으니 믿지 않겠다

시프먼이 매년 지속적으로 살인을 계속할 수 있었던 이유는 의사란 결코 의도적으로 환자를 해치지 않을 것이라고 사람들이 생각했기 때문이다. 따라서 아무도 그가 연쇄 살인마라는 사실을 드러낼 통계를 구해보거나 분석하려 들지 않았다. 신뢰성 높은 통계가 제시되어도, 대문짝만 하게 찍힌 숫자가 우리에게 무언가를 행하라고 또는 변화하라고 아무리 소리를 지르며 종용해도 우리의 불신에 가로막히면 조금도 힘을 발휘할 수 없다. 한 번 세상을 바라보는 시각을 정하고 나면 대다수의 사람들은 이에 반하는 정보에는 저항하기 마련이다. 우리가 듣고 싶지 않은 숫자는 무시하려 들고, 어떻게 해서든 반대하거나 왜곡하고 또는 연관성을 지우려 한다.[4] 지구 온난화가 진행되고 있다는 증거와 원인을 받아들이려 하지 않는 사람이 많다. 사실이 아니라는 타당한 근거에도 불구하고 많은 이가 백신이 자폐증을 야기한다거나 핸드폰이 뇌종양을 야기한다는 믿음을 고수한다. 팩트가 주어져도 왜 대다수의 사람들은 생각을 바꾸고 싶어 하지 않는 걸까?

인지 과학자인 프랑스 국립 과학 연구 센터(French National Centre for Scientific Research)의 휴고 메르시에(Hugo Mercier)와 부다페스트에 있는 중앙 유럽 대학교(Central European University)의 댄 스퍼버(Dan Sperber)는 인간의 사고 능력은 진실을 깨닫기 위해 발달한 것이 아니기 때문이라고 설명한다. 사회적 동물로서 우리의 사고는 행동과 결정을 타인에게 정당화하기 위해, 그래서 의사소통과 협력을 높이기 위해 발달했다는 것이다.[5] 논쟁에서 자신의 입장을 옹호할 수 있어야 사회적 그룹 내에서 자신의 권위와 위치를 높일 수 있다. 따라서 자신의 행동을 정당화하는 근거와 주장을 더욱 비중 있게 여기는 동시에 불리한 사실은 별것 아닌 듯 무시할 동기가 있다.

또한 철학자인 바지니는 대다수의 사람에게는 개인의 신념들이 상호적으로 서로를 뒷받침하는 하나의 망이 형성되어 있다고 지적했다. 개인의 책임을 믿는 사람은 어쩌면 낮은 세금, 사회복지의 부재, 범죄 형량 증가, 작은 정부를 지지할 것이다. 타고난 천성보다 후천적 교육을 믿는 사람이라면 높은 교육비 지출과 소득 재분배와 같은 시스템을 지지한다. 만약 이들이 지지하는 것 중 하나에 의심을 품게 된다면 개인의 신념과 가치로 만들어진 네트워크가 느슨해지기 시작한다. 바지니의 주장처럼 "누군가의 진실에 이의를 제기하는 것은 그들의 세상에 이의를 제기하는 것과 같다".[6]

이때 발생하는 현상이 많은 사람이 알고 있는 확증 편향으로, 개인이 자신의 신념에 부합하는 정보를 선택적으로 구하되 자신의 신념이 틀렸다는 것을 드러내는 정보를 찾을 가능성은 무시하는 심리다. 사실은 우리가 믿고 있는 바가 틀렸음에도 우리가 옳다는 정보를 찾을 때면 온몸에 도파민이 치솟는 것과 유사한 상태를 경험하기까지 한다는 증거도 있다.[7]

우리의 신념에 반하는 정보를 맞닥뜨릴 때에는 상반된 심리 현상이 나타난다. 우리의 신념 간에 불일치 또는 모순이 발생할 때 경험하는 불편한 감정을 인지부조화라고 한다. 이 불편함을 완화하기 위한 방책으로 새로운 정보를 회피하거나 외면한다. 이는 우리의 세계관을 새로 형성하는 것보다 쉬운 방법이다. 자신의 정치적 신념에 반하는 주장에 사람들은 특히나 예민하게 반응한다. 소수의 참가자를 대상으로 한 연구이긴 했지만, 뇌 영상 연구를 통해 드러난바, 정치적 이념에 이의를 제기할 때 두뇌에서 개인의 정체성과 부정적 감정에 관련된 영역이 활성화되고, 사람들은 정치관에 대한 도전을 인신공격으로 해석한다는 것이 드러났다.[8]

　개인의 신념을 반박하는 주장이나 증거를 마주할 때 오히려 신념이 더욱 깊어질 뿐 아니라 훨씬 견고해지는 이유가 이 때문인지도 모른다. 심리학자들은 이 현상을 '역화 효과(backfire effect)'라고 부른다. 2005년 미시간 대학교에서 공공정책학 교수인 브렌던 나이한(Brendan Nyhan)과 엑서터 대학교(University of Exeter) 정치학 교수인 제이슨 라이플러(Jason Reifler)가 진행한 실험에서 사람들에게 한 정치인의 잘못된 의견을 보도한 가짜 신문 기사를 전달했다.[9] 가짜 기사에는 2003년 미국의 침공 직전에 이라크가 대량 살상 무기(WMD)를 보유하고 있었다는 내용이 적혀 있었다. 실제로 전쟁이 끝나고도 한참 동안 이렇게 믿는 미국인들이 있었다. 얼마 후 몇몇 참가자에게 이라크가 대량 살상 무기 생산을 계획하고 있거나 보유했다는 증거가 없다는 내용의 신문 기사를 제시하며, 앞서 제공한 가짜 기사를 정정했다. 실험 결과, 앞서 잘못된 기사 속 주장과 동일한 신념을 지닌 사람들은 잘못된 정보를 바로잡고 난 뒤 오히려 이라크가 대량 살

숫자는 어떻게 생각을 바꾸는가

상 무기를 보유했다는 믿음이 더욱 강해졌다.

자신의 신념에 반하는 숫자를 마주할 때 사람들이 채택하는 전략 중 하나는 해당 문제를 제시된 팩트와 무관한 주제로 둔갑시키는 것이다. 한 실험에서는 동성 결혼에 반대하는 사람들에게 동성애 부모 아래서 자란 아이들도 이성 부부의 아이들과 비슷한 성과(직업적 성공, 지능, 범죄성)를 보인다는 가짜 통계 자료를 제시했다. 그러자 참가자들은 동성애는 윤리적 문제에 가까우므로, 이런 데이터는 그리 타당하지 못하다고 대답했다. 동성 결혼을 지지하는 사람들에게는 동성 부모가 자녀들에게 나쁜 영향을 끼친다는 데이터를 보여주자 앞선 그룹과 비슷한 맥락의 주장을 펼쳤다.[10]

신뢰도 높은 정보에 저항하려는 심리 현상은 과학적으로 사고하도록 훈련받은 사람들을 포함해 지식인으로 손꼽히는 사람들 사이에서도 드러났다. 세계에서 가장 명망 높은 과학상을 수상한 사람들이 시달리는 이 현상을 '노벨병(Nobel disease)'이라 한다. 과학적 발견의 정점을 찍은 후 노년에 이른 수상자들 가운데 아무리 강력한 반증이 존재해도 기이한 주장을 믿는 사례가 상당히 많다. 면역학에서 혁신적인 공을 세우고 1913년 노벨 생리의학상을 수상한 샤를 리세(Charles Richet)는 오랜 세월 동안 초자연적인 현상에 빠졌다. 그는 '엑토플라즘(ectoplasm, 영매의 몸에서 나오는 물질-옮긴이)'이라는 단어를 만들었다. 좀 더 최근에는 1993년, 생화학 분야에서 혁신적인 기술을 개발해 노벨 화학상을 수상한 캐리 멀리스(Kary Mullis)는 HIV 바이러스가 에이즈를 일으키는 것이 아니고, 기후 변화가 인간으로 인해 벌어진 일이 아니며, 심지어 캘리포니아의 별장 근처 숲에서 '반짝이는 너구리'를 만났고 너구리가 그에게 "안녕하세요, 박사님"이라고 말을 걸기까지 했다고 주장했다.[11]

볼프강 파울리(Wolfgang Pauli, 1945년 노벨 물리학상 수상자)는 자신이 실험 장비에 가까이 있기만 해도 그것이 고장 난다고 믿었다(파울리 효과라고 불린다). 그 결과 몇몇 동료는 파울리를 자신의 연구실에 들어오지 못하도록 했다. 한번은 장난삼아 동료 물리학자들이 파울리가 방에 들어설 때 샹들리에가 바닥에 떨어지도록 꾸몄다. 하지만 실패했고, 이로써 아이러니하게도 파울리 효과가 사실이라는 점에 더욱 힘이 실렸다. 이외에도 노벨상 수상자들이 지지하는 주장에는 동종요법, 천지창조설, 신비주의, 초자연적인 힘, 감기와 암 치료법으로 비타민C 과다 복용의 효과 등이 있다.

내가 제일 잘 안다니까

정확한 숫자로부터 자신을 지키기 위해 방호벽을 세우면 유익한 조언을 거절하거나, 거절하지는 않더라도 온전히 받아들일 수 없다. 상품의 향후 판매 가능성부터 일반상식 질문에 대한 답까지 다양한 분야에서 숫자로 된 조언을 들을 때, 사람들은 오히려 자신의 의견을 더욱 신뢰하는 경향을 보인다. 이런 성향을 '자기중심적인 조언의 가치 폄하(egocentric advice discounting)'라고 한다.[12] 자신이 어떠한 견해를 갖게 된 근거는 본인인 만큼 잘 알 수 있지만, 조언을 주는 상대

방이 지닌 사고의 근거는 상대적으로 이해하기가 어렵기 때문일 것이다.[13] 또한 우리의 에고는 무조건적으로 타인보다 나 자신의 의견이 더욱 훌륭하다고 여기도록 설계된 탓일 수도 있다.[14] 조언자의 의견에 따라 주가 예측에 관한 의견을 조정하듯, 누군가가 권고한 방향으로 마지못해 궤도를 약간 수정하기도 하지만, 조언이 상당히 정확할 때라면 그저 의견을 약간 수정하는 것만으로는 충분하지 않다.

또한 장기적인 전적으로는 높은 정확성을 기록했다 해도 조언자가 앞서 했던 조언이 틀렸다면 그 즉시 등을 돌리는 사람이 많다.[15] 훌륭한 성적을 보인 축구팀 감독이 단 한 번의 나쁜 결과로 해고를 당하는 것도 같은 맥락이다. 미리 예측할 수 없었던 임의적 요소로 인해 오판을 내린 것이라 해도 조언자는 그 자리에서 즉각 버림을 받을 수 있다. 이렇듯 '성급하게 반응'하는 이유는 정확한 조언보다 나쁜 조언이 훨씬 깊은 인상을 남기기 때문일 것이다. 조언자가 명성을 쌓기까지 오랜 노고를 거쳤겠지만, 한두 번의 부정확한 조언이 치명타가 된다.

최근에는 컴퓨터 알고리즘에서 조언을 얻기도 하는데, 정확성과 관계없이 컴퓨터의 조언은 사람의 조언보다도 신뢰성이 낮다고 인식하는 현상이 나타난다. 튀르키예와 스코틀랜드의 동료들과 함께 진행한 실험에서 우리는 한 그룹에게는 금융 전문가가 작성한 주식 시장 예측안(실제 전문가가 작성한 것이었다)을 제공하고, 다른 그룹에게는 똑같은 예측안을 주며 컴퓨터가 작성한 것이라고 알렸다. 참가자들은 전문가보다 컴퓨터가 예측한 자료의 정확성을 덜 신뢰하는 경향을 보였다.[16] 호주 연구자들이 상품 판매 예측을 주제로 진행한 또 다른 실험에서는 '제공된 (컴퓨터 프로그램을 활용한) 통계적 예측보다 당신의 판단이 18.1퍼센트 정확도가 떨어진다는 점을 인지하길 바랍니다'라는 분명한 메시지가 전달되었음에도 참가자들은 자신의 판단에 따른 예측안을 고수했다.[17]

위의 두 개의 실험에서 나타나는 '알고리즘 혐오(algorithm aversion)' 현상은 인간이 저지르는 실수보다 컴퓨터가 저지르는 판단 착오에 관대하지 못한 심리에서 기인한다.[18] 물론 알고리즘도 때때로 실수를 저지른다. 일반적으로 신뢰도 높은 정보를 주던 내비게이션이 어느 날 출근길에서 8킬로미터 앞의 교통 혼잡을 이유로 다른 길을 알려주는 상황이 생겼다고 가정해보자. 내비게이션이 지시하는 길로 운전했지만 평소보다 30분 늦게 도착한 데다 동료가 훨씬 빠른 길이 있다고 알려줬다. 만약 더 나쁜 대안을 제안한 것이 내비게이션이 아니라 당신이 판단해서 선택했다면 어떨 것 같은가. 연구에 따르면 이런 상황에서 우리는 내비게이션에 훨씬 야박한 평가를 내리게 된다고 한다. 따라서 대부분의 사람이 컴퓨터 알고리즘이 드물게 한 번씩 실수를 하는 것에 훨씬 민감하게 반응하고 차라리 자신의 판단에 의지하려고 든다. 하지만 알고리즘의 조언이 보통 훨씬 믿을 만한 상황에서는 알고리즘에 대한 혐오가 그 대가를 치르게 된다.

숫자 말고 이야기로 해주세요

알고리즘이 산출하는 수치를 포함해 숫자는 이와 완전히 상반된 현실을 보여주는 이야기와 경쟁을 해야 할 때가 있는데, 보통 이런 상황에서는 이야기가 숫자를 이긴다. 한 기업의 판매 예측 회의에 참석했던 나는 주력 상품의 지난 몇 달간 매출이 큰 변동 없이 일직선을 그리고 있는 그래프를 마주했다. 하지만 최근 한 달간 판매량이 껑충 뛰어올랐다. 기업에서 사용 중인 판매 예측 알고리즘은 매출 증가 현상을 어느 세일즈 그래프상에나 나타나는 임의적 변동쯤으로 치부했다. 알고리즘은 앞으로도 비슷한 수준의 매출이 지속될 것으로 예측했다. 하지만 회의에 참여한 매니저들은 알고리즘의 예측을 그리 신뢰하는 듯 보이지 않았다.

회의 참석자 중 가장 높은 직급의 임원이 "새로 들어온 MBA 출신 세일즈 매니저가 벌써부터 대단한 실력을 보이고 있군요"라고 말하며 만족스러운 듯 손바닥을 비볐다. 마침 해당 매니저가 회의에 참석하지 않았던 터라 그가 쑥스럽게 얼굴을 붉히는 모습을 볼 일은 없었다.

"면접 때도 에너지와 아이디어가 좋아 제게 큰 인상을 남겼어요." 다른 매니저가 한마디를 거들었다. "잘 뽑은 것 같습니다!"

"동의합니다. 얼마 되지 않았지만 고객들과 관계도 좋더군요." 누군가 덧붙였다.

점차 그래프상 갑작스런 상승세의 원인을 설명하는 쪽으로 이야기가 전개되었다. 겨우 한 달 매출에 큰 의미를 부여해서는 안 된다고 지적하는 사람이 아무도 없었다. 매니저들은 벌써부터 축배를 들고 있었고, 알고리즘의 보수적인 예측 따위는 안중에도 없었다.

이야기는 우리가 세상을 이해하기 위해 필요한 수단으로, 스토리 텔링이란 행위는 아마도 3만 년에서 10만 년 전부터 시작된 것으로 알려져 있다.[19] 이야기는 동기를 설명해주고, 맥락을 제공하며, 추상적인 평균의 누군가가 아니라 실체가 있는 진짜 사람들을 반영한다. 이런 특성으로 인해 이야기는 맥락 없이 제시되는 통계 수치보다 사람들의 관심을 더욱 사로잡는다. 수학자 존 앨런 파울로스(John Allen Paulos)는 "이야기가 주어질 때 사람들은 불신을 유예하고, 숫자가 주어질 때 사람들은 신뢰를 유예한다"고 지적했다.[20] 뿐만 아니라 이야기가 기억하기에도 쉽다.

역설적이게도 이야기가 지닌 문제점은 온전히 인간의 풍부한 창의성에서 비롯된 것이다. 몇 개의 사실이 제시되었을 때 판매 예측 회의 자리에서 매니저들이 보인 행동처럼, 우리는 각 사실 간의 연결고리가 되어 줄 이유를 만드는 데 굉장한 자질을 보인다. 우리는 설명이 부재한 공백을 견디지 못한다. 라틴 시인인 베르질리우스(Virgil)는 "펠릭스 퀴 포튀트 레룸 코그노스케레 카우사스(Felix qui potuit rerum cognoscere causas), 대략 번역을 하자면 "원인을 알 수 있는 자는 복되도다"라는 유명한 글을 남겼다. 한 가지 위험은 만들어진 이야기가 너무도 그럴듯할 때는 우리가 듣고 관찰하는 일들에 대한 유일한 해석처럼 보인다는 점이다.[21] 작가이자 학자인 탈레브가 서사 오류

숫자는 어떻게 생각을 바꾸는가

(narrative fallacy)라고 일컫는 현상이다. 이로 인해 진실에서 한참 빗나갔음에도 어떠한 사실의 원리를 완벽하게 이해했다는 착각에 빠질 수 있다. 탈레브가 적었듯 "통계는 눈에 보이지 않지만 이야기는 극명하게 눈에 띈다".[22]

통계의 희생자들

1987년 10월 세계의 이목이 텍사스주 미들랜드의 한 가정집 뒷마당에 쏠렸다. CNN은 생방송으로 현장 상황을 시시각각 보도했다. 당시 미국 대통령이었던 로널드 레이건(Ronald Reagan) 또한 진행 상황을 유심히 지켜봤다. 18개월 여아인 제시카 맥클루어(Jessica McClure)가 엄마가 전화 받느라 한눈을 판 사이 이모 집 뒤뜰의 빈 우물로 떨어지는 사고가 벌어졌다. 6미터 깊이에 폭이 약 20센티미터밖에 되지 않는 단단한 암석에 둘러싸인 아이의 생사가 위태로워 보였다. 아이를 꺼내려고 정신없이 구조 활동을 펼쳤지만 첫 번째 시도는 실패로 돌아갔다. 구조가 계속되는 가운데 전 세계의 사람들이 맥클루어 가족에게 약 80만 달러 가치의 꽃과 선물, 기부금을 보냈다.

추락한 지 56시간 만에 '우리 모두의 아이'로 불리던 맥클루어가 우물에서 무사히 구조되었다. 잰 존슨 시츠(Jan Joneson Sheets)가 그린 〈인간 정신력의 승리(Triumph of the Human Spirit)〉라는 작품에는 먹구름 사이로 햇볕이 비추고 기뻐하는 구조자들이 아이를 높이 들어 올리는 모습이 담겨 있다.

이후 맥클루어는 오랜 치료를 받아야 했고 상해로 인해 평생 고통 받는 처지가 되었으나 잘 자라 가정을 꾸리기까지 했다. 맥클루어가 스물다섯 살이 되어야 그간 받았던 기부금의 상당 부분이 보관되어 있는 신탁 자금을 쓸 수 있었다. 안타깝게도 2008년 금융 위기 충격으로 신탁 자금이 사라졌지만, 이미 맥클루어는 그간의 기부금을 통해 집을 마련한 상태였다.[23]

맥클루어의 이야기는 인간의 인내심과 공감, 관용을 보여주는 가슴 따뜻한 사례였다. 하지만 빈곤 퇴치 운동에 앞장서 있는 피터 싱어(Peter Singer)는 전 세계가 맥클루어의 구출을 기다리고 바라던 이틀하고도 반나절 동안, 충분히 예방 가능했던 빈곤과 관련된 문제로 약 6만 7,500여 명의 아이들이 사망했다고 지적했다.[24] 연구진들이 수차례 밝혔듯 사람들은 똑같은 시련을 겪고 있는 익명의 다수보다 이름과 나이, 사진 등의 개인 신상이 제공된 한 명의 피해자에게 기부하려는 심리가 훨씬 강하다.[25]

건조하고 추상적인 통계는 감정적 동요를 자아내지 못하지만, 도움이 필요한 한 개인의 이야기는 사람들을 움직이게 만드는 힘이 있다. 전쟁 중이던 1943년 테헤란 회담(Teheran Conference)에서 이오시프 스탈린(Iosif Stalin)을 만난 윈스턴 처칠(Winston Churchill)은 프랑스의 제2전선 구축을 반대한 것으로 알려져 있다. 처칠은 서유럽에 군대를 보내면 연합군의 피해가 너무 클 것을 우려했다. 소비에트의 독재자는 이렇게 대답한 것으로 전해진다. "한 명이 죽으면 비극이지만 수천 명이 죽으면 통계입니다." 테레사 수녀(Mother Theresa) 역시

숫자는 어떻게 생각을 바꾸는가

이렇게 말했다. "제가 다수를 본다면 결코 실천에 옮기지 못할 겁니다. 단 한 명만 보기 때문에 행동할 수 있습니다."

오리건 대학교의 심리학자인 폴 슬로빅(Paul Slovic)은 원조가 필요한 개인의 이야기에는 감정적으로 동요하면서 거대한 재해로 인해 피해자가 된 다수의 통계 수치에는 인색한 이유에 대해 연구했다.[26] 그는 두 가지 심리 작용이 나타나는 것을 발견했다. 첫째로 빛과 같은 자극이 점점 강해질 때 우리는 초기에 벌어지는 변화에 더욱 민감한 것으로 드러났다. 암흑에서 어슴푸레해지는 변화가 이미 밝은 빛이 더욱 밝아지는 것보다 더욱 강하게 인식된다는 것이다. 이런 현상은 무게, 소음 심지어 돈의 가치에도 적용된다. 양이 더해질수록 우리는 그 변화를 덜 민감하게 인식한다. 같은 맥락으로, 재난의 피해자가 늘어날수록 추가로 늘어난 피해자 한 명의 가치가 감소한다. 슬로빅은 이 현상을 정신물리적 무감각(psychophysical numbing)이라고 일컬었다. 즉 구조자가 98명에서 99명으로 늘어나는 것보다 0에서 한 명이 발생할 때 더욱 중요하게 인식한다는 의미다.

또한 우리는 재난에서 구조된 실제 인명 숫자보다 퍼센트에 더욱 큰 관심을 기울이는 경향을 보인다. 이런 성향으로 특이한 결과가 나오기도 한다. 슬로빅과 동료들이 함께 진행한 실험에서 대학생을 임의로 두 그룹으로 나눴다.[27] 한 그룹의 참가자들에게는 위험에 빠진 150여 명의 승객을 구하는 공항 안전 정책에 대해 얼마나 지지하는지를 0에서 20 사이로 평가해 달라 요청했다. 두 번째 그룹은 위험에 빠진 150명 가운데 98퍼센트(계산하면 147명이었다)를 구할 수 있는 정책에 대해 평가했다. 숫자상으로는 더 적은 인명을 구하는 것이었지만 두 번째 그룹이 정책을 지지하는 정도가 훨씬 높았다. 150명의 인명을 구조하는 것은 실제로 체감하고 평가하기 어려운 추상적인 현상에 가까웠지만, 98퍼센트 구조는 성취할 수 있는 최고치에 가까운 수치로써 상당히 좋게 느껴진 탓이었다. 심지어 150명 중에 84퍼센트(128명)를 구조하는 정책이 150명을 구조하는 정책보다 높은 평가를 받았다.

하지만 슬로빅에 따르면 문제는 이게 다가 아니다. 이미지와 이야기는 숫자보다 우리의 정서에 훨씬 강력한 영향력을 미치고 피해자와 나를 동일시하고 동정하게 만든다. 이 과정에서 뒤따르는 감정들, 즉 공감, 동정, 연민, 슬픔, 안타까움, 아픔은 타인에게 도움의 손길을 내밀게 만드는 강력한 동기 요인이다.

2019년 중앙아메리카 출신의 6,000명이 넘는 이민자 행렬이 안식처를 꿈꾸며 미국 멕시코 국경 앞에 모여들었다. 이에 트럼프 대통령은 '범죄자와 신원미상의 중동인'이 포함된 위험 인물들의 '침략'이 임박한 비상사태로 규정하고 국가를 보호하기 위해 병력을 배치했다. 가슴 아픈 이야기였지만 TV 뉴스 프로그램의 화면이 전환되며 다른 소식이 등장하자 이내 내 관심도 흐려졌다. 이후 〈타임〉지에서 아내 그리고 아홉 살, 열한 살, 열두 살의 세 아이와 함께 과테말라에서 도망쳐 나온 칸디도 칼데론(Cándido Calderón)의 이야기를 접했다. 갱단 조직원은 1,200달러가량의 돈을 내지 않으면 칼데론의 아이들을 죽이겠다고 협박했는데, 이는 좌판에서 주스를 파는 칼데론 가족

이 반년 동안 버는 돈에 맞먹는 금액이었다. 이 가족이 처한 끔찍한 현실이 쉽게 잊히지가 않았다.[28]

숫자가 냉정하고 추상적으로 느껴질 때 예술은 세상을 향한 우리의 인식을 변화시키는 힘을 발휘한다. 1916년 7월 1일은 제1차 세계대전 중 가혹했던 솜 전투가 시작된 날로, 1만 9,240명의 코먼웰스 병사들이 목숨을 잃었다. 너무 큰 숫자라 감히 가늠조차 안 될 정도이지만, 서머싯의 예술가인 롭 허드(Rob Heard)는 사망자 수가 실제로 어느 정도인지 궁금해졌다. 수치를 '형상화'하고 싶었던 그는 전투에서 사망한 병사들을 30센티미터 크기의 모형으로 제작해 천을 감쌌다. 저마다 몸을 구부린 모양새가 전부 다른 모형들은 "한 사람 한 사람을 대표하는 만큼 다리를 접고 있거나 몸을 쭉 펴고 있는 등 각기 다른 모습으로 제작되었다".[29] 넓은 잔디밭에 열을 맞춰 나란히 누워 있는 모형들은 참혹했던 그날의 전투에서 사망한 사람이 얼마나 많았는지 한눈에 보여줬다. 이후로도 프로젝트를 계속 이어온 그는 솜 전투에서 시신을 찾지 못한 영국 병사와 남아프리카 보병대 전사자 7만 2,396명의 모형을 완성했다.

사람의 마음을 가장 동요하게 만드는 이미지 중 하나는 인간의 얼굴이지만, 슬로빅의 주장처럼 고통에 빠진 동물의 얼굴 역시 연민 또는 시위의 물결을 불러일으킨다. 2001년 영국에서 벌어진 구제역 파동 당시 병의 확산을 근절하기 위해 수백만의 동물이 도살당했다. 구제역 발생이 감소 추세에 접어든 후에도 그리고 동물 권리 운동가들의 반대 운동에도 불구하고 도살은 계속되었다. 하지만 그때 피닉스

(Phoenix)가 나타났다. 한 신문에서 '성스럽게 잉태되어 (인공수정으로 수태되어) 천사처럼 순수한 생명체'라고 묘사한 생후 10일 된 귀여운 송아지 피닉스는 어미 소를 포함해 농장의 다른 송아지들이 모두 도살된 가운데 홀로 기적적으로 살아남았다. 구제역 바이러스에 감염되지 않은 건강한 송아지였지만 농림수산식품부(Ministry of Agriculture, Fisheries and Food) 측은 피닉스 또한 도살 대상이라고 단호하게 발표했다.[30] 마침 사진작가가 농장에 도착해 새카만 헛간에서 호기심 어린 눈으로 바깥을 내다보는 새하얀 송아지를 귀여운 동물 인형처럼 포착해 사진을 찍은 것이 피닉스에게는 호재였다. 이 사진이 곧 언론에 소개되었고 이내 피닉스 구호 운동이 전역으로 퍼졌다. 총선이 다가오던 시기를 맞아 집권당이던 노동당은 피닉스를 도살하는 것이 재선에 악영향을 끼칠 것이라는 판단하에 대량 도살 정책을 뒤집었고, 이후 한 타블로이드 신문에는 독자들에게 경고하는 기사가 실렸다. '노동당에 한 표를, 그렇지 않으면 송아지가 죽음을 면치 못한다!'

역경에 빠진 동물이 언론에 소개된 후 대중의 마음을 움직였던 사례는 이뿐이 아니다. 2002년, 화재 후 유조선에 홀로 남아 북태평양에 표류 중이던 포지아(Forgea)란 이름의 개를 구조하기 위해 6만 1,000파운드가 들었다. 2005년 네덜란드에서는 도미노 신기록 쌓기 세계 신기록 작성 중에 건물 안으로 날아든 참새를 총으로 쏜 일이 벌어진 후 대중의 격렬한 항의가 이어졌다. 참새가 도미노 몇 개 위에 내려앉은 바람에 2만 3,000개의 도미노가 쓰러졌다. 참새를 기리기 위해 개설된 웹사이트로 전 세계 사람들이 몰려와 조의를 표했다.

현재 박제된 참새는 로테르담에 있는 자연사 박물관(National History Museum)의 빨간색 도미노 위에 당당하게 서 있다.

감정을 자극하는 이야기와 이미지가 통계와 함께 제시될 때는 어떤 일이 벌어질까? 숫자는 정서적 반응을 약화시켜 사람들의 동정심을 반감시키기만 하는 것으로 드러났다. 펜실베이니아 대학교의 마케팅과 심리학 교수인 데보라 스몰(Deborah Small)은 세이브더칠드런 펀드(Save the Children Fund)에 기부금을 내는 실험을 진행했다.[31] 첫 번째 그룹에게는 로키아(Rokia)의 사진과 함께 아프리카 말리에서 절대적인 빈곤과 극심한 기아로 고통받는 일곱 살 여자아이라는 소개 글을 제시했다. 두 번째 그룹에는 '말라위의 식량 부족 문제로 300만 명 이상의 아이들이 고통받고 있습니다'라는 통계 자료만 전달했다. 세 번째 그룹은 로키아의 사진과 현재 로키아가 처한 상황을 설명한 글, 그리고 통계 자료까지 모두 제공했다. 예상했던 것처럼 통계 자료만 주어진 그룹의 기부금이 사진과 소개 글이 전달된 첫 번째 그룹의 절반에도 미치지 못했다. 하지만 놀랍게도 로키아의 사진과 묘사, 통계 자료가 함께 제시되자 기부금이 40퍼센트 가까이 삭감되었다. 통계 자료로 인해 사람들이 선택을 내릴 때 감정에 덜 지배당하는 것 같았다. 하지만 여기서 더 나아가 통계 자료가 분석적 사고를 자극했고 그로 인해 참가자들이 기부금을 낮춘 것으로 드러났다. 예를 들어 참가자들은 대규모의 비극을 확인한 뒤 자신의 보잘것없는 기부금이 상황을 개선하는 데 별 도움이 될 것 같지 않다는 이성적인 판단을 했을 수도 있다.

나는 예외니까

라이언(가명)은 오래전부터 성공적인 사업가를 꿈꿨다. 이미 그는 일요일마다 중고 매매 시장을 돌며 물건을 사서 이베이(eBay)와 같은 온라인 경매 사이트에 되팔아 상당한 마진을 남기는 식으로 소소한 성공을 경험하고 있었다. BBC의 장수 프로그램인 〈어프렌티스(The Apprentice)〉의 프로듀서에게 2차 선발전에 진출하게 되었다는 메시지를 받았을 때 그는 선택을 해야 했다. 선발전은 런던에서 치러질 예정이었다. 그는 호주의 웨스턴 오스트레일리아의 외딴 마을에 있는 작은 호텔에서 아침 식사를 서빙하고 방을 청소하는 일을 하고 있었다. 값비싼 비용을 들여 영국까지 약 1만 4,000킬로미터의 거리를 다녀올 만한 가치가 있을까? 라이언은 망설이지 않았다. 짜릿하고도 창의력 넘치는 온갖 생각으로 머리가 바빠졌다. 쇼에서 우승할 수 있는 기회는 물론 영국에서 가장 유명하고도 가장 성공한 사업가 중 한 명이자 프로그램에서 신랄한 평가로 유명한 스타인 슈거 경(Lord Sugar)과 함께 비즈니스를 할 기회를 결코 놓칠 수 없었다. 라이언은 돈을 빌려 히드로 공항으로 향하는 비행기 표를 예약했다.

하지만 선발 과정에 대해 라이언이 몇 가지 미처 몰랐던 점이 있었다. 그가 불쾌함을 유발하는 캐릭터를 수행해야 한다는 것이었다. 이는 지원자들에게 주어진 사업 과제에서 좋은 성과를 내는 것 못지않게 중요한 임무였다. 프로그램 제작자들은 팀이 2등을 했을 때 참가자들에게 화를 내며 소리 지르고 따지는, 시끄럽고 오만한 캐릭터를

　　　　　　　숫자는 어떻게 생각을 바꾸는가

원했다.[32] 그래야 좋은 프로그램이 나온다. 라이언은 비즈니스 감각으로 심사위원에게 좋은 인상을 남기는 데만 신경을 쓰는 실수를 저지르고 말았다.

한편 퍼스 공항으로 되돌아가는 비행기 표를 예약하기 전에 라이언이 한 가지 고려했어야 할 일이 있었다. 선발전을 목표로 한 지원자가 수백 명에 이른다는 것이었다. 결국 방송에 출연하게 되는 사람은 열여섯 명이고, 이 가운데 단 한 명만이 승자가 된다. 그에게 상당히 불리한 조건이었다. 결국 시차와 빚에 시달리고 이제 직장도 잃은 라이언은 실망한 채로 선발전이 열렸던 도시를 떠나야 했다.

라이언이 고려하지 못했던 것은 심리학자들이 기저율(base rate), 즉 다른 모든 조건이 동일할 때 그가 쇼에 선발되어 우승까지 가게 될 확률이었다. 만약 500명의 지원자가 선발전까지 살아남았다고 가정하면, 라이언이 프로그램에 나올 확률은 3.2퍼센트밖에 안 되고 우승할 확률은 겨우 0.2퍼센트다. 물론 낙관적 태도를 나무라선 안 된다. 희박한 가능성을 뚫고 훌륭한 일을 해낸 사람들이 실제로 많다. 어떤 사업을 시작할지 결정에 앞서 그저 성공할 수 있는 통계적 확률만 고려했다면, 현재 대단한 성공을 거두고 있는 수많은 비즈니스가 그저 계획에만 그치고 말았을 것이다. 그럼에도 불구하고 우리가 처한 위험을 인지해야 현명한 판단을 내리고 무언가 잘못될 상황을 대비해 사전 대책을 강구해둘 수 있다. 그렇다면 왜 사람들은 기저율에 대해 그리 중요하게 생각하지 않는 걸까?

한 가지 이유는 앞서 확인했듯이, 우리는 차가운 통계보다 다채로운 이야기와 일화에 더욱 끌리기 때문이다. 하지만 한 가지가 더 있다. 사람은 한 걸음 물러나 나와 비슷한 사람들이 어떻게 하고 있는지 넓은 시각으로 살피기보다는 자기 자신에게 해당하는 특정 사항에만 좁게 집중하는 경향이 있다. 라이언은 장차 성공한 사업가로서 필요한 자질을 자신이 갖췄다는 생각에 빠져들었다. 그러다 보니 방송 무대까지 진출할 가능성이 크다는 확신이 생겼을 것이다. 이를 심리학자들은 '내부 관점(inside view)'이라고 한다. '외부 관점(outside view)'으로 봤다면 그와 비슷한 처지의 선택받지 못한 수백 명이 있다는 것을 깨달았을 것이다.

자신과 관련한 정보에만 집중하기 때문에 내부 관점으로 볼 때면 스스로가 남들과는 다른 예외처럼 느껴진다. 미국에서는 세 번째 재혼인 커플의 이혼률은 70퍼센트에서 73퍼센트에 이르지만,[33] 2013년 인구 조사에 따르면 최소 결혼을 세 번 이상 한 9백만 명에게는 이 데이터가 하등 중요하지 않았다. 런던에서는 2013년 시작한 사업체 가운데 3년 이상 유지된 사업체는 절반뿐이었으나 새로운 사업은 계속해서 탄생하고 있다.[34] 인시아드(INSEAD) 경영대학원의 회계학 교수인 개빈 캐서(Gavin Cassar)는 기업인의 낙천주의가 역설적이게도 상세한 재무 계획을 세울 때 생겨나는 것을 발견했다. 그 결과 자신의 벤처가 지닌 특성과 세부 사항에만 집중해서 큰 난관 없이 성공할 수 있다는 묘한 믿음이 피어나는, 즉 재무 활동이 내부 관점을 일깨우는 현상이 발견되었다.[35]

내부 관점으로 인한 손실은 홀리루드의 스코틀랜드 의회(Scottish

Parliament), 시드니 오페라 하우스, 채널 터널(Channel Tunnel), 험버 브리지(Humber Bridge), 콩코드(Concorde), 영국 국립 도서관, 1976년 몬트리올 하계 올림픽, 런던 주빌리 라인(Jubilee Line) 연장 사업 등 규모가 큰 프로젝트에서 더욱 두드러지게 나타난다. 위의 사례 모두 건설 비용이 처음 예상안보다 막대하게 초과한 경우다. 한 예로 스코틀랜드 의회를 짓는 데 드는 비용이 4,000만 파운드로 책정되었으나, 완공에 이를 즈음에는 4억 1,400만 파운드로 훌쩍 높아진 금액이 찍혀 있었다. 이와 비슷한 사례로 시드니 오페라 하우스 또한 예산의 열네 배를 초과했다. 계획 당시 담당자들이 해당 프로젝트를 별개로 여기고 유사한 프로젝트에 들였던 비용과 예산안을 비교하지 못했던 것이 문제였다. 옥스퍼드의 새드 경영대학원의 경제 지리학자 벤트 플루비야(Bent Flyvbjerg)는 이렇게 설명했다. "대형 프로젝트 설계자들은 관련된 프로젝트에 대한 통계 자료를 수집해야 한다는 생각을 거의 하지 못한다. 지하철을 놓는 것과 오페라 하우스를 건설하는 일을 완전히 다른 두 개의 프로젝트로 생각하고 서로 간에 도움이 될 것이 거의 없다고 여긴다. 사실 이 두 가지 프로젝트는 통계학적 관점에서 상당히 유사한데, 가령 비용 초과의 규모만 봐도 그렇다."[36]

우리는 방탄이니까, 숫자 따위는 필요 없지

더럼 대학교(Durham University)의 심리학자 마리오 위크(Mario Weick)와 유니버시티 칼리지 런던(University College London)의 애나 귀노트

(Ana Guinote)에 따르면 타인과 자원에 영향력을 행사하고 통제할 권한이 있을 때 기저율을 간과하는 경향이 심화된다고 한다. 권력이 있는 사람들은 그렇지 않은 사람들에 비해 상대적으로 외적 환경이나 제약을 덜 받고 자신이 하고 싶은 일을 하는 삶을 누린다. 그 때문에 자신이 보기에 목표를 달성하는 데 핵심적이라 여기는 요소에만 집중하고, 스스로 난관을 극복할 수 있다는 자신감이 높은 편이다. 잠재적 위협과 같은 외부적 요소에 관한 정보는 뒷전으로 밀어내며, 다른 일들이 어떤 결과를 맺었는지를 보여주는 통계 자료는 이들에게는 지엽적이고 무관한 일처럼 느껴진다.[37]

권력 또는 권력의 허상이 영향력을 발휘하는 가장 좋은 사례로는 집단 사고(1장 참고)만한 것이 없다. 예일 대학교의 심리학자인 어빙 제니스(Irving Janis)가 처음으로 소개한 집단 사고라는 개념은 주로 스트레스와 압박이 심한 상황에서 사람들이 모여 중요한 의사 결정을 할 때 벌어진다.[38] 함께 오랫동안 일해서 친분이 쌓인 동료들이 모일 때처럼, 집단 내 응집력이 높고 고압적인 리더가 있을 때 다양한 선택지를 논하는 토론이 불가능해진다. 집단 구성원은 누구도 파란을 일으키고 싶어 하지 않는다. 또한 화합을 유지하기 위해 가장 지배적인 관점을 따라야 한다는 압박을 느낀다. 구성원들이 현재 가장 우세한 주장을 뒷받침하는 의견을 한마디씩 덧붙일수록 집단 내 지나친 낙관주의와 더불어 극단적인 위험도 감수하겠다는 의지가 형성된다. 이런 환경에서는 집단의 결정에 반하는 추가적 정보를 찾을 동기가 부재하고, 조금이라도 상충하는 증거에 대해서는 무시하거나 모른

숫자는 어떻게 생각을 바꾸는가

척하기 마련이다.

제니스의 초기 연구에서 1961년 쿠바 망명자로 형성된 군대를 도와 피그스만 침공을 계획한 케네디 정부의 불운한 의사 결정 과정에 집단 사고가 있었다는 정황이 드러났다. 반대 의견과 위험성에 대한 증거는 케네디를 중심으로 긴밀한 관계를 유지하는 인사들에 의해 묵살당했고, 집단 내 고위 관계자들은 우려하는 바를 겉으로 드러내지 않았다. 그 결과 쿠바 군사력의 실체에 대한 신뢰도 높은 정보를 모으는 데 실패했다. 쿠바 침공을 지지하는 사람들이 하는 말만 믿고, 공격이 시작되면 쿠바 국민들이 피델 카스트로(Fidel Castro)의 공산주의 정권에 맞서 일어날 것이라 확신한 케네디 정부는 공중 엄호와 침략군을 충분히 지원하지 않았다. 사흘 만에 카스트로를 몰아내려는 시도는 실패로 돌아가고 1,200명의 침략군이 억류되었다. 참담한 실패 후 존 F. 케네디(John F. Kennedy)는 "어떻게 이렇게 멍청했을 수가 있지?"자문했다. 케네디 혼자서 결정한 일이 아니었다는 말이 별 위로는 되지 않았을 것이다.

이후로도 집단 사고의 파괴적 영향력이 드러난 사례는 수없이 많았다.[39] 1986년 1월 우주 왕복선인 챌린저(Challenger)호 발사를 강행했던 NASA의 비극적 선택, 1990년 지방 정부의 재산세를 인두세(일정 연령 이상의 주민 한 사람당 일률적으로 부과되는 세금-옮긴이)로 바꾼 마거릿 대처(Margaret Thatcher)의 고집, 2002년 스위스에어(Swissair)의 파산, 2000년대 초반 막스앤드스펜서(Marks and Spencer) 임원진의 잘못된 결정, 2003년 영국의 이라크전 참전을 결정한 토니 블레어

(Tony Blair)의 오판 등이 있다.

　정확한 숫자 정보를 무시하거나 그 정보를 취하지 못한다면 아주 위험한 상황이 벌어진다. 폭넓은 정보 없이 편협한 편견에 사로잡힌 집단이 탄생할 수도 있다. 비극적인 상황에서 개인의 의견이 억눌릴 수도 있다. 경솔한 결정과 참담한 결과를 가져올 수 있다. 무슨 일이 벌어지고 있는지도 모른 채로 극단적인 위험에 노출될 수도 있다.

　숫자를 향해 벽을 세우면 아무것도 모르고 부당한 위험에 처할 뿐 아니라 타인에게 지나치게 위험을 회피해야 한다는 잘못된 인식을 심어 줄 수도 있다. 다음 장에서는 어느 측면으로 보나 역사상 가장 안전한 세상을 누리고 있음에도 서구 사회에 여전히 만연해 있는 불안에 대해 살펴볼 예정이다.

Something Doesn't Add Up

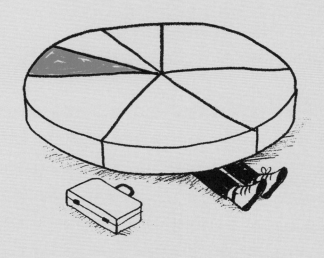

10장

안전을 말하는 숫자들

불안한 시기

어떤 사건은 너무나도 충격적인 나머지 그 소식을 들었을 당시 우리가 어디서, 무엇을 하고 있었는지 생생하게 떠올릴 수 있을 정도다. 50년도 넘은 지금까지도 '당신의 퀴즈 재판관'이었던 대스타 마이클 마일스(Michael Miles)가 진행하는 ITV 금요일 퀴즈 프로그램 〈테이크 유어픽(Take your pick)〉을 시청하던 기억, 1등 경품이었던 번쩍이는 60년대 초기 모델 자동차까지 또렷하게 기억난다. 그때 케네디 대통령이 댈러스에서 총격을 받았다는 충격적인 속보가 나왔다. 당시 수증기 가득한 주방에서 일주일치 빨래를 꺼내 건조기로 옮기던 어머니에게 한걸음에 달려가 소식을 알렸다. 〈테이크유어픽〉이 다시 화면에 나왔지만, 30분 후 방영 예정이었던 의학 드라마 〈이머전시 워드 텐(Emergency Ward Ten)〉은 방송되지 않았다. 케네디 대통령이 사망했다는 보도가 이어졌다. 그 어린 나이에도 두려움 속에 떨었다. 세계를 받치고 있던 거대하고도 튼튼한 구조물이 한순간에 약해진 것만 같았다. 저기 어딘가에서 실체를 알 수 없는 위협이 도사리고

숫자는 어떻게 생각을 바꾸는가

있다는 것을 느낄 수 있었다.

그로부터 거의 40년 후, 그날과 비슷한 느낌을 받은 일이 있었다. 어느 평범한 오후 교체용 타이어를 사서 돌아온 나는 커피를 한잔 마시며 TV를 켰다. '재난 영화를 할 시간은 아닌데' 하는 생각이 들었다. 멀리서 잡힌 고층 건물에서 연기가 피어올랐고, 그 장면을 지켜보는 사람들의 경악과 공포에 휩싸인 목소리도 들렸다. 이내 지금 보고 있는 것이 뉴스 특보라는 것을 깨달았다. 영화가 아니라 현실이었다. 여객기 두 대가 계획적으로 뉴욕 세계 무역 센터 쌍둥이 빌딩에 충돌한 것이었다. 9·11 테러 사건이었다.

처음으로 텔스타(Telstar) 위성이 케네디 대통령의 장례식을 담은 저해상 흑백 영상을 대서양 너머로 전송했던 이래로 2001년의 TV 기술은 눈부신 발전을 거듭했다. 당시 위성으로 암살 장면이 뒤늦게 영국으로 전송되자 작가인 앤서니 버지스(Anthony Burgess)는 이런 글을 남겼다.[1] "모든 것을 직접 목격했다. 공정한 눈으로 살인 사건을 지켜봤다. 이제부터 내 거실 난로 앞 양탄자에는 죽은 이의 흔적이 내내 자리하고 있을 것이다." 그리고 이제 내 거실 한편에는 끔찍하고도 예측할 수 없는 방향으로 흘러가는 불행이 생생하게 컬러로 재현되고 있었다. 바깥에는 늦여름 산들바람에 나무들이 부드럽게 흔들렸다. 4,800킬로미터 넘게 떨어져 있었지만 집 안에는 불바다가 펼쳐져 있었다. TV를 끄는 것도, 생생하게 펼쳐지고 있는 끔찍한 장면을 머리에서 떨치는 것도 불가능했다.

이런 비극적인 사건이 집으로 곧장 전송되는 시대에서 많은 사람이 세상을 무시무시한 곳으로 인식하는 것은 어쩌면 당연한 일인지도 모른다. 9·11사건 이후 20년 가까이 지났지만 미국은 여전히 불안으로 인해 분열되어 있다.[2] 이민자에 대한 두려움, 경제 붕괴와 실업에 대한 두려움, 러시아에 대한 두려움, 테러리즘에 대한 두려움 등 셀 수 없이 많은 두려움이 트럼프를 백악관에 앉힌 힘이었다. 하지만 오늘날 불안의 시대를 사는 것은 비단 미국인들만이 아니다. 2018년 말, 본에 위치한 독일 역사 박물관에서 열린 '두려움: 독일인의 심리 상태인가?'라는 주제의 전시회를 통해 독일의 불안이 여실히 드러났다. 영국의 경우 정신 건강 재단(Mental Health Foundation) 주최로 2009년 2,000명의 성인을 대상으로 진행한 설문 조사에서 세상이 1999년에 비해 더욱 두려워졌다고 생각하는 사람이 77퍼센트에 이르렀다. IT 기업인 유니시스(Unisys)에서는 미국, 영국, 호주, 필리핀, 아르헨티나 등 13개국에서 진행한 설문 조사를 바탕으로 세계 공포 지수[global fear index, 공식 명칭은 유니시스 보안 지수(Unisys Security Index)]를 개발했다. 국가적, 개인적 안전에 따른 우려 정도를 반영한 이 지수는 2014년에서 2017년 사이에 20퍼센트나 상승해 2007년 처음 개발된 이후 사상 최고점을 기록했다.

그럼에도 숫자는 과거 그 어느 때보다 지금이 가장 안전하다고 말하고 있다. 하버드 대학교의 심리학자 스티븐 핑커(Steven Pinker)는 "아마 지금이 인간 역사상 가장 평온한 시기일 것이다"라고 지적했다.[3] 1980년 말 냉전이 종식된 이후로 무력 충돌은 40퍼센트 감소했다.[4] 미국에서는 1990년대 이후 폭력 범죄가 70퍼센트 줄었다.[5] 영

숫자는 어떻게 생각을 바꾸는가

국과 웨일스 범죄 실태 조사(Crime Survey for England and Wales)에 따르면 2016년까지 10년간 범죄가 68퍼센트 이상 감소한 것으로 밝혀졌다. 여러 국가에서 자동차 소유자가 급격히 늘었고 화물 차량 운행량이 꾸준히 증가했음에도 도로 안전성이 눈에 띄게 향상되었다. 교통 전문가들은 관련 법령 및 운전자 교육 강화, 도로 공학 기술의 발전을 원인으로 꼽았다.[6]

대체로 더욱 안전해진 것뿐 아니라 더욱 풍요로워졌다. 1980년 약 7,800달러였던 전 세계 GDP가 2015년 1만 4,700달러 이상으로 상승했다.[7] 같은 기간 미국에서는 약 3만 달러에서 5만 2,000달러를 상회하는 수준으로 높아졌다. 경제 성장과 함께 기대 수명 또한 크게 늘어난 국가가 많다. 100년 전에 비해 인도의 기대 수명은 세 배, 한국은 네 배 높아졌다.[8] 영국의 경우 1980년 35세였던 기대수명이 73.7에서 81.6세로 늘어났다.[9] 또한 과학기술로 장차 헬스 케어 분야의 흥미진진한 성장이 예상되고 있다. 앞으로 로봇이 인간을 뛰어넘는 정밀함으로 수술을 집도할 가능성이 점차 높아질 것이고, 유전자 편집 기술로 삶을 제한하는 유전병을 줄여나갈 수 있게 될 것이다. 심지어 몇몇 과학자들은 100세가 넘어도 활력 넘치는 삶을 유지해주는 안티 에이징 약이 곧 개발될 것으로 예측하고 있다.

자연재해로 인한 전 세계 사망자 수마저도 지난 백 년간 크게 감소했다. 1920년대 지진과 폭풍, 특히나 가뭄과 같이 대량 인명 피해를 불러오는 자연 현상으로 사망한 사람의 수가 10만 명당 28명이었다. 2010년에서 2015년 사이 자연재해로 인한 사망자는 10만 명당 1

명으로 급격히 줄었고, 이제는 가뭄이 아닌 지진이 가장 큰 사상자를 내는 요인이 되었다.[10] 이런 대단한 변화에는 다시 한 번 과학기술의 역할이 컸다. 이제는 위험을 훨씬 정확하게 예측할 수 있는 덕분에 사람들이 앞서 대피할 시간을 벌 수 있다. 재난이 발생하면 현대 운송 수단과 유통망으로 음식과 같은 필수 자원이나 최첨단 구조 장비가 100년 전보다 훨씬 빠르게 재난 지역에 도착할 수 있다.

하지만 이런 통계 자료에도 안심할 수 없는 이유는 무엇일까? 왜 우리는 숫자가 전하는 기쁜 소식을 무시하거나 오해할까? 통계학자들이 걱정하지 않아도 되는 위협이라고 말해도 우리는 왜 심각한 위험처럼 인식하는 걸까? 전문가들에 대한 불신 때문에 고무적인 통계 자료도 묵살해버리는 경향을, 특히나 새로운 과학기술이 접목되었을 때 이런 경향이 더욱 두드러지는 현상에 대해 잠시 후에 다룰 예정이다. 뿐만 아니라 우리에게 세상이 두려운 곳이라는 인식을 심어주어 이득을 보는 사람들에 대한 이야기도 나올 예정이다. 공포로 이득을 취하는 이들, 현대 미디어, 우리의 두뇌가 기능하는 방식 이렇게 삼박자가 어우러진 위험한 동맹이 탄생한다. 이 결합으로 인해 조장된 불안은 우리의 행복과 삶의 질이 저하시킬 뿐 아니라 우리를 더욱 커다란 위험에 노출시키고 공적 자금이 대단히 비효율적으로 운용되는 결과를 이끈다.

불안을 마케팅하다

내 친척인 노먼(가명)은 영국 재향 군인회에서 주최한 부부 동반 튀르키예 여행을 6개월 넘게 기다려왔다. 정력적이고 호감 넘치는 아흔두 살의 노먼은 제2차 세계대전 당시 인도에서 공군으로 복무한 이후로 동쪽으로는 처음 떠나는 여행이었다. 오래전 인도는 가난과 질병으로 고통받고, 숨 막힐 듯한 습도와 우기가 번갈아 찾아오는 나라였다. 그는 흠뻑 젖어드는 옷이 온몸에 감길 때까지 꼼짝도 하지 않고, 폭우 속에서 더위를 식히던 때를 여전히 기억하고 있었다. 하지만 4월의 튀르키예는 다를 터였다. 경제 성장 중인 현대 국가이나 이스탄불의 전통 시장은 그가 전쟁 중인 인도에서는 한 번도 느껴보지 못했던 매력적인 동양의 색감과 향, 소리를 여전히 간직한 곳이었다.

"어쩌면 이번이 마지막 해외여행이 될지도 모르겠네. 그래서인지 무척 기대가 커." 노먼은 이제는 모두 없어져버린 머리카락을 넘기듯 손을 올려 텅 빈 머리를 매만지며 말했다. 노먼 부부에게는 발칸 산맥 너머에 자리한 세상을 보고, 더 나이가 들어 여행이 힘들어지기 전에 더 넓은 세계를 경험할 기회였다.

하지만 이후 노먼을 만났을 때 그는 막 여행을 취소하려 하고 있었다. 때는 2016년 12월로, 이스탄불의 베식타스에서 차량 폭탄과 자살 폭탄 테러가 발생해 48명이 죽고 166명이 다쳤다. 쿠르드족 독립을 지지하는 단체의 소행으로 밝혀졌다. "위험을 자처하는 것은 바보 같은 짓이지." BBC 뉴스 특보를 보며 노먼은 한숨을 내쉬었다. 온종

일 이 채널만 틀어놓고 있었던 것 같았다. "이미 비용은 모두 지불했지만 환불받을 생각은 안 하고 있다네."

이제 내가 잘난 척을 할 차례였다. "통계상으로는 히드로 공항까지 가는 길이 훨씬 위험하죠"라는 말로 입을 떼었다. "사실 테러리스트는 우리에게 가하는 위험은 굉장히 작지만 모든 사람에게 위험에 빠졌다는 착각을 불러일으키는 걸로 지금껏 살아남았다고 할 수 있어요. 뜨거운 열과 끓는 물, 가스, 전기, 날카로운 칼이 있는 주방이 아마도 이스탄불 거리보다는 몇 배는 위험할 겁니다. 그러니 마음 놓고 편히 휴가 다녀오세요. 두 분 모두 즐거운 휴가를 누릴 자격이 충분하세요."

노먼은 오래전부터 과학에 관심이 있었던 만큼 이성적인 대화를 잘 이해할 것이라 여겼다. "물론 네가 하는 말도 일리가 있다만…." 그는 딜레마에 빠진 듯 손으로 눈썹을 문질렀다.

내 전문성을 무기 삼아 대화를 이끌었다. "2015년에는 전 세계적으로 테러리스트 공격으로 인해 사망한 사람이 0.0004퍼센트밖에 되지 않아요." 최근 어디선가 읽었던 수치가 머리에 남아 있었다. 하지만 내 예상과는 달리 외려 노먼에게는 역효과였다.

"그런 수치는 별로 와 닿지가 않는구나. 0.4퍼센트든 0.004퍼센트든 0.0004퍼센트든 다 똑같은 숫자야. 0.0004퍼센트가 어느 정도인 게냐?"

유머러스하게 설명해보려 했지만 막상 말하고 보니 내 의도와는 다르게 전달되었을 것 같다는 생각이 들었다. "통계상으로는 다른 어

숫자는 어떻게 생각을 바꾸는가

느 곳에서보다 침대에서 죽는 사람이 더 많다고 하니, 지난 몇 년 동안 바닥에서 주무셨기를 바라요."

노먼은 여행을 취소했다. 그는 사람들에게 허리가 좋지 않아 여행을 취소했다고 알렸다. 사람들은 노먼이 혹시 바닥에서 잠을 자서 허리가 안 좋은 것인지 그의 아내에게 물었고, 의아하다는 표정과 함께 그 때문이 아니라는 답변을 들었다. 놀랍게도 노먼이 여행비 일부를 환불받고 난 이튿날 허리가 정상으로 돌아왔다. 비합리적 사고의 또 다른 희생자가 발생했군, 이런 생각이 들었다. 사람들이 통계를 보고 사실에 의거해 결정을 내린다면 좋을 텐데.

그 일이 있은 지 두 달 후, 초봄을 알리며 기분 좋게 흐르는 시냇가를 따라 시골길을 걷던 중이었다. 깜빡이는 핸드폰을 보지 않을 수가 없었다. 차 한 대가 웨스트민스터 다리(Westminster Bridge)에서 인도로 돌진했고 용의자는 웨스트민스터 궁전(Palace of Westminster) 앞에서 경찰관 한 명을 공격해 사망에 이르게 했다는 뉴스였다. 정부는 테러 공격으로 공표했다. 이틀 후 런던으로 가야 할 일이 있었던 나는 웨스트민스터 다리를 건널 예정이었다. 그 순간 노먼에게 심어주려 했던 차가운 이성이 내 안에서 사라지는 기분이었다. 안전할까? "나라면 런던에 안 가겠어요"라고 말하던 이웃이 떠올랐다.

미국의 신경과학자인 스탠퍼드 대학교의 데이비드 이글먼(David Eagleman)은 두뇌를 우리의 행동에 대한 결정권을 두고 싸움을 벌이며 저마다의 주장을 내세우는 여러 정당으로 구성된 국회로 빗대어 설명했다.[11] 내 안의 한 정당은 테러 공격의 위험이 극히 작다고 알렸다. 내가 인식하지 못할 뿐 매일같이 작지만 테러리스트의 공격보다는 벌어질 가능성이 높은 위험을 마주하고 산다고 말이다. 하지만 저 구석에 있는 평의원석 어디선가 런던은 안전한 곳이 아니라는 불안한 목소리가 울렸다. 신경과학에서는 이 목소리가 분계선조, 즉 뇌 안에 작은 아몬드 모양의 편도체와 호르몬을 분비하는 시상하부를 잇는 회로에서 나오는 것이라고 말한다. 누군가 내게 총구를 겨눌 때와 같이 즉각적인 위협에 따른 반응인 공포와 미래에 어쩌면 벌어질지도 모르는 위협을 걱정하는 상태인 불안은 다르다.[12] 다시 말해 불안은 불확실성에서 비롯한 것으로, 자동반사적으로 가동되는 분계선조에서 시작된다. 따라서 불확실성의 싹이 한 번 자리하면 통계가 아무리 내게 안심해도 된다고 말해도 머릿속 깊이 자리한 시스템이 순식간에 불안을 조성한다. 진화의 결과로 우리는 불안을 우선시하도록 설계되었다. 외딴 숲속에서 나뭇가지가 부러지는 소리가 들리면, 위협을 무시했다가는 목숨을 잃을지도 모른다는 불안에 사로잡혀 소중한 칼로리를 소모해가며 쓸데없이 도망친다.

테러리스트 외에도 불확실성과 불안을 이용하려는 사람들은 많다. 대중의 불안 심리는 특정 정치인에게, 특히나 극보수 성향의 정치인들에게는 하늘에서 내려온 선물과도 같다. 선동 정치가들은 사람들이 걱정하는 문제에 지극히 단순하고도 권위주의적인 해결책을 내놓는다. 확실성이라는 진통제는 악당 그리고 국민의 시선 돌리기용 제물이라는 삼키기 쉬운 캡슐로 포장되어 나온다. 컬럼비아 대학교의 보내노(Bonanno)와 뉴욕 대학교의 존 조스트(John Jost) 조사에 따르

숫자는 어떻게 생각을 바꾸는가

면 범죄와 테러리즘의 위협이 참을 수 없는 수준으로 치달았다고 인식하는 사람들이 선동 정치인을 더욱 매력적으로 느낀다고 한다.[13]

또한 공포스러운 이야기가 독자와 시청자를 미디어 앞으로 끌어당긴다. 때문에 미디어는 전 세계적으로 드물게 일어나지만 두려움을 자극하는 사건을 더욱 강조한다. 현대 뉴스 매체가 24시간 내내 모바일 기기로 보내는 집중 취재 기사는 어쩌다 한 번 일어나는 사건을 마치 일반적인 일로 둔갑시킨다. 제약, 건강, 보험 회사들 역시 사람들의 걱정으로, 가끔씩 언론 몰이로 생겨난 걱정으로 큰 혜택을 보고 있다. 한 웹사이트에서는 〈데일리메일(Daily Mail)〉에서 수년간 비행기 탑승부터 아스피린, 와이파이, 와인까지 암 유발 요인이라고 보도한 170가지 항목을 따로 정리해 게시하기도 했다.[14]

테러 공격, 비행기 추락 사고, 원전 사고 등 극적이고, 최근에 벌어졌으며, 강렬한 인상을 남기는 사건과 이야기는 우리의 기억 속에 깊이 새겨지지만 평범한 이야기는 쉽게 잊힌다. 저명한 심리학자인 트버스키와 (노벨상 수상자인) 카너먼이 주장하듯, 마음속에 잠재적 위협이 너무도 쉽게 각인될 때 이것이 실현될 확률을 판단하는 하나의 경험 법칙(rule of thumb)이 되어, 해당 위협이 마찬가지로 너무도 쉽게 벌어질 것이라는 인식이 생기기 때문에 우리로 하여금 세상을 왜곡된 시각으로 보게 만든다. 지난주 헤드라인을 장식했던 드문 열차 충돌 사고가 기차 여행은 위험하다는 의심을 만들어냈다. TV 속 침입자의 공격으로 자택에서 다친 80대의 영상은 다행스럽게도 이런 사건이 현저하게 낮은 빈도로 발생함에도 노령층 사이에 공포를 조장한다.

통계에 의하면 식중독, 당뇨, 보행 중 넘어지는 사고, 흡연, 인플루엔자, 비만 등 일상적인 위협이 열차 추돌 사고나 폭력 범죄보다 우리를 사망에 이르게 할 확률이 높다. 하지만 서서히 우리를 죽음에 이르게 하는 사인은 헤드라인에 오르지 못한다. 2015년까지 8년 동안 영국 철도에서 기차 사고로 사망한 승객은 단 한 명도 없었다.[15] 미국의 경우 살인 사건의 피해자로 사망할 확률보다 심장 질환으로 사망할 확률이 서른여섯 배나 높지만,[16] 나조차도 런던 공항에서 만난 미국인에게서 워싱턴DC의 총기 범죄율이 상당히 높다는 이야기를 듣고는 여행을 걱정했던 적이 있었다. 상어는 많은 사람에게서 두려움을 유발하는 요인으로, 상어가 사람을 공격하는 사건이 벌어지면 전 세계에서 뉴스가 쏟아진다. 영화 〈죠스〉가 크게 흥행했던 데는 상어를 향한 우리의 원초적인 두려움이 큰 몫을 했지만 미국의 사례를 보면 상어로 인한 사망 사건은 평균 2년에 한 명꼴이다.[17]

우리가 위험을 인식하는 정도가 숫자가 가리키는 바에서 너무도 동떨어져 있을 때 실제로는 아주 작은 위협임에도 피하려 들다가 도리어 더욱 위험에 빠지는 상황이 벌어질 수 있다. 9·11의 즉각적인 여파로 많은 사람이 당연하게도 비행기를 타는 것을 두려워하기 시작했고 이동 수단을 자동차로 바꿨다. 하지만 테러리스트에게 사로잡혀 추락할 위험까지 고려해도 여전히 비행이 운전보다 훨씬 안전한 선택지다. 미시건주 호프 칼리지(Hope College)의 사회심리학자인 데이비드 마이어스(David Myers)는 미국에서 1년 동안 매주 테러리스트가 60명의 승객이 타고 있는 비행기 한 대를 납치해 추락시킨다 해도 비행기를 타는 편이 운전보다 안전하다고 추산했다.[18] 9·11 이후 항공 테러의 직접적인 피해자가 될 극히 작은 위험을 피하고자 차를 택한 사람들 가운데 교통사고로 사망한 사람이 1,500명 이상인 것으로 추산되었다.[19] 이는 비행기 사고가 네 건 벌어질 때 발생하는 사망자보다 여섯 배나 높은 수치다. 영국에서도 2005년 7월 7일 벌어진 지하철 폭탄 테러 이후 사람들이 지하철이 아닌 자전거로 이동 수단을 바꾸는 현상이 나타났다. 안타깝게도 런던의 도로에서 자전거를 타는 것은 위험한 선택이다. 시티 대학교(City University)의 심리학자 피터 에이튼(Peter Ayton)은 자전거로 인한 사망자 비율은 낮은 편이나 이로 인해 죽거나 다친 사람의 수가 폭탄 테러 이후 6개월간 평소보다 214명이 늘어난 것으로 추정했다.[20]

위험을 높이는 의사 결정은 비단 운송 수단에 국한되어 있지 않다. 아동 유괴 사건이 신문 헤드라인을 장식하고 나면, 이런 범죄가 일어날 가능성이 극히 낮음에도 불구하고 불안해진 부모들은 아이의 자유를 제한하기 시작하고, 이는 잠재적으로 아이의 건강에 부정적인 영향을 끼치는 결과로 이어진다. 아이의 위치를 파악하기 위해 GPS 칩을 아이의 몸에 심는 것까지 고려하는 부모도 있었다. 이런 장치를 아이의 몸에 이식하는 수술 또한 위험 부담이 있기 마련이다.

상대적인 위협을 잘못 분석해 현명하지 못한 의사 결정을 내리는 데는 정부도 예외가 아니다. 2000년 초반 영국에서는 철도에 비해 도로에서 발생하는 연 사망자 수가 약 330배 가까이 높았다. 1997

년 사우설 역과 1999년 패딩턴 역 근처에서 벌어졌던 런던 내 두 건의 대형 철도 사건 이후 '합동 안전 조사단(Joint Safety Enquiry)'에서는 열차자동방호장치(Automatic Train Protection, ATP) 시스템을 철도망 전역에 설치해야 한다고 권고했다. 빨간불에 철도가 자동으로 멈추게 하는 이 시스템의 비용 20억 파운드로 연평균 두 명을 구할 수 있을 것이라 추정했다. 교통사고를 줄이는 데 드는 비용에 약 200배에 달하는 비용이었다.[21] RAC 재단의 대변인인 케빈 딜레이니(Kevin Delaney)는 당시 이렇게 지적했다. "철도 사고가 나면 20~30명의 사망자가 나오는 반면, 하루에 약 열 명 정도의 사망자를 내는 교통사고는 같은 시간, 같은 장소에서 벌어지지 않을 뿐입니다."[22] 즉 교통사고는 보통 신문에 보도되지 않지만 열차의 경우 '영국의 열차는 안전한 것일까?'라는 제목과 함께 반드시 기사로 나온다는 것이다. 이 질문에 대답하자면 '실제로 굉장히 안전하다'가 답이 될 것이다.

"무사히 돌아왔네요." 런던에서 돌아온 지 일주일 쯤 지났을 때 잔디를 깎던 이웃은 하던 일을 멈추고 내게 소리쳤다. 잠깐 동안 그가 무슨 말을 하는 것인지 혼란스러웠다. 그즈음 뉴스는 늘 그렇듯 '모든 폭탄의 어머니[Mother of All Bomb, 세상에서 제일 강력한 폭탄으로 불리는 모아브(MOAB)-옮긴이]'를 아프가니스탄에 투하하는 미군의 결정과 더불어, 북한이 또 한 번 핵미사일을 시험했고 앞으로 매주 발사 시험을 하겠다고 알렸다는 소식으로 점철되어 있었다. 그때야 비로소 며칠 전에 있었던 사건에 대해서는 조금도 의식하지 못하고 예정되어 있던 미팅 생각에만 빠져 웨스트민스터 다리를 건넜다는 사실이 떠올랐다. 런던은 나 같은 지방 사람에게는 시끄럽고, 복잡하고, 정신없고, 치열한 한편 흥미로운 원래의 모습으로 돌아가 있었다.

"나라면 못 갔을 거예요." 내가 무모했다는 듯이 이웃이 말했다.

"뭐, 다 마음먹기 나름이죠." 그를 향해 대꾸했다. 아마 나를 이해하지 못했을 것이다.

아주 적은 무언가의 10퍼센트는 아주 적다

위험에 대한 숫자를 무시해도 된다고 사람들을 안심시키는 일은 아무도 하지 않는다. 오히려 일어날 가능성이 아주 적은 두려운 이야기를 강조해 사람들의 불안으로 이익을 얻고, 불완전한 숫자를 사용해 사람들에게 마치 커다란 불행이 닥쳤다는 착각을 일으키는 이들만 있을 뿐이다. 사실 누군가 당신의 행동으로 인해 위험이 200퍼센트 증가한다고 말한다 해도 여전히 당신이 아주 안전할 가능성이 훨씬 높다. "아무것도 아닌 것의 10퍼센트는 아무것도 아니다." 캐나다의 노동조합 위원장인 제리 디아스(Jerry Dias)가, 2017년 멕시코 노동자의 낮은 인건비로 불공정한 경쟁을 해야 하는 캐나다 노동자들의 불안이 커지자 멕시코 노동자의 임금을 인상하겠다는 결정에 불만을 터뜨리며 한 말이다. 그의 의도를 좀 더 정확하게 표현하기 위해서는 "아주 적은 무언가의 10퍼센트는 아주 적다"고 말했어야 했다. 위험에 대한 보고서에도 이런 글귀가 크게 명시되어야 한다.

하루는 지인인 마이클(Michael)의 얼굴에 수심이 깊어 보였다. 그는 내 차에 타기 전, 접힌 신문을 내밀며 "이거 읽어봤어?" 하고 내게 물었다.

헤드라인을 확인했다. '오염에 대한 주요 연구를 통해 밝혀진바, 차량이 붐비는 곳에서 사는 사람들은 치매 위험이 높아질 수 있다.'[23] 위험이 높아진다는 정도는 7퍼센트였다. 위험하게도 우리는 마이클의 집 근처에 차를 세우고 대화를 나누고 있었다. 밴, 자동차, 시끄러운 대형 버스가 끝도 없이 우리 옆을 스쳐 지나갔다.

하이킹을 하러 근처 산으로 차를 몰며 마이클에게 안된 마음이 들었다. 마이클의 가족 중 한 명이 치매에 걸려 비싼 요양 시설에서 머물고 있는 탓에 경제적으로 또 심정적으로도 많은 부담을 느끼고 있을 터였다. 그런 그가 이제는 자신의 집에서 들이마시는 공기가 뇌에 악영향을 줄 가능성이 높다는 소리를 들었으니. 누군가의 이름을 잊거나 의도에 딱 맞아떨어지는 정확한 단어가 쉽게 떠오르지 않을 때마다, 잠깐씩 멍해지는 순간을 경험할 때마다 이제는 매연과 소음이 사악한 영향력을 발휘한 탓으로 인식할 것이었다. 기사 제목을 계속 곱씹는 동안 마이클의 얼굴이 절망적으로 변하는 것이 보였다. 누구나 알 만한 신문에 실린 주요 연구의 보고였으니까. 마이클 부부는 눈에 보이지 않는 독을 흡입하며 20년 넘게 그 집에서 살았다는 소리였다.

"한번 읽어볼게." 마이클이 하이킹 부츠와 게이터를 신느라 씨름하는 동안 주차장에서 기다리며 말했다. 나는 혹시나 마이클 집 앞 거리에서 잠깐 들이마신 매연 때문에 건강에 이상이 생겼을까 싶어

산 정상의 신선한 공기를 일부러 더 깊게 들이마셨다.

신문에 게재된 캐나다의 연구는 인상적이었다. 연구진은 2001년부터 2012년까지 온타리오주에 거주하는 20세에서 85세 사이 전 인구의 진료 기록을 조사했다. 이들은 우편번호를 바탕으로 거주인이 번잡한 거리에서 얼마나 떨어져 있는지 확인했다. 위험을 높이는 요인이 매연인지, 소음인지 또는 둘 다인지는 불분명하지만 연구 결과 자체는 중요한 가치가 있고 또 상당히 타당하다는 의견을 전한 전문가가 많았다. 어떤 이들은 전 세계적으로 온타리오보다 교통으로 인한 오염이 심각한 곳이 많기 때문에 이런 지역의 치매 위험은 이보다 훨씬 높을 것이라 예상했다.

하지만 위험이 높아진다는 게 무슨 의미일까? 열네 개의 문단에는 과학적으로 정확한 증거가, 하지만 지루한 나머지 사람들이 대충 보고 넘기는 수치가 가득했다. 마이클처럼 큰 도로에서 50미터 안에 거주할 경우 치매에 걸릴 위험이 7퍼센트 높아졌다. 50미터에서 100미터에 사는 사람들은 4퍼센트, 101미터에서 200미터 떨어진 곳에서 사는 사람들은 2퍼센트라고 적혀 있었다. 200미터 바깥에 사는 사람들에게는 영향이 없었다.

기사에는 번잡한 도로 가까이에서 살지 않는 사람들이 치매에 걸릴 위험은 나오지 않았다. 무엇을 기준으로 7퍼센트가 증가했다는 것일까? 어떤 자료에서는 그곳이 어디든 서양에 사는 사람들이 치매에 걸릴 위험은 약 11퍼센트라고 했다. 11퍼센트의 7퍼센트는 겨우 0.77퍼센트다. 따라서 통계에 따르면 거주지와 상관없이 100명 가운데 보통 11명이 치매에 걸린다. 큰 도로에 매우 가깝게 거주하는 사람 100명 중에 평균 12명 미만이 치매란 질병을 얻는다는 것이니, 기사 제목과 달리 그것이 그리 무섭게 느껴지지 않았다.

물론 한 명이라도 더 구할 수 있는 가능성을 무시해서는 안 된다. 번잡한 도로 가까이에 집을 지을 때 가능한 집 뒤쪽으로 거실을 설계하는 식의 방법은 고려할 가치가 충분하고, 교통으로 인한 오염을 줄이기 위한 노력 또한 강화할 필요가 있다. 특히나 대기 오염이 호흡기 질환과 심장 질환을 악화시키는 등 건강을 위협하는 만큼 주의해야 할 부분이다. 하지만 절대 위험(11퍼센트에서 11.77퍼센트로 높아졌다는 사실)이 아닌, 상대 위험(위험이 7퍼센트 높아진다)을 보고해 실제보다 위험을 과장하는 것은 불필요한 불안만 키운다. 우리는 거의 매주 비슷한 논조로 작성된 이야기들에 시달리고 있다. 하루에 와인 한잔을 마실 때 폐경 전의 여성이 유방암에 걸릴 위험이 5퍼센트 높아지고,[24] 외로움이 심장마비의 위험을 29퍼센트 높일 수 있고,[25] 더없이 기쁘게도 프룬(Prune)을 섭취할 때 제2형 당뇨병에 걸릴 위험이 11퍼센트 낮아진다고 한다.[26] 하지만 절대 위험이 제시되지 않는다면 이 수치들은 거의 아무런 의미도 없는 셈이다.

X가 두려운 Y를 일으킨다

패션 디자이너들이 다음 시즌에 길이가 발목 아래까지 오는 치마가 유행할 것이라 말한다면 우리가 긴장해야 할 일일까? 치마 길이가

숫자는 어떻게 생각을 바꾸는가

길면 불황이 다가오고 있다는 전조이고, 짧으면 경제 호황이 예측된다는 의미라고 한다. 1920년대 초 주식 시장이 대호황을 맞은 당시, 플래퍼(flapper, 제1차 세계대전 이후 경제 대국으로 성장한 미국에 등장한 '신여성'을 이르는 용어-옮긴이)의 시대가 맞물리며 여성들의 스커트가 짧아졌다. 이후 1929년 대공황에 빠지자 아니나 다를까 치마 길이가 길어졌다. 스윙잉 식스티스(swinging sixties, 개성과 활력이 넘치던 60년대를 가리키는 용어로 '스윙잉 런던'이 중심지였다-옮긴이)를 맞아 경제가 빠르게 성장하며 사람들은 신상품으로 집을 채우고 여성들은 미니스커트 차림으로 런던의 트렌디한 거리를 누볐다. 이렇게 치마 길이와 경제 상황 간의 오르락내리락하는 파트너십이 1970년대 오일 쇼크, 스태그플레이션, 1980년대 여피(yuppy, 비싼 차와 호화로운 집을 누리는 젊은 연령대의 전문 직업인-옮긴이) 붐 등 몇 번이나 반복적으로 나타났다. 한 진지한 학술 연구를 통해 1929년부터 1970년까지 여성 치마 길이와 미국 주가 지수 간의 상관관계가 통계적으로 상당히 유의미하다는, 즉 우연에 의해 일어났을 가능성이 상당히 낮다는 결과가 나왔다.[27] 그렇다면 왜, 도대체 왜 정부에서는 패션 디자이너들에게 짧은 치마를 계속 유행시키라고 말하지 않았는지 의아해지는 지점이다. 만약 그랬다면 양적 완화도, 적자 예산도, 초저금리도 없었을 텐데 말이다.

물론 나는 지금 아무런 관련성이 없는 두 가지 일을 인과관계로 이해하는 실수를 저지르고 있다. 두 상황이 나란히 올라갔다 내려간다고 해서 한 가지가 다른 한 가지를 일으키는 원인이 된다고 볼 수 없다. 이 상황에서는 오히려 반대의 인과관계가 있을 수도 있다. 치마 길이가 아니라 경제 상황이 치마 길이에 영향을 미치는 쪽이다. 그 원인 또한 즉각적으로 분명하지는 않지만 말이다.

무조건적으로 인과관계가 있다고 단정 지을 때 엄한 요인을 책잡아 우리가 마주한 위험의 원인이라고 오해하는 일이 생긴다. 공포를 조장하는 헤드라인이 그렇다. '말썽을 피우는 아이에게 체벌을 가할 때 아이들이 우울증과 약물 남용에 빠질 위험이 높아진다',[28] '코골이가 알츠하이머와 연관이 있다', '주기적으로 음모를 다듬거나 제모하는 성인의 경우 성병 감염 위험이 높아진다', '지나친 TV 시청이 사망 위험을 높인다',[29] '구강 질환이 치매에 걸릴 위험이 높다는 징조일 수 있다'와 같은 제목들이 그 예다. 이런 기사 제목을 접하다 보면 조금만 움직여도 끔찍한 위험에 빠지는 죽음의 핀볼 기계 속에 살고 있는 듯한 기분이 든다. 하지만 이 중 어느 것도 어떤 위협과 암울한 결과 사이에 인과관계를 분명히 제시하지 않았다. 위의 연구진들은 무엇이 어떤 일을 야기한다고 이론을 제시했지만, 앞서 봤듯이 우리는 실제로는 아무 연관성이 없음에도 X가 Y를 일으키는 이유를 찾는 데 탁월한 재능이 있다. 아무런 인과관계가 없다는 이야기가 아니라 입증되지 않았다는 말을 하려는 것이다.

X와 Y가 동시에 벌어졌거나 변화한다고 해서 X가 반드시 Y를 야기했다고 볼 수 없는 이유는 많다. 그중 하나는 완벽한 우연의 일치다. 제2차 세계대전 이후 미국의 인구가 증가할 당시 영국의 여러 운하가 복원되어 길이가 길어졌지만, 그렇다고 해서 미국인 수천 명이 인구가 밀집한 도시에서 벗어나기 위해 대서양을 건너 영국에 온 뒤

숫자는 어떻게 생각을 바꾸는가

오래된 수로를 파냈기 때문은 아니다. 연구진이 아주 작은 표본을 기준으로 결론을 내릴 때 이런 우연들이 벌어질 확률이 높아진다. 이를테면 문신이 열사병에 걸릴 위험을 높인다는 연구는 열 명의 남성 참가자를 대상으로 행해진 것이었다.[30] 하지만 수백만 명의 데이터가 있을 때조차도 우연히 일어난 상관관계에 의미가 부여되기도 한다. 신장, 일주일에 쇼핑에 지출하는 비용, 출근하는 데 걸리는 시간, 채식주의 여부, 부친의 형제자매 수, 지난달에 감기에 걸렸는지 여부 등등 다양한 변수에 대한 데이터를 확보할 경우 실제로는 아무런 연관이 없음에도 변수가 결과에 상관관계가 있는 것처럼 보이기 마련이다. 빅데이터 시대의 문제라고 할 수 있다. 그럴싸해 보이는 잠재적 인과관계가 너무도 많이 드러나다 보니 정말 중요한 인과관계를 놓치는 위험에 처해 있다. 이 과정에서 제법 흥미로운 인과관계가 드러나기도 한다. 페이스북 분석가들이 찾아낸 바에 따르면 이베트(Yvette)라는 이름의 사람은 일반 사람들보다 이본(Yvonne)이라는 이름의 자매가 있을 확률이 37퍼센트 높다고 한다. 또한 몇몇 인과관계는 아주 좋은 뉴스거리가 되기도 하는데, 보통은 시시한 내용일 때가 많다. 이를테면 메인주의 1인당 마가린 소비량은 이혼율과 상당히 밀접한 상관관계가 있다고 한다(하지만 더 흥미로운 점은 미국의 꿀벌 집단의 수가 버몬트주의 결혼율과 깊은 상관관계가 있다는 것이다).[31] 몇몇 상관관계는 인간 행동의 숨겨진 특성을 암시하는 것일 수도 있지만, 확실히 알 수는 없다. 가령 미국에서 진행된 한 연구에 따르면 날씨가 따뜻하고 화창한 날에는 검은색 차량의 판매가 저조하다고 한다.[32]

두 가지 요인 사이에서 비논리적인 상관관계가 발견되는 이유가 숨은 제3의 요인에 영향을 받은 탓일 때도 있다. 말썽부리는 아이에게 체벌을 가하는 것과 이후 아이가 약물 남용에 빠질 위험 간에 연관성이 있다는 연구 결과를 예로 들자면, 여기서 숨은 제3의 요인은 부모의 라이프 스타일일 수도 있다. 약물 남용에 빠진 부모가 아이에게 체벌을 가할 가능성이 높거나, 약물 중독에 빠진 부모를 두었을 때 아이가 비슷한 문제에 빠질 확률이 높아지는 식이다. 체벌 그 자체는 약물 남용에 직접적인 연관이 없을 수도 있다. 또한 이 연구는 성인이 된 참가자가 어린 시절 체벌을 당한 기억을 바탕으로 진행되었다. 따라서 우울증과 같은 정신 질환을 앓는다면 유년기의 부정적인 경험을 더욱 많이 떠올리는 성향이 높을 수 있다.[33]

이와 유사하게 음모 손질과 성병의 위험 간의 상관관계에는 성행위라는 숨은 요인이 있었을지도 모른다. 이 연구를 진행한 연구진은 음모를 손질하는 과정에서 작게나마 피부 병변이 일어날 수 있고, 이로 인해 바이러스와 박테리아에 노출될 가능성이 높아진다고 추측했다. 하지만 성욕이 왕성한 사람들이 음모 다듬기 및 제모에 관심을 더욱 많이 갖고 감염에 노출될 확률도 훨씬 높은 것일 수도 있다.

또는 좀 전에 언급했듯이 두 가지 현상 사이에 인과관계가 있긴 하나 제시된 것과 다르게 인과관계가 반대일 경우도 있다. 〈데일리익스프레스〉에서는 구강 질환이 있는 사람이 치매에 걸릴 확률이 높기 때문에 양치가 치매 위험을 낮출 수 있다는 기사가 실렸다. 그러나 치아 건강 저하가 치매를 유발한다는 쪽보다는 치매에 걸린 사람이 정신이 혼미하고 기억력이 저하되어 규칙적으로 양치를 하는 것을 잊거나 식습관이 좋지 않아 구강 질환을 앓는 경우가 많다고 볼 수 있다.

이런 문제에도 불구하고 사람들은 의심스런 증거를 바탕으로 인과관계를 섣불리 추측하는 경향이 높다. naturalhealth365.com 사이트에서는 '치아 뿌리관과 암의 연관성이 뚜렷하다'는 글을 게시했다. 의사인 로버트 존스(Dr Robert Jones)가 유방암을 앓고 있는 여성 300명을 대상으로 진행한 연구였다. 그는 여성 유방암 환자 가운데 93퍼센트가 치근관 수술을 받았다는 사실을 근거로 했다. 그러나 이 자체로는 상관관계를 드러낼 아무런 증거가 되지 못한다. 이 93퍼센트의 여성이 육식을 즐기는 사람들일 수도 있고, 93퍼센트의 여성이 휴대폰 사용자일 수도 있고, 93퍼센트의 여성이 177.8센티미터 미만일 수도 있다.

어떤 요인이 어떤 현상을 일으키는 원인일 것이라 미리 정하고 나면, 이 믿음을 뒷받침하는 사례만 소환한다는 것이 문제다. 부당성을 입증하는 증거는 우리에게 접수될 가능성이 낮다. '진짜 그렇네. A부인이 치아 뿌리관 수술을 받았고, 유방암에도 걸렸잖아'라고 생각하는 식이다. 하지만 유방암 환자 가운데 치아 뿌리관 수술을 받지 않은 수많은 사람과 치아 수술을 받았으나 유방암에 걸리지 않은 사람들은 떠올리진 않는다. 그 결과 여러 불편과 통증을 해결해 줄 치과 진료를 아무런 이유 없이 취소하고 마는 것이다.

이 전문가란 사람들을 믿을 수 없다고

불안감을 조장하는 연구 결과나 정치인의 의견, 이득을 취하는 제약 회사가 주장하는 아주 작은 위험 때문에 걱정하는 마음이 드는 것은 어쩔 수 없다. 우리는 새롭고, 낯설고, 우리의 통제 밖에 있는 무언가에 대해서는 본능적인 두려움을 느끼기도 한다. 우리를 안심시키는 통계 자료가 아무리 많이 있어도 우리의 마음을 편안하게 해주기에는 역부족이다.

신문에 실린 사진 속 헤일리(Hayley)는 짧은 헤어스타일의 30대로 웃음기 없는 표정으로 쌍둥이를 양쪽 팔에 안고 이제 막 걸음마를 뗀 어린아이를 옆에 둔 채 꼿꼿하게 서 있었다. 어린아이는 다른 곳에 정신이 팔려 있는 듯 즐거워 보였다. 헤일리의 뒤편으로 널찍한 잔디밭과 함께 완전히 자란 시카모어 나무들이 보였다. 나무 바로 뒤쪽에는 현대식 주택 여러 채와 카라반 한 대가 언뜻 보였다. 지역 신문 사진기자가 불시에 헤일리를 불러 찍은 사진 같았다. 그녀는 실내 슬리퍼를 신고 있었다. 4,760만 유로의 매출을 기록하는 국제적 기업에 맞서는 여성 같아 보이지 않았다. 하지만 어찌 보면 이런 나약한 모습이 그녀의 가장 큰 무기이기도 했다. 감히 누가 이렇게 단란한 가족을 해치려 들겠는가?

이 가족이 현재 마주한 위협은 보더폰(Vodafone, 영국의 이동통신 업체-옮긴이)에서 비롯되었다. 업체에서는 그녀의 집 앞에 15미터 송신탑을 세우려 들었다. 마이크로웨이브 안테나 두 개가 함께 설치될

숫자는 어떻게 생각을 바꾸는가

예정이었고, 헤일리는 자녀들이 소아 백혈병이나 소아 뇌종양에 걸릴 위험이 높아질까봐 걱정하고 있었다. 그녀는 송신탑 설치가 예정된 곳에서 채 200미터도 떨어지지 않은 위치에 학교도 있다고 언급했다.

심리학자 슬로빅과 동료 연구자들이 조사한 바에 따르면, 이동통신 송신탑의 경우 통계상 그 위험이 적거나 없다는 것이 밝혀진다 해도 대중이 선뜻 용납하기 어려운 측면이 많다고 한다. 우선 우리는 송신탑이 구축되는 장소에 대해 선택권이 전혀 없다. 우리가 모르는 사이에 결정되어 세워지고, 송신탑에는 대다수의 사람이 이해하기 어려운 새로운 과학기술이 결부되어 있다.

우리의 영향력 밖에 있는 잠재적인 위협보다 우리가 통제할 수 있을 것만 같은 일에서 파생되는 위험을 받아들이기가 더 쉽다. 스키 활강 코스에서 즐기는 레저가 신체적 부상과 상해를 입힐 확률이 약 천 배가량 높지만 스키를 타는 것은 즐거워하면서도 식품 보존제는 애써 피하려고 하는 것과 같다.[34] 마찬가지로 앞차와 고작 몇 미터 간격을 두고 시속 110km로 고속도로를 내달릴 경우 직접 운전할 때는 위험에 무감각한 한편, 자율주행 자동차 조수석에 앉아야 한다면 겁을 집어먹을 것이다. 교통사고의 90퍼센트 이상이 부분적으로나마 인적 과오에 의한 것이고, 자율주행 자동차로 인해 사고가 벌어질 확률이 극히 낮다는 통계를 확인한다 해도 공포는 쉽게 가시지 않는다.

또한 어떠한 위험이 우리의 의지와 무관하게, 불공평하게 닥치거나 또는 우리에게 돌아오는 즉각적인 이익이 적을 때도 받아들이기 어려워한다. 오염에 대해 항의하고 상수도에 불소를 투입하는 데는 반발하지만, 영국과 미국에서 예방 가능한 사망 요인 가운데 가장 큰 지분을 차지하는 두 가지, 흡연이나 높은 알코올 소비량으로 비롯된 위험은 기쁘게 받아들인다. 심지어 우리가 평소 인지하는 위험의 허용 수준을 맞추기 위해 자발적으로 위험에 노출되려 한다는 증거가 있다. 무언가의 안전성이 높아졌을 때 우리는 전보다 덜 조심히 행동하는 것으로 위험 수준을 상쇄한다. 캐나다의 한 연구에서는 단속이 없는 철길을 건널 때 운전자들의 행동을 관찰했다. 선로를 가리던 주변 식물을 제거하기 전과 후에 걸쳐 관찰이 이뤄졌다. 시야가 더 확보되자 운전자들은 더 높은 속도로 선로에 진입해 정지 거리 또한 늘어났고, 결과적으로 철도 교차로의 사고 위험률이 낮아지지 않았다.[35]

진화를 통해 우리는 새롭고 낯선 대상을 경계하도록 설계되었다. 19세기 미국 전역으로 증기력과 전신이 널리 퍼지자 신경과 전문의인 조지 비어드(George Beard)는 이러한 신기술이 신경 질환을 일으킬 것이라 우려했는데, 그는 이 질환을 신경쇠약이라고 칭했다. 비어드는 피로, 두통, 우울증, 고혈압, 불안과 같은 증상의 원인을 새로운 과학기술로 인해 삶의 속도가 빨라지고 업무에 대한 부담감이 극심해진 탓이라고 봤다. 미국인이 특히나 신경쇠약에 쉽게 걸린다고 해서 아메리카니티스(Americanitis)라고도 불렀다. 심지어 신경쇠약 진단을 받는 것이 일종의 유행으로 번졌다는 이야기까지 있을 정도였다. 신경쇠약은 곧 부유하고 활동적이며 경쟁력 있는 사람이자 야망

숫자는 어떻게 생각을 바꾸는가

이 넘치는 미국인의 전형으로 현대 발명품을 가까이하는 삶을 누리고 있다는 의미기도 했다. 20세기 기술의 산물이자 이제는 너무도 흔한 TV가 처음 우리 집에 설치되었을 당시 어른들은 내게 TV를 너무 많이 보면 눈이 나빠질 것이라 경고했다. 미국과 러시아가 달 착륙을 두고 경쟁을 벌이자 할머니는 '천체를 침범한' 죗값을 두려워하셨다.

자신이 통제할 수 없다고 여기거나, 친숙하지 않거나, 의지와 상관없이 떠안게 된 위험은 수용하기 어려워하는 사람들이 대부분인 반면, 전문가들은 승객 마일당 사망률과 같은 수치에 근거해 위험 허용치를 판단한다. 즉 전문가와 대중 사이에 커다란 격차가 있을 수 있고, 이 격차는 최근 몇 년간 더욱 깊어져왔다.

연구에 따르면 우리가 전문가를 신뢰하기 위해서는 전문가가 어떠한 분야에 정통하다는 것뿐 아니라 이들이 진정성과 선의를 갖췄다는 사실도 확인되어야 한다는 점이 드러났다.[36] 이런 자질은 전문가라고 해서 반드시 갖췄다고 볼 수 없고, 그릇된 의도를 가진 사람들에 의해 통계는 쉽게 조작될 수 있기 때문에 회의적인 시각으로 전문가의 의견을 가려듣는 것은 중요하다. 랭커셔의 석면 제조 업체로 당시 세계에서 가장 큰 기업이었던 터너앤드뉴월(Turner and Newall)은 1961년부터 비밀로 지켜온 한 가지 사실을 숨기기 위해 수년 동안 작전을 벌였다. 그 비밀이란 작업 환경에서 안전한 석면 수치란 사실 0이란 점이었다. 그들은 기업을 상대로 시위하는 사람들에게 공산주의자라는 프레임을 씌우고, 영국 자유당 국회의원이자 190킬로그램의 거구로 유명한 시릴 스미스(Cyril Smith)에게 정치적 원조를 했을 뿐 아니라, 사내 과학 전문가인 존 녹스(John Knox) 박사에게 석면 노출이 질병을 일으킨다는 사실에 의구심을 제기하는 글을 쓰도록 지시했다.[37] 터너앤드뉴월 공장이 있던 로치데일에 거주하는 사람들은 석면 가루로 뒤덮인 나무와 들판을 보며 1년 내내 서리가 내리는 마을이라고 우스갯소리를 할 정도였다. 마을 내 몇몇 거리에서 발생한 사망자 가운데 두 가구당 한 명은 석면에 의한 질병으로 사망한 것으로 보고 있다.

하얀 가운에 머리가 온통 헝클어진 채로 연구실에서 이상한 의식을 하는 과학자들은 우리와 다른 세상에 속한 사람들처럼 보이고, 일반 사람들이 중요하게 여기는 가치와 고민을 잘 이해하지 못할 것 같다. 이들이 쓰는 용어, 방법, 연구 자료가 상당히 낯설게 들리고, '진리'를 두고 과학자들끼리 대립각을 세우며 열띤 토론을 하는 모습을 보면 도대체 무슨 말들을 하는 건가 싶기도 하다. 때문에 학자들이 자신이 몸담고 있는 업계의 이익을 위해서 행동한다는 의심이 들거나, 자신의 학문적 신념을 지키려고 우리에게 잘못된 편견을 심어주는 것이 아닐까 불신하는 순간, 통계 자료에 대한 우리의 믿음 또한 사라져버리고 만다.

전문가들이 선의를 바탕으로 진솔하게 의견을 전한다 해도, 어떠한 기술이 직접적인 위험을 미치지 않는다고 전문가들이 아무리 설명해도 이들의 말을 믿지 않는다면 결국 피해는 우리의 몫이다. 헤일리가 걱정하는 이동통신 송신탑도 마찬가지다. 고출력 마이크로파는 전자레인지에서 음식을 데우는 것처럼 물질에 열을 가할 수 있지만 송신탑에서 방출하는 방사선은 강도가 약할 뿐 아니라 송신탑에서 떨어져 있다면 그 강도는 더욱 줄어든다. 따라서 마이크로파가 원인이 아니라, 송신탑이 위험하다는 믿음과 그로 인한 스트레스가 보고된 질병을 야기했을 수도 있다. 우리는 사람들이 자신이 저주받았다고 믿을 때 실제로 병에 걸렸던 사례를 지금껏 역사를 통해 자주 접했고, 어쩌면 여기서도 같은 심리적 현상이 작용했을지도 모른다. 에식스 대학교(Essex University)의 일레인 폭스(Elaine Fox)가 3년간 진행한 연구에 따르면 방사선을 민감하게 감지한다고 스스로 자부하던 사람들에게 송신탑의 가동 여부를 묻자 적중 가능성이 단순 추측과 다름없었다고 한다. 송신탑이 실제로 가동되고 있었든, 참가자들에게 현재 가동되고 있다고 거짓으로 알렸든 이들이 호소하는 증상의 강도와 횟수에는 변함이 없었다.[38] 실제로 송신탑이 인체에 직접적인 악영향을 준다는 과학적 증거는 아직 밝혀진 바가 없다.

하지만 이런 데이터도 헤일리를 안심시키기에는 부족해 보인다. 그녀는 지역 신문과 나눈 인터뷰에서 이렇게 말했다. "10년, 20년 후에나 송신탑이 마을에 어떠한 영향을 줄지 알게 되겠죠. 그 정도 시간이 지나면 건강상의 이상이 드러나기 시작할 테니까요."[39] 그렇다면 이렇게 복잡한 사안에서 전문가와 이들이 말하는 수치는 어떠한 역할을 해야 하는 것일까? 어려운 과학 용어를 잔뜩 들이밀며 사람들의 걱정을 틀어막으려 하고, 이들의 반대를 비합리적이고 무식하다며 대중을 깎아내리는 오만한 전문가는 오히려 사람들의 반대 입장을 더욱 확고하게만 만들 것이다. 유전자 조작(GM) 식품 기업인 몬산토(Monsanto)는 강압적인 전략으로 비난을 당했고 사람들의 반발과 GM 식품 안전성에 대한 불신만 낳았다. 더욱이 몬산토 측은 GM 식품이 완벽히 안전하기 때문에 유전자 조작을 따로 표기할 필요도 없다고 주장했다. 앞에서 봤듯이 사람들이 위험을 인식하고 평가할 때 숫자나 통계만을 참고하는 것이 아닌데, 그렇다고 해서 이들의 인식이 덜 타당하다거나 가짜라고는 말할 수 없다. 연구에 따르면 사람들과 솔직하고 진솔한 대화를 나누고, 이들이 걱정하는 바를 이해하며, 불확실한 부분에 대해서는 인정하고, 가능한 정보를 모두 공개할 때 장기적으로 신뢰를 형성하고 사람들이 정보에 근거한 선택을 내릴 수 있는 데 도움이 된다고 한다.[40]

결국 통신사 송신탑이 자녀들에게 위협을 줄 수도 있다는 생각에 걱정이 되고 우울해져 그녀의 삶의 질이 저하되었다면 헤일리의 반발을 통신기술에 대해서 아무것도 모르는 한 여자의 망상쯤으로 치부해서는 안 된다. 숫자가 무엇을 가리키든 그녀는 실제로 고통받고 있고, 자신이 우려하는 바가 고려되길 바라는 것은 마땅한 일이다.

우리는 망해가고 있다고!

우리 집 현관문 앞, 말끔하게 정장을 입은 한 열정 넘치는 사내는 아마겟돈이 다가오고 있음을 확신하고 있었다. 지구 종말이 임박했음을 알리는 반박할 수 없는 증거를 하나하나 입에 올릴 때마다 내게

숫자는 어떻게 생각을 바꾸는가

팔아볼 생각으로 반대편 손에 들고 있는 책을 손바닥으로 내리쳤다. 책을 어찌나 내리치는지 내용은 둘째 치더라도 그 책을 사고 싶은 생각이 전혀 안 들었다. 지금껏 종말을 잘못 예견한 사람들은 수없이 많았고, 그때마다 예언가들은 약간의 수정이 필요할 뿐 다음번에는 반드시 맞을 것이라는 말장난 같은 변명을 하나같이 들이밀었다. "제 경고를 진지하게 듣지 않은 것을 곧 후회하게 될 겁니다"라고 격앙된 목소리로 말하고 남자가 사라지는 순간, 그 말이 내가 그의 앞에서 두르고 있던 이성의 갑옷을 뚫고 가슴에 박혔다. 지금보다 훨씬 나았던 것 같은 이삼십 년 전의 세상이 그리워졌다. 지금 걱정하고 있는 일들을 걱정할 필요가 없었던 때, 대다수의 위협이 이미 오래전에 사라졌던 그때가 그리웠다.

'범죄율 11퍼센트 상승', '소비 0.8퍼센트 하락', '철도 정시성 1.1퍼센트 하락', '독감 유행'. 걱정거리가 충분하지 않다는 듯 불길하게 요동치는 최신 그래프들은 하나같이 세상이 망해가고 있다고 알리고 있다. 미래가 현재보다 어두울 것이라 믿는 '쇠퇴론(declinism)'이 널리 퍼져 있다는 사실이 그리 놀라울 만한 일은 아니다. 2015년 영국 설문 조사에 따르면 응답자 중 5퍼센트만이 세상이 더욱 나아지고 있다고 답한 반면, 71퍼센트는 더욱 악화되고 있다고 답했다.[41]

심리학자들은 쇠퇴론이 두 가지 심리 요인에 기인한다고 보고 있다. 첫째로, 사람들은 10에서 30세 사이에 벌어진 일을 가장 생생하게 기억하는 경향이 있다[이를 '회고 절정(reminiscence bump)'이라고 한다]. 둘째로는 나이가 들수록 부정적인 일보다 긍정적인 일을 더욱 쉽게 떠올리는 현상이다.[42] 이 두 가지 요인이 합쳐져 숫자가 뭐라고 하든 과거가 현재보다 훨씬 좋았던 것처럼 생각되는 것이다.

하지만 무엇보다 사실과 다른 부정적인 트렌드가 자꾸 사람들의 눈앞에 제시되는 탓에 세상이 점점 악화되고 있다는 생각이 심화된다. 제비 두 마리가 왔다고 해서 여름이 온 것이 아니듯, 수치 두 개로 어떠한 현상을 확신할 수는 없다. 세계의 상황을 측정하는 데 쓰이는 기준들은 예측 불가능한 임의적 요인으로, 단순 일회성으로 발생한 일이 그래프를 위아래로 요동치게 만드는 것이다. 주사위를 던져 6이 나온 후 다시 던졌을 때 4가 나왔다고 해서 하락 추세라고 보는 것은 말도 안 되는 일이다. 월별 범죄 발생 건수는 날씨와(소매치기는 천둥 번개를 동반한 폭풍우에 온몸이 흠뻑 젖는 것을 싫어한다), 잠금 장치가 풀려 있는 자동차처럼 범죄자들이 우연히 마주한 기회, 운이 작용한 여러 가지 요인에 따라 크게 달라진다. 따라서 작년과 올해 같은 기간의 범죄율을 비교하면 다를 수밖에 없다. 작년이 올해보다 나쁠 수도 좋을 수도 있는 식이다.

중요한 것은 최근 그래프상 변동이 좋을 때보다 나쁠 때 더욱 관심을 갖게 되고, 긍정적인 소식보다 부정적인 뉴스가 언론에 나올 확률이 높다는 점이다. 미시건 대학교의 스튜어트 소로카(Stuart Soroka)와 맥길 대학교(McGill University)의 스티븐 매캐덤스(Steven McAdams)는 긍정적인 TV 뉴스와 부정적인 뉴스를 참가자들에게 보여준 후 심박수와 피부 전도 등 흥분과 주의력을 드러내는 생리 반응을 분석했다.[43] 두 사람은 부정적인 뉴스가 흥분과 주의력을 모두 높인 반면,

긍정적인 뉴스가 미치는 생리적 영향은 TV 화면에 아무것도 나오지 않을 때와 비슷한 정도라고 밝혔다. 소로카와 매캐덤스는 잡지 커버가 밝을 때보다 부정적인 분위기를 풍길 때 잡지 가판대의 매출이 보통 30퍼센트가량 상승한다는 증거도 함께 제시했다. 그래프상 부정적인 변화가 그저 단순한 임의적인 변화라 해도 수익성 있는 이야기로 이어지는 매력적인 기회가 형성된다는 것이다. 이와 반대로 이 임의적인 변화가 긍정적인 방향으로 나타날 때는 잡지 한 귀퉁이에 짧게나마 실리면 그나마 다행인 것이다.

무엇보다 최악은, 시즌성 특성이 있는 측정 대상을 연속적인 몇 달, 또는 분기를 두고 비교하며 불필요하게 우울한 보고서를 만드는 것이다. 2002년 12월 12일자 BBC 뉴스 사이트에는 '철도 정시성이 열악해지고 있다'는 걱정스러운 기사가 실렸다.[44] 자포자기한 모습으로 역내 출발 안내 전광판 앞에서 두 손에 얼굴을 파묻고 있는 한 승객의 사진과 함께였다. 하지만 열차의 17퍼센트가 연착된 여름철(7, 8, 9월)과 20퍼센트가 연착된 다음 분기(10, 11, 12월)를 비교한 보도였다. 기상 악화가 철도 상황에 지장을 주는 연말에는 정시성의 저하를 충분히 예상할 수 있고, 실제로 기사에서도 이런 변화에는 기상 상황 악화가 주요 원인이라고 언급하기도 했다. BBC 보도는 정시성이 악화되는 추세라고 단정 지을 만한 아무런 증거를 제시하지 못했다. 어떠한 추세가 생기고 있는 가능성을 암시하기 위해서는 몇 년간의 변화가 지속되고 있다는 증거가 필요한데, 사실 이런 때마저도 관측되는 변화는 여전히 단순한 임의적 변동에 지나지 않을 가능성이 있다.

마음 푹 놓고 자도 되는 이유

우리가 모두 지나친 낙천주의자가 되어야 한다거나, 힘들었던 과거의 세상을 장밋빛 필터를 씌운 안경을 쓰고 바라보며 미화하는 일을 그만둬야 한다고 말하는 것이 아니다. 현재 전 세계의 수백만 명의 사람들이 위험과 결핍을 마주하고 있다. 지구 온난화, 오염, 국제적 긴장과 충돌, 불평등, 핵무기, 자원의 과잉 개발과도 같은 다양한 문제가 실재하고 있다. 그러나 현 세상의 상황과 장래성, 그리고 그 안에서 우리의 위치에 대해 분석할 때는 현실적으로 바라볼 줄 알아야 한다. 위험에 대한 진실을 분명히 드러내는 숫자를 무시하거나 왜곡하거나, 수치에 대한 잘못된 해석에 휘둘리는 행동은 시각을 왜곡하는 안경을 쓰고 삶에서 방향을 찾아나가는 것과 같은 이치다.

맑은 두 눈으로 볼 때 우리가 두려워하는 위협 대부분이 실제로는 우리를 곤경에 처하게 하지 않을 것이고, 많은 사람이 갈망하는 어제의 세상은 우리의 기억만큼 멋지지 않았다는 것을 깨닫게 될 것이다. 숫자는 우리 삶의 수많은 측면이 크게 향상되었다고 말하고 있지만, 매일같이 쏟아지는 우울한 뉴스와 두려움을 유발하는 타블로이드 제목이 우리의 눈을 가려 그간의 성과를 보지 못하게 만든다. 위험을 잘못 인지한 탓에 잘못된 정책을 향해 투표권을 행사하거나, 그로 인해 선동 정치가들이 승리를 거머쥘 수도 있는 세상에서 정확한 숫자에 접근하고, 평가하고, 이해하는 우리의 능력이 무엇보다 중요할 것이다.

Something
Doesn't
Add Up

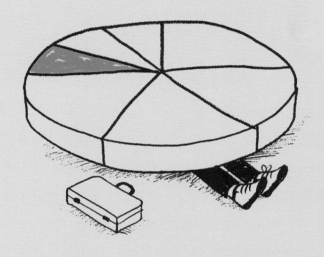

통계적 사고가
중요하다

진짜 숫자들

지금껏 우리는 숫자로 인해 우리가 진실과 단절될 수 있다는 것을 확인했다. 기껏해야 진실의 일부만 보여주는 숫자에 지나치게 매몰될 때, 또는 이면에 어떤 동기를 감춘 채 거짓이나 반쪽짜리 진실만 담아 우리가 이해하기 쉽도록 만든 숫자가 제시될 때 우리는 잘못된 정보를 얻게 된다. 이런 숫자들로 인해 중요한 의사 결정의 질이 크게 손상될 수 있다. 잘못된 대학을 선택하거나, 잘못된 정당에 투표하거나, 잘못된 목표를 좇을 수도 있다. 잘못된 연구 결과를 참고해 식습관을 바꾸거나, 정확한 대중의 여론을 대표하려는 시도조차 하지 않은 여론 조사로 인해 왜곡된 시각을 갖게 될 수도 있다. 단순화된 숫자나 임의로 만들어진 범주에 묶여 꼬리표가 붙을 때는 우리의 자존감마저 다친다.

　신뢰성 높은 데이터에 전혀 관심을 갖지 않을 때도 진실과 단절될 수 있다. 숫자를 향한 혐오와 숫자의 의미를 해석하는 능력의 부족, 우리의 편견으로 인해 중요한 메시지를 지닌 믿을 만한 통계 자료가 묵살될 때 우리는 진실에서 멀어진다. 그 결과 재난 피해자들에게 부적절하게 반응하거나, 극히 낮은 위험을 피하는 데 시간을 낭비한 나머지 인생을 충분히 즐기지 못한다.

대다수의 사람들은 '객관적 진리(objective truth)'라는 것이 존재한다고 믿는다. 닐 암스트롱(Neil Armstrong)이 1969년 달 위를 걸었고, 2019년 전 세계 인구가 70억 명을 넘어섰다는 사실 같은 것 말이다. 철학자들 가운데 객관적 진리라는 개념을 반박했던 이들도 있다. 이들은 진리란 주관적이며 사회적으로 형성되어 문화적으로 정해진 개념으로 입증이 불가능하다고 주장한다. 한 개인의 진리는 배경이나 준거 기준, 관점에 따라 다른 이에게는 달리 인식될 수 있다고 보는 것이다. 이들에게 과학은 사람이 만들어낸 이데올로기에 불과할 뿐, 과학조차도 정확하고 객관적인 지식을 제공할 수 없다고 생각한다.

하지만 포스트모더니스트가 아닌 사람들, 가능한 객관적 진리에 가까이 다가가고 싶은 사람들은 몇 가지 문제에 봉착한다. 잘못된 숫자와 신뢰할 만한 숫자를 어떻게 구분할 수 있을까? 우리의 직관이 통계적 증거와 상충할 때 어느 쪽을 믿어야 할까? 만약 숫자가 신뢰할 만하다면 그리고 중요한 메시지를 담고 있다면, 어떻게 제시되어야 그 의미를 제대로 전달하고 영향력을 발휘할 수 있을까?

통계를 경계하다

2015년 미국의 성인 인구 가운데 88퍼센트가 살면서 언젠가 외설적인 문자 메시지를 보내본 적이 있고, 이 중 82퍼센트는 전년도인 2014년에 그런 문자를 보냈다는 기사를 접했다.[1] 어쩌면 이 수치가 맞을 수도 있다. 처음에는 나도 기사 그대로 이해했다. 하지만 며칠 후 한 친구에게 이 기사를 언급하던 중 수치가 지나치게 높은 것이 아닌가 싶은 생각이 들었다. 어디선가 미국의 성인 인구 가운데 14퍼센트가 70세 이상이라는 수치를 본 적이 있었다. 그렇다면 70세 이상의 노인 가운데에서도 제법 많은 사람이 외설적인 문자를 보냈거나, 이보다 젊은 인구층에서 이런 문자를 보낸 비율이 상당히 높다는 뜻이었다. 새로운 기사를 찾는 기자에게는 사람들의 눈을 사로잡는 퍼센트가 선물이었겠지만 나는 의심스러운 생각이 들었다.

통계를 향한 경계심을 키운다면 우리에게 마구잡이로 쏟아지는 의심스러운 숫자에 타격을 입지 않고 요리조리 피할 수 있다. 수학자나 수식에 미친 사람이 되어야 한다는 뜻은 아니다. 신문사가 무슨 주장을 하든, 지구 온난화나 범죄, 처벌에 대한 관점이 정치적으로 편향되어 있는 신문사에서 진행한 여론 조사가 일반 대중의 의견을 과연 제대로 대표하고 있는지 의심을 갖는 데는 박사학위까지 필요치 않다. 잠깐만 생각해봐도 평균이 다양한 집단 구성원을 고르게 대표하지는 않았을 것이라는 생각이 들 것이다. 마찬가지로 숙달된 심리학자가 아니라도 음식점이나 영화 평점과 같이 주관적인 판단을 바탕으로 한 수치에는 편견이나 비일관성이 개입했을 것이라고 쉽게 알수 있다. 물론 주관적 판단에서 비롯된 수치가 유용할 때도 있지만 신중하게 접근해야 한다. 그렇지 않으면 9장에서 봤던 것처럼 한 번

입력된 잘못된 숫자는 쉽게 몰아낼 수가 없다. 이후 아무리 명확하고 강력한 반증이 우리에게 제시되어도 말이다.

(프롤로그에서 등장했듯이) 즉각적이고 직관적이며 감정적 사고에 기반한 시스템 1은 아무런 노력이 필요 없는 자연스러운 사고 체계다. 때문에 우리는 어떠한 정보를 분석할 때 기본값처럼 시스템 1을 가동시키고 가장 먼저 떠오르는 생각을 수용하게 된다.[2] 이런 편리함의 대가는 오해와 오류, 무의식적인 선입견이다. 기업 투자를 결정할 때도 회사명이 발음하기 어렵다는 이유로 라시에아(Lasiea)보다 페라(Pera)와 같이 쉽게 발음할 수 있는 기업이 더욱 유망하다고 판단할지도 모른다.[3] 어느 곳에 도착하기까지 자동차와 열차를 이용해 총 210분이 걸린다고 했을 때 열차 이용 시간이 자동차보다 200분 더 걸렸다면, 시스템 1은 자동차로 이동하는 시간이 10분 걸렸을 것이라는 결론을 내릴 것이다. 하지만 몇 분간의 분석적 사고를 거치면 자동차로 이동하는 시간은 겨우 5분밖에 되지 않았다는 것을 깨닫게 된다.[4]

이 분석적 사고가 바로 시스템 2다. 시스템 2의 역할 중 하나는 성실한 부모처럼 시스템 1을 살피고 시스템 1이 엇나갈 때면 바로잡아주는 것이다. 하지만 이런 역할은 상대적으로 수고스러운 일이므로 한 번씩 태만해진 시스템 2는 별 문제가 되지 않길 바라며 수준 함량의 생각을 여과 없이 통과시킨다. 그렇다면 통계가 주어졌을 때 시스템 2를 가동시키려면 어떻게 해야 할까? 몇몇 방법은 그다지 매력적으로 들리지 않는다. 기분이 안 좋을 때 좀 더 분석적으로 사고하게 되는데, 그 이유는 불행하거나 위협을 느낄 때 정신이 명민해지고 신중해지기 때문이다.[5] 한 연구에 의하면[6] 얼굴을 찌푸리는 것 또한 시스템 2를 활성화시키지만 통계 자료를 접할 때마다 숫자들을 쏘아보라고 사람들에게 말하면 보톡스 매출이 눈에 띄게 높아질 것이다. 또한 타인에게 자신의 결정을 설명해야 하는 때나, 어떠한 문제가 우리에게 개인적으로 연관이 있고 영향을 미치는 경우 좀 더 분석적으로 사고하는 경향이 있다.[7] 독일에서 진행한 연구에 따르면 통계학자들처럼 정보를 바라보라고 사람들에게 요청했을 때 편향된 사고가 낮아지는 효과가 있었다.[8] 그렇다면 숫자가 주어졌을 때 통계학자는 과연 어떤 질문을 제기하는가가 궁금해진다. 시스템 2가 작동하려면 엄격한 평가 장치가 갖춰져야 한다. 여기서 평가 장치란 수치를 제시한 사람의 동기와 능력을 살피고, 숫자가 측정하지 못한 것은 무엇인지, 비교가 가능한 대상이 있는지 등을 묻는 것이다. 숫자를 심문할 때 필요한 핵심 질문들을 부록에 정리했다.

언제 직감을 믿어도 될까?

시스템 1의 비이성적인 특성에도 불구하고 결과적으로는 직관이 맞았던 적이 있지 않은가? 수치가 가리키는 것과 직관이 말하는 것이 다를 때 직관이 정확했던 적이 있었는가? 직관의 힘을 보여주는 놀라운 사례가 많다. 한 연구에서 간호사들이 검사 결과가 나오기도 전에 소아 환자들이 치명적인 감염을 앓고 있다는 것을 맞췄지만, 간호

　　　　　　　숫자는 어떻게 생각을 바꾸는가

사들도 어떻게 감지했는지는 설명하지 못한 사례가 있다.[9] 양계업에서는 부화한 지 하루가 된 병아리들의 성별을 파악하는 것이 중요한데, 병아리를 아무리 꼼꼼하게 살펴도 일반 사람이 성별을 맞추기란 불가능할 정도로 어려운 일이다. 하지만 일본에서 병아리 감별사로 오래 활동한 사람들은 1초도 안 되는 시간에 직관에 따라 병아리의 성별을 감별해 98퍼센트의 적중률을 보인다. 앞서 등장한 간호사들과 마찬가지로 이들도 어떻게 성별을 가려내는지 정확히 밝히지 못했다.[10] 포뮬러원(Formula 1) 드라이버 한 명이 레이스 중 급커브 구간에 진입하기 직전에 갑자기 브레이크를 밟는 일도 있었다. 그는 차를 멈춘 후에야 앞에 연쇄 추돌 사고가 벌어졌다는 것을 알았다. 속도를 줄이지 않았다면 이 운전자는 목숨을 잃었을 터였다. 리즈 대학교의 심리학 교수인 제라드 호지킨선(Gerard Hodgkinson)이 이끄는 연구팀에서 레이스 장면을 녹화한 영상을 본 후에야 운전자는 자신이 어떤 행동을 했는지 이해했다. 그는 평소와 다른 관중석의 반응을 무의식적으로 감지한 것이었다. 보통 때라면 그에게 손을 흔들며 응원하던 관중이 그날은 얼어붙은 채로 사고가 난 앞 방향만 바라보고 있었다.[11]

하지만 이런 경우도 있다. 당신이 어떤 대회에서 우승했는데, 약속된 상금이 좀 특이하게 책정되었다. 전날 받은 것의 두 배씩을 다음 날 상금으로 30일 동안 받는 식이었다. 첫째 날은 1펜스를 받지만 상금은 매일 두 배씩 늘어나 둘째 날에는 2펜스, 셋째 날에는 4펜스를 받게 된다. 동전 몇 개를 상금으로 받는 것이 큰 의미가 없어 보였던 당신은 대회 주최 측에 상금은 필요 없다고 말한다. 그러던 어느 날 심심했던 당신은 총 상금이 어느 정도였을지 계산해보기로 했다. 30일 동안의 상금이 1,073만 7,418파운드 23펜스라는 사실을 깨닫고 아연실색했다. 뭔가 말이 안 되는 상황이었다. 처음 며칠 동안은 푼돈이나 다름없던 금액이 어떻게 한 달이라는 짧은 시간 안에 인생을 바꿀 정도의 거액이 될 수 있을까? 바로 이것이 직관이 불러온 비참한 결과였다.

그렇다면 직관이 탁월함을 보인 사례와 어리석음을 보인 사례는 뭐가 다른 걸까? 직관이 제대로 발휘되기 위해서는 두 가지 조건이 충족되어야 하는 듯 보인다.[12] 우선 규칙적인 특성이 있는 환경이어야 한다. 즉 우리가 판단을 내릴 때 참고할 수 있는 패턴이 나타나야 한다는 의미다. 간호사들이 의식적으로 관찰했던 것은 아니라 해도, 아이들이 보인 특정 증상 몇 가지는 위험한 감염증일 때 드러나는 종류였을 것이다. 부화한 지 하루가 된 병아리들은 성별에 따라 총배설강(소화와 비뇨, 생식 기능을 동시에 가진 기관-옮긴이)에 몇 가지 복잡한 차이가 나타난다. 또한 자동차 경주에서 관중 행동의 패턴은 트랙상에서 벌어지는 일과 관련이 깊을 것이다.

하지만 주가 변동과 같은 분야에는 규칙성을 발견했다고 믿는 사람들의 생각과 다르게 규칙적인 패턴이 형성되어 있지 않다. 실제로 주식 시장 그래프는 만취한 술고래의 걸음걸이처럼 우연성을 따른다고들 한다. 국제적 정치 문제 또한 규칙성이 결여된 분야로, 한 유명한 실험에서 전문가들에게 앞으로의 정세를 물었으나 이들의 예측이

숫자는 어떻게 생각을 바꾸는가

무작위 추측보다도 못한 결과를 보였다. 연구를 주도한 필립 테틀록 (Philip Tetlock)에 따르면 침팬지가 다트를 던져 나온 답이 더 높은 적중률을 보였다.[13]

직관이 탁월한 힘을 발휘하기 위해 필요한 두 번째 조건은 주어진 패턴을 분석할 기회가 보장되어야 한다는 것이다. 많은 경험이 필요하다는 의미다. 미처 그 존재를 인식하지 못했던 사례를 포함해 과거 사례의 방대한 정신적 데이터베이스가 구축되어야 한다. 직관은 곧 인식이다. 수많은 사례와 피드백이 구축되어야 현재 상황이 이전 패턴들과 일치한다는 것을 인식할 수 있고 자동적으로 해당 패턴에 따른 가장 적절한 판단을 떠올릴 수 있다. 이 일련의 과정은 우리가 즉각적으로 그리고 무의식적으로 행하는 일이다. 소아 환자를 돌보는 간호사들과 일본의 병아리 감별사들이 그간의 경험에 의지해 놀라운 능력을 발휘했다는 뜻이다. 포뮬러원 운전자가 만약 처음 출전한 사람이었다면 아마 살아남지 못했을 것이다.

반대로, 앞서 나온 대회 상금 사례와 같이 지수적 성장에 따른 결과를 예측해본 경험이 없는 사람들이 대부분이다. 우리 주변에는 무언가 이렇게 파격적인 속도로 커지는 경우가 거의 없다. 따라서 우리의 직관은 의지할 만한 관련 데이터가 없는바, 일반적인 경험을 바탕으로 돈이 천천히 늘어날 것이라 추측한 것이다. 처음 며칠 동안 펜스로 받는다면 총 상금이 아주 적을 것이라 지레짐작한다. 이런 편견이 예상치 못한 기쁨으로 돌아올 때도 있다. 연금이 생각보다 빨리 불어나는 것처럼 느껴지는 이유도 복리가 적용되어 해가 지날수록 금액이 점차 커지는 탓이다. 직관은 우리에게 성장은 선형적으로만 일어난다고 말하기 때문에 증가분 역시 그럴 것이라 생각한다.

요약하자면, 제시된 숫자와 직관이 상충할 때 규칙성을 보이는 상황이고 충분한 경험이 있다면 직관이 맞을 확률이 높다. 2000년 초, 미국 역사상 가장 큰 규모의 폰지 사기(다단계식 금융 사기-옮긴이)를 벌인 사기꾼 버니 메이도프(Bernie Madoff)를 잡을 수 있었던 것도 직관 덕분이었다.[14] 베테랑 재무 분석가인 해리 마르코폴로스(Harry Markopolos)는 메이도프의 재무 숫자를 대충 살펴본 것만으로도 무언가 잘못되었다는 것을 직감했다. 경험과 실전이 부족한 사람들은 메이도프의 장부 조작 행위를 눈치채지 못했다.

안타깝게도 직관이 옳다는 확신이 직관의 정확성까지는 보장하지 않는다.[15] 파나마 운하가 수에즈 운하보다 길고, 리버풀이 에든버러보다 서쪽에 있다고 확신하겠지만 사실과 다르다. 직관적 판단에 대한 확신은 갖고 있는 정보량이 많아질 때 더욱 커지지만, 반대로 정보가 많아서 직관의 정확도가 더 낮아질 수도 있다.[16,17] 한편 제공된 숫자들이 한결같이 편향되어 있어도, 정보가 일관적이고 명쾌하게 일치할 때 이 정보를 바탕으로 내린 판단을 더욱 확신하는 경향이 높다. 심리학자들은 이를 타당성 착각(illusion of validity)이라고 한다.

즉 우리의 직관이 아무리 설득력 있게 느껴져도 시스템 1과 2가 동시에 활성화될 때 진실에 더욱 가까이 접근할 수 있다는 뜻이다. 조건이 갖춰진 상황에서는 우리의 직관이 변칙을 감지하는 데 탁월한 능력을 보이지만, 잘못된 숫자를 아무 의심 없이 수용하거나 실제로 별 의미 없는 현상을 이상 징후로 오해할 때도 있다. 따라서 중대한 사안 앞에서는 시스템 2의 분석적 능력을 발휘해 적절한 확인 과정을 거치는 것이 안전하다. 바로 마르코폴로스가 한 것처럼 말이다. 그는 처음 느꼈던 직관에만 의존하지 않았다. 이 직관은 메이도프의 회계를 자세히 분석하게 만들었던 촉발제였다. 그는 분석을 통해 자신이 품었던 의심이 옳았음을 확인하는 과정을 거쳤다.

유용한 숫자에 흥미와 의미를 더하다

우리에게 제시된 숫자들을 참고해 정확한 판단을 내리고자 인지 기관을 완벽하게 준비시켰다 하더라도, 너무도 지루하고 난해한 나머지 중요한 숫자를 무시하고 넘어가는 일이 생기지는 않을까? 강의 첫 시간에 강의실에 들어가 내가 통계학을 가르치게 될 것이라고 밝게 소개할 때마다 굳게 다문 입술과 굳은 자세, 미소 하나 없는 얼굴로 겹겹이 앉은 학생들 사이에서 흐르는 우려의 기운이 느껴진다. 학생들이 무슨 생각을 하는지 훤히 보인다.

"이 사람은 이제부터 도저히 알 수 없는 공식과 이상한 전문 용어로 우리 혼을 쏙 빼놓고 우리랑 아무 상관도 없는 숫자를 줄줄이 들이밀며 지루함에 몸서리치게 만들겠지. 그러고는 시험에 패스하길 기대할 테고."

미국의 통계학자인 에드워드 터프트(Edward Tufte)는 이렇게 말했다. "통계가 지루하다면 잘못된 숫자를 들여다보고 있는 탓이다." 하지만 이미 봤듯이 제대로 된 숫자, 현명한 의사 결정을 가능케 할 정직하고 신뢰할 만한 숫자가 주어졌다 해도, 이 숫자를 제대로 이해하지 못하는 경우가 잦다. 그렇다면 어떻게 해야 건조한 숫자들이 영향력과 의미를 지닌 흥미로운 메시지로 변할 수 있을까?

차트의 예술

9장에서 우리는 예술이 자연재해와 전쟁에서 사망한 사망자의 통계 수치를 구체화할 수 있다는 것을 확인했다. 통계를 효과적으로 전달하기 위해서 반드시 고급 예술적 기술이 필요한 것은 아니다. 픽토그램(pictogram, 사물, 행위 등을 그림으로 표현한 문자—옮긴이)과 같이 단순한 도해로도 충분히 가능하다. 어떤 환자가 혈액 응고 방지제를 투약하지 않으면 이듬해 뇌졸중에 걸릴 가능성이 0.6퍼센트라는 이야기를 의사로부터 들었다면, 이 숫자를 선뜻 이해하기 어려울 것이다. 이런 경우 아래 첨부된 픽토그램이 확률을 설명하는 데 효과적인 것으로 드러났다. 다음의 그림에는 1,000개의 얼굴이 있다. 웃고 있는 994개의 그림은 뇌졸중에 걸리지 않을 사람들이고, 나머지 창백한 얼굴로 울고 있는 여섯 개의 그림은 뇌졸중에 걸리게 될 사람들이다. 영국의 국립 보건 임상 평가 연구소(National Institute for Health and Care Excellence, NICE)와 같은 기관에서는 환자들이 자신이 받게 될 치료를 정확히 이해하고 현명한 선택을 할 수 있도록 이런 그림을 활용한다.[18] 이런 유의 픽토그램이 효과적인 데는 사람의 수를 직접적으로 표현하기 때문일 것이다. 7장에 나왔듯이 여러 심리학자의 연구

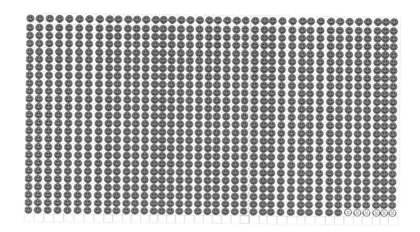

를 통해 밝혀진바, 우리는 확률이나 퍼센트보다 (얼마나 자주 일어나는지 와 같이) 숫자로 표현된 정보를 더욱 잘 받아들인다.

터프트와 스웨덴의 카롤린스카 연구소(Karolinska Institute)에서 세 계 보건 교수였던 고(故) 한스 로슬링(Hans Rosling)은 통계 정보를 효 과적으로 전달하는 데 앞장서온 인물들이다. 터프트는 사람들이 데 이터를 한눈에 이해할 수 있도록 그래프와 지도, 차트를 흥미롭게 디 자인하는 법을 제시했다.[19] 그는 훌륭한 차트는 "흥미와 호기심을 자 극한다"고 말했다. 무엇보다 간소함과 명료함이 그의 원칙이었다. 터 프트는 데이터의 주요 메시지를 전달하기보다는 사람들의 감탄을 자 아내기 위해 또는 자신의 예술적 능력을 과시하기 위해 만들어진 지 나치게 정교한 도표는 주의해야 한다고 지적했다. 필요 이상으로 잉 크 소모량이 많은 3차원 세로 막대형 차트와 수치가 정확히 드러나 지 않는 그래프는 정보를 제공하기보다는 가리고 왜곡하게 만든다.

터프트는 이런 도표를 '차트정크(chartjunk)'라고 일컬었다.

'불가능해 보이지만 사실은 가능한 일'을 몸소 보여주기 위해 강연 중 칼을 직접 목구멍에 밀어 넣는 묘기를 보이는 것으로 유명한 로슬링은 세계 경제 발전과 보건에 관련한 통계 자료를 혁신적으로 전달하는 방법을 개발했다.[20] 움직이는 그래픽 차트도 이 중 하나다. 로슬링이 설립한 gapminder.org 사이트에 가면 1800년부터 세계 각국의 수명과 소득이 어떻게 성장했는지를 각기 다른 색깔과 크기의 풍선으로 나타낸 그래프를 볼 수 있다(인구수에 따라 풍선의 크기가 다르다). 뿐만 아니라 지난 몇 년간 각국의 인구 및 연령별 구성이 얼마나 극적으로 달라졌는지를 보여주는 움직이는 지도와 차트도 사이트에 게시되어 있다. 또한 주별 소득 29달러의 부룬디부터 1만 달러의 중국까지 전 세계의 소득별 가족 모습을 보여주는 사진 자료도 찾아볼 수 있다.[21] 사진을 클릭하면 각 가정에 대한 사연과 생활 모습, 그리고 앞으로의 바람은 물론 집 안 내부도 둘러볼 수 있어 가정용품과 아이들이 갖고 노는 장난감까지 살펴볼 수 있다. 이렇게 제시된 가족들은 그저 멀리 떨어진 곳의 이름 없는 통계 자료가 아니다. 우리가 짐짓 추측하는 고정 관념과도 다르다. 사진으로 제시된 자료를 통해 우리는 재산과 라이프 스타일에 따라 서로 다른 각국의 삶을 엿볼 수 있다.

이외에도 숫자에 생기를 불어넣는 창의적이고도 효과적인 방법이 많다. http://hint.fm/wind/에서는 브라질의 과학자이자 디자이너인 페르난다 베르티니 비에가스(Fernanda Bertini Viégas)가 제작한 바람 지도를 확인할 수 있다. 미국 전역의 풍속과 풍향 예측한 영상 자료가 지속적으로 업데이트된다. 《리추얼(Daily Rituals)》의 저자 메이슨 커리(Mason Curry)는 유명한 창작자들이 하루 시간을 어떻게 분배해 수면, 식사, 운동, 휴식, 일, 창조적 활동을 행하는지 화려한 색감의 차트로 보여줬다.[22] 오노레 드 발자크(Honore de Balzac)는 오후 6시부터 새벽 1시까지 잠을 자고 새벽 내내 글을 쓴 후 오전 8시부터 9시 30분까지 잠시 눈을 붙이고 일어나 다시 작업을 시작했다. 반대로 파블로 피카소(Pablo Picasso)와 윌리엄 스타이런(William Styron)은 점심시간이 다 되어서야 일어났다. 이외에도 오픈 데이터 연구소(Open Data Institute)에서는 단순하고 이해하기 쉬운 여러 차트를 통해 1974년부터 2014년까지 영국인의 식습관 동향을 한눈에 보여준다. (여러 가족들의 푸드 다이어리를 바탕으로 만들어진 이 차트는 http://britains-diet.labs. theodi.org/에서 확인할 수 있다). 이 차트를 보면 설탕, 밀가루, 감자, 음료의 소비량이 점차 낮아지는 반면 과일, 곡물, 소스류는 뚜렷하게 증가하는 추세임을 알 수 있다.

에펠탑 몇 개에 해당하는가?

숫자를 사진이나 차트로 변환하는 것이 매번 가능한 일은 아니다. 신문이나 잡지에서 지나치게 많은 지면을 차지하는 것이 이유가 될 때도 있다. 한편 수치를 글로 전달할 때라도 조금만 신경 쓰면 한결 명쾌해진다. 사람들은 큰 수를 처리하는 데 어려움을 겪지만, 조금 생각하면 큰 숫자를 소화하기 쉬운 크기로 줄일 수 있다. 가령 16세 이상의 영국 여성 인구가 2017년 의류에 소비한 비용이 284억 파운드라고 집계되었다.[23] 선뜻 와 닿지 않는 수치다. 하지만 2017년 16세 이상의 영국 여성 인구가 약 2,700만 명이라는 점을 반영하면 여성 한 명당 약 1,050파운드를 지출했다고 볼 수 있다. 이해하기 한결 쉬운 숫자가 되었다. 물론 이 수치는 평균이기 때문에 몇몇 지출을 많이 하는 사람들에 의해 상향 조정되었을 것이다.

284억 파운드를 2,700만으로 나누면 정확히는 1,051.851852파운드가 된다. 하지만 소수점 여섯 자리의 수는 수십 억 단위의 숫자처럼 우리를 멍하게 만들 뿐 아니라, 어차피 어림잡아 산출한 숫자를 나눗셈한 것이라 값 역시 딱히 정확하다고 볼 수 없다. 몇몇 사람들은 과학적으로 정확하다는 거짓된 인상을 남기기 위해 일부러 소수점까지 길게 제시하기도 한다. 존슨 박사[Dr Johnson, 새뮤얼(Samuel) 존슨은 문학상 업적으로 박사학위가 추증되어 존슨 박사라 불리고 있다–옮긴이]는 어림수는 모두 속임수라고 말한 적이 있다. 하지만 정확한 숫자 또한 틀릴 때가 많고, 틀리지 않았다 해도 사람들이 이해하기 쉬운 메시지로 전환할 수 있다면 숫자를 반올림 또는 내림하며 약간의 정확성을 잃는 것이 나을 때가 많다.

반복적으로 일어나는 일에 관련한 큰 숫자를 사람들이 이해하기 쉽도록 전달할 때 자주 쓰이는 방법은 '기간별 비율(rate per time period)'이다. 이를테면 그린피스(Greenpeace)는 2018년 4월 매 1분마다 트럭 한 대 분량의 플라스틱이 해양에 버려지고 있다고 알렸다.[24] 2018년의 어느 시점에 추산한 바에 따르면 아마존 창립자인 제프 베이조스(Jeff Bezos)는 1초에 약 2,700달러를 번다고 한다.[25]

숫자가 단독으로 제시되지 않을 때 의미가 더욱 정확해지기도 한다. 비교나 기준의 대상이 있을 때 전달력이 높아진다. 어디선가 오트밀 한 그릇에 보통 3~4그램의 섬유질이 들어 있다는 이야기를 들은 적이 있는데, 이게 과연 무슨 의미일까? 콘플레이크 열 그릇 이상을 먹을 때 섭취하는 섬유질에 맞먹는 수준이라는 사실을 알았을 때야 비로소 어느 정도 가늠이 되었다. '맞먹는다'라는 단어는 숫자를 구체적인 이미지로 전환하는 데 아주 유용하다. 미국 항공모함인 조지 H. W. 부시 호는 길이가 333미터에 달한다. 어느 정도인지 상상하기가 어려웠지만 오래전부터 언론에서 애용해온 축구장 길이에 빗댄다면 이해하기가 쉬워진다. (물론 모든 축구장이 똑같은 것은 아니지만) 일반적으로 축구장 길이는 약 105미터로, 조시 부시호는 축구장 약 3개에 맞먹는 크기다.

높이를 묘사할 때는 엠파이어스테이트 빌딩, 자유의 여신상, 런던의 샤드(Shard) 빌딩, 에펠탑이 비교 대상으로 자주 활용된다. 2018년 인도의 구라자트에 들어선 통합의 상(Statue of Unity)은 세계에서 가장 큰 동상으로 꼽혔다. 약 182미터 높이의 청동으로 제작한 정치인 발라브바이 파텔(Vallabhbhai Patel, 인도의 초대 부총리-옮긴이)의 동상이 들어서자 주변 일대가 마치 《걸리버 여행기》속 한 장면처럼 보였다. 자유의 여신상과 비교하면 182미터가 어느 정도인지 쉽게 감을 잡을 것이다. 이는 자유의 여신상에 무려 두 배 크기다.

문자와 숫자

심리학자들이 밝힌 바에 따르면, 우리가 어떤 대상을 비교할 때 숫자와 함께 좋고 나쁨을 알려주는 문구가 제시되면 숫자를 좀 더 유용하게 활용한다고 한다. 여러 상품 또는 서비스를 두고 선택을 내려야할 때면, 가령 노트북이라면 기억 용량, 소비 전력, 프로세서 속도 등 속성별 특징을 명시한 통계적 정보가 정신없이 스쳐 지나간다. 하지만 '낮은', '보통의', '좋은', '훌륭한'이라고 적힌 문구가 함께일 때 우리는 숫자로 된 정보를 좀 더 적극적으로 활용하는 경향을 보인다.[26]

기후 변화에 관한 정부간 협의체(Intergovernmental Panel on Climate Change, IPCC)에서 기후 예측에 따른 불확실성을 전달할 때에도 숫자와 문자가 같이 제시되는 것이 더욱 효과적인 것으로 드러났다.[27] 예컨대 사람들은 '90퍼센트 이상의 확률로 가능성이 상당히 높아 보인다'라는 표현을 비교적 정확하고 일관적으로 해석했다. 어떤 문구를 명시하는 것이 임의적 경계를 반영한 꼬리표가 될 수도 있지만 4장의 예시와 달리 여기서는 문자가 숫자를 대신하는 역할을 하지 않는다. 오히려 숫자의 가치와 활용을 높이는 역할을 하고 있다.

숫자의 횡포?

올바른 의도와 올바른 동기로 사용된 숫자는 우리의 협력자가 된다. 매력적이고, 호감 넘치며 유익할 뿐 아니라, 숫자가 지닌 정확성과 명료성은 문자가 보여주지 못하는 사실까지 알려준다. 숫자는 새로

숫자는 어떻게 생각을 바꾸는가

운 목표를 성취하는 동력이 되어주고, 우리가 놓쳤을 법한 문제에 대해서도 경고해준다. 숫자는 불확실성을 낮춰주고 생각을 분명하게 정리해줘 우리가 더 많은 통찰력과 확신을 갖고 의사 결정을 내릴 수 있도록 해준다. 또한 우리의 의견이 잘못된 정보를 바탕으로 했거나 근거가 부족할 때는 숫자가 제동을 건다.

하지만 숫자와 다른 유형의 관계가 형성되기도 한다. 며칠 전 나는 데이비드 보일(David Boyle)의 《숫자의 횡포(The Tyranny of Numbers)》라는 책을 읽었다.[28] 제목에서 드러나듯, 숫자와의 관계가 마치 독재 정권과 정권의 지배를 받는 수동적이고 무력한 국민처럼 느껴질 때도 있다. 숫자가 우리의 행동을 통제하고, 우리의 목표를 결정하며, 우리의 지위를 규정하고, 자신에게 유리한 거짓말을 하며 불편한 진실은 숨긴다. 또한 교양이라고는 찾아볼 수 없는 정권이라 예술, 아름다움, 사랑, 영성에도 아무런 관심이 없다. 이 독재 국가에서 숫자란 세상을 지배하는 지적 엘리트층의 소유물로, 국민이 감히 무슨 의미인지 캐묻거나 의심을 품어서도 안 되는 대상이다. 불가해하고 때로는 전문 용어라는 가면까지 뒤집어쓴 엘리트층의 숫자는 국민의 일상생활과는 아무런 관계가 없어 보인다.

이 책은 사람들이 숫자를 지배자가 아닌 충직한 일꾼이라는 원래의 자리로 돌려놓는 데 도움을 주기위해 만들어졌다. 결국 숫자를 만든 것은 우리니까. 숫자를 제자리로 돌려놓기 위해서는 우리가 숫자가 부적절하게 사용될 때 반기를 들 수 있어야 한다. 숫자의 한계를 이해하는 동시에 숫자가 지닌 강점을 파악하고 활용할 줄 알아야 한다.

역설적이게도 우리는 점점 증가하는 데이터 세트, 놀랄 만한 과학의 진보, 수준 높은 통계적 분석 방법, 엄청나게 빨라진 컴퓨터 처리 속도, 즉각적인 의사소통의 혜택과 더불어 '가짜 뉴스' 그리고 정직함을 경멸하는 사회의 주요 인물들이 공존하는 시대를 살고 있다. 하지만 숫자만큼은 고의적으로 거짓말을 하는 경우가 많지 않다. 거짓된 숫자는 규정하기 힘들거나 측정하기 어려운 현상을 측정하기 위해 애쓰는 선의를 지닌 사람들에게서 시작되거나, 복잡한 문제에 대한 소통을 가능한 쉽게 만들기 위해 지나치게 단순화하는 과정에서 탄생한다. 숫자의 거짓말은 단순함과 규칙, 확실성이 부재한 상황에서 이를 바라는 우리의 갈망에 편승한다. 한 번 거짓된 숫자가 세상에 등장하면, 낯선 사실에 본능적으로 저항하는 우리의 습성으로 인해 영구히 존속한다.

거짓된 숫자가 어떤 연유로 생겨났든 개개인의 의사 결정에도 민주주의에도 부정적인 영향을 끼치는 만큼, 솔깃해 보이는 숫자가 우리 눈앞에 등장할 때면 건강한 비판 의식으로 마주하는 것이 현명하다. 한 걸음 물러나 깊이 심호흡하고 이 숫자가 어떻게 산출되었고, 진정으로 무엇을 의미하고 있는지, 즉 통계적으로 사고할 줄 알아야 한다. 이쯤에서 100년도 전에 H. G. 웰스가 남긴 예언이자 내게 첫 직장을 안겨준 명언을 떠올릴 수밖에 없다. "머지않아 통계적 사고는 읽고 쓰는 능력만큼 유능한 시민에게 반드시 필요한 자질이 될 것이다."

이른바 탈진실의 시대를 맞이해 웰스가 말했던 그날은 이미 도래했다.

통계에서 물어봐야 할 질문들

동기가 무엇인가?

통계를 제시한 측이 내게 어떠한 주장, 상품, 서비스를 판매하려고 하는가? 숫자는 어떠한 의도가 있는 사람 및 조직의 의견과 이익을 뒷받침하는 데 좋은 도구로 쓰인다. 가령 수치 자체에는 이상이 없는 정직한 숫자라 해도 식품 제조업자가 '무지방 90퍼센트'를 쓴다면, 영양학자는 '지방 10퍼센트'라고 표현한다. 트럼프와 같은 정치인들의 입에서 나온 숫자가 믿을 만하다고 볼 수 없는 시대를 살고 있지만, 우리는 이른바 팩트라 하는 것들을 직접 찾아볼 시간도 자원도 없다. 그러니 만약 의심이 드는 상황이 생긴다면 영국 통계국, 풀 팩트(Full Fact), 채널4 뉴스 팩트체크(Channel 4 News FactCheck), 폴리티팩트(PolitiFact)와 같이 독립적으로 운영되는 사이트를 방문하는 것이 좋다.

숫자가 말하지 않는 것은 무엇인가?

숫자가 생략한 것이 무엇일까? 철도 정시성은 철도 회사에서 제공하는 서비스의 질과는 다르다. 철도 청결도와 배차 간격, 직원 친절도, 그리고 빈 좌석이 있을 가능성이나 기차 안에서 차 한잔을 할 수 있는 가능성은 어떤가? 안정 시 심박수와 심혈관계 건강은 다른 이야기이고, 시험에 통과한 학생 수와 학생들이 제공받는 학교 교육의 질은 다른 의미다. 모두 유용한 수치이긴 하지만, 큰 그림의 일부만 보여줄 뿐이다. 특히나 GDP 사례에서 봤듯이 숫자는 쉽게 정량화할 수 있는 측면만 반영하고, 질적 측면은 완전히 무시될 수도 있다. 예컨대 수많은 심리학자들이 IQ가 개인의 창의성은 고려하지 않는다고 지적하고 있다. 만약 당신의 라이프 스타일로 치명적인 질병에 걸릴 확률이 30퍼센트 높아진다는 이야기를 접한다면, 그것이 무엇의 30퍼센트인지 모른다 해도 당신에게 실제로 닥칠 위험은 아마도 상당히 적다고 볼 수 있다.

숫자 이면에 단순화된 가정은 무엇인가?

숫자가 사실을 어떻게 단순화시키고 있는지, 어떠한 가정을 근거로 하고 있는지에 대해 의문을 품어야 한다. 평균은 여러 사람을 간략하게 단순화한 개념이지만 그 안에 속한 누구도 대표하지 못할 수도 있다. 도시 순위는 오염도, 물가, 범죄 발생 빈도 등 요소별로 중요도를

숫자는 어떻게 생각을 바꾸는가

상대적으로 평가해 가중치를 매겨 합산한 결과지만, 이때 가중치를 적용하는 방식에는 아무런 근거가 없을 수도 있다.

학점 등급, 학생들의 퍼센트 점수를 변환한 알파벳 학점, '비만', '과체중', '저체중'으로 나눈 체중 등급처럼 한 번 만들어진 임의적 범주는 걷잡을 수 없을 만큼 공고해진다. 범주로 인해 세상이 한결 단순해질 수는 있겠지만, 각 등급을 나누는 문턱값은 단순히 편리성에 의해 정해진 경우가 많고, 순위표상 등급을 결정짓는 가중치처럼 이 문턱값 역시 별다른 근거가 없을 때가 많다. 따라서 각기 다른 범주 안에 속한 사람이 상당히 다를 것이라는 추측에 빠져선 안 된다.

대표성을 잃지는 않았는가?

신문에 나오는 깜짝 놀랄 만한 통계 자료는 신문 판매에는 도움이 되겠지만 이 숫자가 어디서 나온 것인지 한 번쯤 의문을 가져야 한다. 만약 여론 조사 결과라면, 마땅히 대표해야 할 집단의 단면을 조사하려는 노력을 기울였는가? 대가를 받고 인터넷 서베이의 패널단으로 참여하는 사람들은 인구를 대표한다고 보기 어렵다. 집단의 다양성이 여론 조사에 반영되도록 할당 표본 추출을 쓰기도 하지만, 조사단이 집을 방문했을 때 당신이 부재중이라면 당신의 의견이 여론 조사에 포함될 가능성은 없다. 집 또는 길거리에서 여론 조사에 참여하는 사람들이 일반 대중을 대표하지 않을 수도 있다. 무작위 표본 또한 조사 대상으로 선정된 사람들의 무응답으로 인한 문제에 시달린다. 다시 말해, 여론 조사가 밝힌 오차 범위는 조사 결과의 신뢰도를 과대평가한 것일 가능성이 매우 높다.

작은 표본에서 산출된 수치는 아닌가?

대표성을 보장하기 위해 설계된 설문 조사마저도 만약 적은 수의 사람(또는 대상)만을 표본으로 했다면 정확하지 않은 결과가 나올 수 있다. 소표본이 말도 안 되는 결과로 이어지기도 한다. 또한 중요한 사실을 알아채지 못할 경우도 생긴다. 예컨대 조사를 통해 X교육법이 현 교육법보다 낫다는 증거가 없다고 밝혀졌지만, 어쩌면 학생 수가 너무 적은 탓에 X교육법의 이점이 관측되지 않은 것일지도 모른다.

설문지가 편향되어 있지는 않은가?

질문의 어법에 따라 사람들의 답변이 달라질 수 있다. 특히 유도신문(이 무능한 정당을 선거로 몰아내야 한다는 데 동의하십니까?), 질문에 포함된 두 가지 중 단 하나에만 동의하나 두 가지 모두에 동의하는 것처럼 들리는 이중 질문(정부가 국방과 교육에 더 많은 비용을 투자해야 한다는 데 동의하십니까?), 추측성 질문(금연은 언제부터 하셨습니까?), 응답자가 대답할 폭을 크게 제한하는 질문(다음 선거에서 노동당과 보수당 중 어느 정당에 투표하시겠습니까?)을 각별히 조심해야 한다.

숫자는 어떻게 생각을 바꾸는가

주관적인 판단에서 나온 수치는 아닌가?

만약 그렇다면, 사람들은 자신의 감정을 숫자로 표현하는 데 서툴고, 심리적 편향으로 인해 응답이 왜곡될 수도 있으며, 이런 답변은 보통 일관성이 낮다는 점을 알고 있어야 한다. 따라서 주관적 숫자를 정확히 정량화된 수치로 받아들이는 것은 그리 현명하지 못하다. 한편 이렇게 말하는 상황도 생긴다. "이 주관적 추정치가 크게 달라진다 해도 여전히 이 방법을 선택할 것이기에 의사 결정의 근거로 삼기에 충분하다."

제시된 비교가 타당한가?

잘못된 비교 대상을 선정하는 일은 우리를 속이고 싶어 하는 사람들이 자주 쓰는 속임수다. 실제로는 아무런 동향이 감지되지 않음에도 상승 또는 하향 추세가 있는 것처럼 시간상 두 지점을 신중하게 골라 비교하는 사례를 주의해야 한다. 또한 각 나라별로 저마다 다르게 정의하는 대상을 비교한 국가별 비교 분석 수치를 각별히 주의해야 한다. 마찬가지로 한 나라 안에서라도 과거와 비교했을 때 의미나 측정 범위가 달라졌다면 이 역시 큰 의미가 없을 수 있다. 또한 얼마를 지출했다거나 벌어들였다는 식의 비교에서 인플레이션이 반영되지 않았다면 무시하는 것이 좋다.

총합인가, 1인당인가?

어떤 국가가 20년 전에 비해 의료 건강에 지출하는 비용이 20퍼센트 늘어났다면 흐뭇한 마음이 들겠지만, 만약 인구 규모가 20년 동안 급격히 늘어났다면 국민 한 명에게 지출되는 경비는 실제로 줄어든 것이다.

수치가 신뢰할 만한 방식으로 제시되어 있는가?

그래프의 수직 눈금을 자세히 들여다봐야 한다. 수직 눈금이 왜곡되거나 아예 없을 수도 있다. 0에서 시작하지 않는다면 아주 작고도 사소한 차이가 무척 크게 보인다. 차이를 극명하게 드러내기 위해 픽토그램이 쓰이기도 한다. 이를테면 기업의 이익이 두 배로 뛰었다면, 2달러 지폐 두 장을 나란히 놓되 한 장은 너비를 두 배로 늘려서 표현할 수 있다. 이때 지폐 모양을 맞추기 위해 길이 또한 두 배로 늘리면 기업의 이익 상승 정도는 사실보다 훨씬 과장되어 보인다. 또한 그래프나 표에서 '기타'라는 카테고리는 데이터를 제공하는 사람 입장에서 당신에게 보여주고 싶지 않은 중요한 정보를 숨기는 데 유용하다.

숫자가 말이 되는가?

마지막으로, 이 숫자가 말이 되는지 물어야 한다. 분석가들에 따르면

숫자는 어떻게 생각을 바꾸는가

여성형 이름이 붙은 허리케인이 더욱 큰 피해를 입히고, 똑똑한 사람들이 컬리 프라이(용수철 모양의 감자튀김-옮긴이)를 선호하며, 채식주의자들이 비행기를 놓치는 일이 더 적다고 한다.[1] 앞서 이야기했듯, 우리의 직관은 무엇을 믿고 믿지 말아야 할지를 알려주는 나침반 역할을 완벽히 수행하지 못하기 때문에 항상 의문을 품어야 한다. 이 결과를 뒷받침할 타당한 근거가 있는가? 만약 없다면, 추가적 증거가 나올 때까지 중립적인 태도를 취하는 것이 좋다.

감사의 글

내 아내 크리스(Chris)의 응원과 지지가 없었다면 이 책은 나올 수 없었을 것이다. 또한 전문가로서 조언을 아끼지 않았던 앰퍼샌드 에이전시(Ampersand Agency)의 내 에이전트 피터 벅먼(Peter Buckman)과 꼼꼼하고 통찰력 깊은 의견을 전해준 덕분에 초고보다 훨씬 멋진 글을 탄생시켜준, 프로파일 북스(Profile Books) 출판사 편집자인 에드 레이크(Ed Lake)에게 감사 인사를 전한다. 에디 미지(Eddie Mizzi)의 완벽한 교열을 거치며 원고의 완성도가 더욱 높아졌고, 프로파일 북스의 페니 대니얼(Penny Daniel) 및 여러 직원이 출판 전 과정을 능숙하게 이끌어줬다.

유용한 정보를 많이 제공해준 닉 키니(Nick Kinnie) 교수님께도 감사하다는 말을 꼭 전하고 싶다. 지난 몇 년간 수많은 동료와 학생이 통계가 오용되고 오독되는 다양한 사례뿐 아니라 오용과 오독으로 인해 중요한 발견이 드러난 사례까지도 내게 공유해줬다. 그중 몇 가지 이야기가 이 책 속에 실려 있고, 내가 경계의 끈을 늦추지 않도록 해준 이들에게 감사의 마음을 전하고 싶다.

프롤로그 _ 왜 숫자를 통제해야 할까?

1. 《블랙 스완》에서 탈레브는 실제로는 별 관련이 없는 두 가지 일에 연관성을 찾아 이 야기를 만들어내는 경향을 서사 오류(narrative fallacy)라고 일컬었다.
2. 'A comparison of European, American and Japanese values', Gallup Report, 1981.
3. http://www.slate.com/articles/news_and_politics/politics/2016/02/trump_ is_winning_the_guy_you_d_want_to_have_a_beer_with_election.html.
4. Botsman, R. (2017). *Who Can You Trust? How Technology Brought Us Together – and Why It Could Drive us Apart.* London: Portfolio Penguin.
5. *The Week*, 3 June 2017.
6. Gronow, J. (2011). In: *Encyclopedia of Consumer Culture* (ed. Dale Southerton). London: Sage, p. 256.
7. http://news.bbc.co.uk/1/hi/uk/302607.stm.
8. Savage, M. (2015). *Social Class in the 21st Century.* London: Pelican.
9. Lorne Jaffe, 'Five reasons why Facebook can be dangerous for people with depression', *Huffington Post Blog*, 15 May 2016.
10. https://www.washingtonpost.com/graphics/politics/trump-claimsdatabase/ (updated to 13 November 2017).
11. Patrick Scott, *Daily Telegraph*, 8 March 2017.
12. *Daily Express*, 14 May 2016.
13. Kahneman, D. (2011). *Thinking Fast and Slow.* London: Allen Lane.

1. Josie Ensor, *The Guardian*, 7 July 2017.
2. *Allotment Wars*, broadcast on BBC One on 22 January 2013.
3. Anthony Faiola, *The Washington Post*, 14 December 2013.
4. https://www.statista.com/statistics/248335/number-of-new-titles-and-re-editions-in-selected-countries-worldwide/.
5. Tversky, A. (1969). 'Intransitivity of preferences', *Psychological Review*, 76, 31 – 48.
6. Tversky, A. (1972). 'Elimination by aspects a theory of choice', *Psychological Review*, 79, 281 – 299.
7. Gigerenzer, G., Todd, P.M, & the ABC Research Group (1999). *Simple Heuristics that Make Us Smart*. Oxford University Press.
8. Arrow, K. (1950). 'A difficulty in the concept of social welfare', *Journal of Political Economy*, 58, 328 – 346.
9. BBC News, 'Labour suffers but may hold on', 4 May 2007.
10. Janis, I.R. (1982). *Groupthink*, 2nd edn. Boston, MA: Houghton Mifflin.
11. 순위 역전이라는 현상이 일어나는 데는 다양한 원인이 있다. 아래는 그중 한 가지 원인을 간단하게 설명한 예시다. A대학과 B대학을 두 가지 항목에서 비교해 순위를 결정하려고 한다.

    (i)지난 2년간 교수 논문 발표 수 평균치와 (ii)교육과 도서관 시설 등 학교가 학생 한 명에게 지출하는 비용, 이렇게 두 가지다. 아래 표에 두 학교의 수치가 나와 있다. 순위를 계산하는 담당자는 논문 수에 70퍼센트, 학생 1인당 지출에 30퍼센트의 가중치를 적용해야 한다고 판단했다. 항목별 중요도를 반영한 결정이지만 수치를 보면 B대학의 발표 논문 수는 A대학과 아주 근소한 차이를 보이는 것을 확인할 수 있다.

대학	교수 1인당 논문 발표 수	학생 1인당 교육비($)
A	10	2,000
B	9	4,000
가중치	70%	30%

이때 두 항목의 단위가 다르므로 0(최저 성과), 100(최고 성과)으로 수치를 변환해야 한

다. 이래야 비교가 쉽기도 하고 실제로 순위를 산정할 때 이 방법을 적용한다.

대학	교수 1인당 논문 발표 수	학생 1인당 교육비
A	100	0
B	0	100
가중치	70%	30%

이제 점수에 가중치를 곱한 뒤 항목별 나온 값을 더하면 총점을 구할 수 있다. A대학의 경우 (70%×100)+(30%×0)=70이라는 결과가 나온다. 같은 방식으로 B대학을 계산하면 30이 나온다. 따라서 A대학이 B대학을 제치고 1위에 오르게 된다.

이제 세 번째 대학인 C가 순위표에 등장한다. 아래는 A대학, B대학과 더불어 C대학의 수치를 기록한 표다.

대학	교수 1인당 논문 발표 수	학생 1인당 교육비($)
A	10	2,000
B	9	4,000
C	5	5,000
가중치	70%	30%

이제 최저 성과를 0으로 최고 성과를 100으로 한 척도로 변환하면 다음 표가 나온다. 이를테면 B대학의 교수 1인당 논문 발표 수는 C대학과 A대학 사이 4/5이므로 점수는 80점이 나온다.

대학	교수 1인당 논문 발표 수	학생 1인당 교육비
A	100	0
B	80	67
C	0	100
가중치	70%	30%

각 학교별 점수에 가중치를 곱하면 다음과 같은 결과가 나온다. A대학은 70점, B대학은 76점, C대학은 30점이 된다. 이번에는 B대학이 A를 제치고 1위 자리에 오른다.

어떻게 된 일일까? 단 두 개의 대학만 비교했을 당시 교수 한 명당 논문 발표 수에 부여된, 가장 큰 가중치인 70퍼센트는 A대학과 B대학의 아주 근소한 차이를 반영하지 못했다. 즉 B와 A의 격차가 지나치게 부각되었다. 그러나 논문 수에서 현저하게 뒤처진 C대학이 등장하며 이 비교 항목 내 차이가 크게 벌어졌다. 이로 인해 B대학의 점수가 0에서 80으로 훌쩍 높아졌다. 70퍼센트 가중치까지 더해지니 A의 총점을 앞지르기에 충분한 점수가 나왔다.

0에서 100 척도의 핵심은 어떤 항목에서는 최고와 최저의 차이가 상대적으로 중요하지 않다는 것을 교묘하게 숨긴다는 것이다. 일반적으로 차이가 크면 그에 따른 중요도 또한 차이가 커져야 한다. 평균 논문 수 5건과 10건의 차이는 9건에서 10건의 근소한 차이보다 더욱 중요하다고 볼 수 있다. 하지만 이 예시처럼 차이의 규모를 반영하지 않는 경우 순위 역전이라는 변칙적 현상이 나타날 수 있다.

순위 역전 현상에 대해 더 알아보고 싶다면 다음 글을 참고하길 바란다. Tofallis, C. (2014). 'Add or multiply? A tutorial on ranking and choosing with multiple criteria', *INFORMS Transactions on Education*, 14, 109 – 119.

12. Von Winterfeldt, D., & Edwards, W. (1986). *Decision Analysis and Behavioural Research*. Cambridge University Press.

13. Broede Carmody & Aisha Dow, 'Top of the world: Melbourne crowned world's most liveable city, again', The Age, 18 August 2016.

14. 'How can you build a strong city pulse, without taking the human pulse?', Ernst and Young Report, July 2016.

15. Broede Carmody & Aisha Dow, 'Top of the world: Melbourne crowned world's most liveable city, again', *The Age*, 18 August 2016.

16. 다음 사이트를 참고하길 바란다. Brendan F.D. Barrett, https://ourworld.unu.edu/en/the-worlds-most-liveable-cities.

17. Kahneman, D., & Tversky, A. (1979). 'Prospect theory: An analysis of decision under risk', *Econometrica*, 47, 263 – 291.

18. AARP Liveability Index.

19. Boyle, D. (2000). *The Tyranny of Numbers*. London: HarperCollins.

20. http://www.goodnet.org/articles/meet-city-that-measures-smiles-per-hour.

21. Boyle, D. (2000). *The Tyranny of Numbers*. London: HarperCollins.

22. 인용 출처는 다음과 같다. Derksen, W. (2017). *The Way of Letting Go: One Woman's Walk toward Forgiveness*. London: HarperCollins.

23. Anderson, C., Hildreth, J.A.D., & Howland, L. (2015). 'Is the desire for status a fundamental human motive? A review of the empirical literature', *Psychological Bulletin*, 141, 574–601.

24. Editorial, *The Guardian*, 1 April 2019.

2장_아주 위험한 프록시 지표

1. Chatterjee, A., & Hambrick, D.C. (2007). 'It's all about me: Narcissistic chief executive officers and their effects on company strategy and performance', *Administrative Science Quarterly*, 52, 351–386.

2. Emmons, R. (1987). 'Narcissism: Theory and measurement', *Journal of Personality and Social Psychology*, 52, 11–17.

3. Brookers, M. (2004). *Extreme Measures: The Dark Visions and Bright Ideas of Francis Galton*. New York: Bloomsbury.

4. Ibid.

5. https://urbanisation.econ.ox.ac.uk/blog/nighttime-lights-how-are-they-useful-dzhamilya-nigmatulina.

6. Kounali, D., Robinson, T., Goldstein, H., & Lauder, H. (2008). 'The probity of free school meals as a proxy measure for disadvantage', Working paper, University of Bath.

7. Der, G., & Deary, I.J. (2017). 'The relationship between intelligence and reaction time varies with age: Results from three representative narrowage age cohorts at 30, 50 and 69 years, *Intelligence*, 64, 89–97. 다음 논문도 참고하길 바란다. Johnson, R.C., McClearn, G.E., Yuen, S., Nagoshi, C.T., Ahern, F.M., & Cole, R.E. (1985). 'Galton's data a century later', *American Psychologist*, 40, 875–892.

8. Fan, M.D.M. (2007). 'The immigration–terrorism illusory correlation and heuristic mistake', *Harvard Latino Law Review*, 10, 33–52.

9. https://repositori.upf.edu/bitstream/handle/10230/4573/1132.pdf.

10. Gregory, R., Failing, L., Harstone, M., Long, G., & McDaniels, T. (2012). *Structured Decision Making: A Practical Guide to Environmental*

Management. Hoboken, NJ: Wiley.

11. Murray, D., Schwartz, J.B., & Lichter, R.S. (2001). *It Ain't Necessarily So: How Media Make and Unmake the Scientific Picture of Reality*. Lanham, MD: Rowman & Littlefield, pp. 75 – 76.

12. 이 기사를 참고하길 바란다. https://www.theguardian.com/society/2010/feb/24/mid-staffordshire-hospital-inquiry.

13. https://www.kingsfund.org.uk/projects/general-election-2010/performance-targets.

14. Reynaert, M., & Sallee, J.M. (2016). 'Corrective policy and Goodhart's law: The case of carbon emissions from automobiles', National Bureau of Economic Research Working Paper 22911.

15. https://www.independent.co.uk/news/business/news/budget-2018-philip-hammond-analysis-what-it-means-growth-austerityspending-tax-obr-brexit-a8607661.html.

16. Sarah O'Connor, *The Financial Times*, 29 May 2014.

17. https://www.bbc.co.uk/news/business-26913497.

18. 이 도서를 참고하길 바란다. Coyle, D. (2014). *GDP: A Brief but Affectionate History*. Woodstock, Oxon: Princeton University Press, p. 114.

19. Papanicolas, I., Woskie, L.R., & Jha, A.K. (2018). 'Health care spending in the United States and other high-income countries', *JAMA*, 319, 1024 – 1039.

20. Aichner, T., & Coletti, P. (2013). 'Customers' online shopping preferences in mass customization', *Journal of Direct Data and Digital Marketing Practice*, 15, 20 – 35.

21. 이 도서를 참고하길 바란다. Coyle, D. (2014). *GDP: A Brief but Affectionate History*. Woodstock, Oxon: Princeton University Press, pp. 122 – 124.

22. Ibid., p. 127.

23. Tansy Hoskins, 'Cotton production linked to images of the dried up Aral Sea basin', *The Guardian*, 1 October 2014.

24. Rebecca Smithers, 'UK households binned 300,000 tonnes of clothing in 2016', *The Guardian*, 11 July 2017.

25. https://ec.europa.eu/eurostat/documents/118025/118123/Fitoussi

+Commission+report.

26. https://www.independent.co.uk/news/uk/home-news/violent-crimesex-offences-railways-trains-british-transport-police-figures-a8569486.html.

27. http://media.btp.police.uk/r/15934/british_transport_police_releases_its_annual_repo.

28. Wolfgang, M., Figlio, R.M., Tracy, P.E. & Singer, S.I. (1985). *The National Survey of Crime Severity*. Washington, DC: US Department of Justice, Bureau of Justice Statistics.

29. Sherman, L., Neyroud, P.W., & Neyroud, E. (2016). 'The Cambridge Crime Harm Index: Measuring total harm from crime based on sentencing guidelines', *Policing: A Journal of Policy and Practice*, 10, 171 – 183.

30. Ashby, M.P. (2017). 'Comparing methods for measuring crime harm/severity', *Policing: A Journal of Policy and Practice* 12, 439 – 454.

31. https://www.sentencingcouncil.org.uk/offences/crown-court/item/preparation-of-terrorist-acts/.

32. 불법 약물 수사나 교통 단속 때 운전자를 체포하는 등 신고 접수가 아닌, 경찰의 수색으로 드러난 범죄는 케임브리지 범죄 피해 지수에 포함되지 않는다. 이러한 범죄는 경찰의 활동 및 개입 정도에 따라 범죄율이 높아지거나 낮아지기 때문이다.

33. Ashby, M.P. 'Comparing methods for measuring crime harm/severity', *Policing: A Journal of Policy and Practice* 12, 439 – 454.

34. Moore, R.H. (1984). 'Shoplifting in middle America: Patterns and motivational correlates', *International Journal of Offender Therapy and Comparative Criminology*, 28(1), 53 – 64.

35. Sherman, L., Neyroud, P.W., & Neyroud, E. (2016). 'The Cambridge Crime Harm Index: Measuring total harm from crime based on sentencing guidelines', *Policing: A Journal of Policy and Practice*, 10, 171 – 183.

36. Danziger, S., Levav, J., & Avnaim-Pesso, L. (2011). 'Extraneous factors in judicial decisions', *Proceedings of the National Academy of Sciences*, 108, 6889 – 6892.

37. Ashby, M.P. 'Comparing methods for measuring crime harm/severity', *Policing: A Journal of Policy and Practice* 12, 439 – 454.

38. Doob, A.N., & Gross, A.E. (1968). 'Status of frustrator as an inhibitor of horn-honking responses', *The Journal of Social Psychology*, 76, 213 – 218.

39. Hubbard, D.W. (2010). *How to Measure Anything*, 2nd edition. Hoboken, NJ: Wiley.

40. http://sinsofgreenwashing.com/index6b90.pdf.

41. 'Ten worst household products for greenwashing', CBC News Canada, 14 September 2012.

3장_숫자 하나가 모든 것을 말해준다

1. Mona Chalabi, *The Guardian*, 28 November, 2013.

2. Ritchie, S. (2015). *Intelligence: All That Matters*. London: Hodder & Stoughton.

3. Antonios, N., & Raup, C., (2012). 'Buck v. Bell (1927)', *Embryo Project Encyclopedia*: http://embryo.asu.edu/handle/10776/2092.

4. www.globalresearch.ca/us-court-ruled-you-can-be-too-smart-to-be-a-cop/5420630.

5. Smith, C.R. (2004). *Learning Disabilities: The Interaction of Students and Their Environments*. Boston, MA: Allyn & Bacon.

6. Ritchie, S. (2015). *Intelligence: All That Matters*. London: Hodder & Stoughton.

7. Gottfredson, L.S. (1997). 'Mainstream science on intelligence', *Intelligence*, 24, 13 – 23.

8. Daphne Martschenko, 'The IQ test wars: Why screening for intelligence is still so controversial', *The Conversation*, 24 January 2018.

9. Scott Barry Kaufman, 'Intelligent testing: The evolving landscape of IQ testing', *Psychology Today*, https://www.psychologytoday.com/gb/blog/beautiful-minds-200910/intelligent-testing.

10. Schneider, W.J., & Newman, D.A. (2015). 'Intelligence is multidimensional: Theoretical review and implications of specific cognitive abilities', *Human Resource Management Review*, 25, 12 – 27.

11. https://www.prnewswire.com/news-releases/reebok-survey-humans-spend-less-than-one-per cent-of-life-on-physical-fitness-300261752.html.

12. 출처: www.disabled-world.com.

13. www.richardwiseman.com/quirkology/pace_home.htm.

14. Robinson, W.S. (2009). 'Ecological correlations and the behavior of individuals', *International Journal of Epidemiology*, 38, 337–341.

15. Gelman, A., Shor, B., Bafumi, J., & Park, D. (2007). 'Rich state, poor state, red state, blue state: What's the matter with Connecticut?', *Quarterly Journal of Political Science*, 2, 345–367.

16. 쉽게 보여주기 위해 각 주마다 유권자가 다섯 명씩 있다고 가정했다. 아래는 유권자들의 연소득과 공화당에 투표할 확률을 명시한 표다.

	A 주		B주		C주	
	소득($)	확률(%)	소득($)	확률(%)	소득($)	확률(%)
유권자 1	20,000	55	30,000	35	30,000	10
유권자 2	30,000	60	40,000	40	40,000	20
유권자 3	40,000	65	55,000	50	60,000	40
유권자 4	50,000	70	60,000	60	70,000	50
유권자 5	60,000	80	70,000	75	80,000	60
평균	40,000	66	51,000	52	56,000	36

유권자별로 보면 연소득이 높을수록 공화당에 투표할 확률 또한 높아진다. 하지만 평균을 보면 연소득이 높은 주일수록 공화당을 지지할 확률은 낮아지는 현상이 관찰된다.

17. 뒤르켐이 생태학적 오류에 빠졌다고 지적하는 이들도 있다. 다음 논문을 참고하길 바란다. Berk, B.B. (2006). 'Macro–micro relationships in Durkheim's analysis of egoistic suicide', *Sociological Theory*, 24, 58–80.

18. Carroll, K. (1975). 'Experimental evidence of dietary factors and hormone-dependent cancers', *Cancer Research*, 35, 3374–3383.

19. Holmes, M.D., Hunter, D.J., Colditz, G.A., Stampfer, M.J., Hankinson, S.E., Speizer, F.E., Rosner, B., & Willett, W.C. (1999). 'Association of dietary intake of fat and fatty acids with risk of breast cancer', *Journal of the American*

Medical Association, 281, 914-920.

20. Myers, D.G. (2000). 'The funds, friends, and faith of happy people', *American Psychologist*, 55, 56-67. 또한 다음 도서를 참고하길 바란다. Dolan, P. (2014). *Happiness by Design*. London: Penguin (행복을 평가하는 방법은 7장에서 다룬다), and Oliver Burkeman, *Guardian Weekly*, 18 January 2019.

21. Mancini, A.D. (2013). 'The trouble with averages: The impact of major life events and acute stress may not be what you think', Council on Contemporary Families Research Brief.

4장 _ 경계를 뛰어넘다

1. *New York Times*, 13 July 2005.
2. Kevin McCoy, 'Merck to face first Vioxx trial before Texas jury next month', *USA Today*, 19 June 2005.
3. 'Merck CEO resigns as drug probe continues', *Washington Post*, 6 May 2005.
4. 엄밀히 말하자면 가설을 채택했다기보다 가설을 기각할 증거가 충분하지 않다고 표현하는 것이 적합하다.
5. Alex Berenson, 'Evidence in Vioxx suits shows intervention by Merck officials', *New York Times*, 24 April 2005.
6. Ziliak, S.T., & McCloskey, D.N. (2008). *The Cult of Statistical Significance: How the Standard Error Cost Us Jobs, Justice, and Lives*. Ann Arbor, MI: University of Michigan Press.
7. Alex Berenson, 'Evidence in Vioxx suits shows intervention by Merck officials', *New York Times*, 24 April 2005.
8. https://www.npr.org/templates/story/story.php?storyId=5470430.
9. 'When half a million Americans died and nobody noticed', *The Week*, 2 April 2012.
10. https://fivethirtyeight.com/features/science-isnt-broken/#part1.
11. Simmons, J.P., Nelson, L.D., & Simonsohn, U. (2011). 'False-positive psychology: Undisclosed flexibility in data collection and analysis allows

presenting anything as significant', *Psychological Science*, 22, 1359 – 1366.

12. Gigerenzer, G. (2004). 'Mindless statistics', *The Journal of Socio-Economics*, 33, 587 – 606.

13. Goodwin, P. (2007). 'Should we be using significance tests in forecasting research?', *International Journal of Forecasting*, 23, 333 – 334.

14. Sabrina Barr, 'Eating red meat and cheese can help heart health, scientists claim', *The Independent*, 31 August 2018.

15. 인용 출처는 다음과 같다. Robert Matthews, 'Silly science', *Prospect*, *November*, 1998. 여기서는 'p < 0.05' 법칙이 지닌 임의성에만 초점을 맞췄다. 유의 검정에는 이외에도 여러 문제점이 있다. 다음 도서를 참고하길 바란다. Ziliak, S.T., & McCloskey, D.N. (2008). *The Cult of Statistical Significance: How the Standard Error Cost Us Jobs, Justice, and Lives*. Ann Arbor, MI: University of Michigan Press.

16. Greenland, S., Senn, S.J., Rothman, K.J., Carlin, J.B., Poole, C., Goodman, S.N., Altman, D.G. (2016). 'Statistical tests, P values, confidence intervals, and power: A guide to misinterpretations', *European Journal of Epidemiology*, 31, 337 – 350.

17. Wasserstein, R.L., & Lazar, N.A. (2016). 'The ASA's statement on p-values: Context, process, and purpose', *The American Statistician*, 70, 129 – 133.

18. Ioannidis, J.P. (2005). 'Why most published research findings are false', PLoS Medicine, 2(8), e124. 다음 논문도 참고하길 바란다. Leek, J.T., & Jager, L.R. (2017). 'Is most published research really false?', *Annual Review of Statistics and Its Application*, 4, 109 – 122.

19. Neville, P. (2013). *Historical Dictionary of British Foreign Policy*, Lanham, MD: Scarecrow Press. 그가 '써드'를 받았다고 기록한 곳도 있다.

20. https://www.telegraph.co.uk/education/2017/08/24/passing-exam-has-never-easier-just-15-per-cent-required-pass/.

21. Rothbart, M., Davis-Stitt, C., & Hill, J. (1997). 'Effects of arbitrarily placed category boundaries on similarity judgements', *Journal of Experimental Social Psychology*, 33, 122 – 145.

22. Galak, J., Kruger, J., & Rozin, P. (2009). 'Not in my backyard: The influence

of arbitrary boundaries on consumer choice', in: Ann L. McGill & Sharon Shavitt (eds), NA –*Advances in Consumer Research*, volume 36. Duluth, MN: Association for Consumer Research, pp. 79 – 81.

23. Flegal, K.M., Kit, B.K., & Graubard, B.I. (2014). 'Body mass index categories in observational studies of weight and risk of death', *American Journal of Epidemiology*, 180, 288 – 296.

24. Nuttall, F.Q. (2015). 'Body mass index. Obesity, BMI, and health: A critical review', *Nutrition Today*, 50, 117 – 128.

25. Foroni, F., & Rothbart, M. (2013). 'Abandoning a label doesn't make it disappear: The perseverance of labeling effects', *Journal of Experimental Social Psychology*, 49, 126 – 131.

26. Krueger, J., & Clement, R.W. (1994). 'Memory-based judgements about multiple categories: A revision and extension of Tajfel's accentuation theory. *Journal of Personality and Social Psychology*, 67, 35 – 47.

27. Rothbart, M., Davis-Stitt, C., & Hill, J. (1997). 'Effects of arbitrarily placed category boundaries on similarity judgments', *Journal of Experimental Social Psychology*, 33, 122 – 145.

28. Hunger, J.M., & Tomiyama, A.J. (2014). 'Weight labeling and obesity: A longitudinal study of girls aged 10 to 19 years', *JAMA Pediatrics*, 168, 579 – 580.

29. Foroni, F. (2005). 'Labeling and categorization: Evidence for a mere labeling effect, its modulating factors, and characteristics', Doctoral Dissertation, University of Oregon.

30. Rosenthal, R., & Jacobson, L. (1992). *Pygmalion in the Classroom: Teacher Expectation and Pupils' Intellectual Development*. New York: Irvington. 다음 글도 참고하길 바란다. Adam Alter, 'Why it's dangerous to label people', *Psychology Today* Blog, 17 May 2010.

31. Freyd, J.J. (1983). 'Shareability: The social psychology of epistemology', *Cognitive Science*, 7, 191 – 210.

숫자는 어떻게 생각을 바꾸는가

1. Scarlett Thomas, 'Nowhere to run: Did my fitness addiction make me ill?', *The Guardian*, 7 March 2015.

2. Lupton, D. (2015). 'Quantified sex: A critical analysis of sexual and reproductive self-tracking using apps', *Culture, Health & Sexuality*, 17, 440–453.

3. *Metro*, 25 January 2019.

4. Gary Wolf, 'Know thyself: Tracking every facet of life, from sleep to mood to pain, 24/7/365', *Wired*, 22 June, 2009.

5. Danaher, J., Nyholm, S., & Earp, B.D. (2018). 'The quantified relationship', *The American Journal of Bioethics*, 18, 3–19.

6. https://www.geekwire.com/2012/kouply-mobile-game-save-marriage/.

7. Lupton, D. (2016). *The Quantified Self*. Cambridge, UK: Polity Press, p. 46.

8. Ibid., pp. 76–77.

9. https://www.bbc.co.uk/programmes/b02mfzrw.

10. Rachel Bachman, 'Want to cheat your Fitbit? Try a puppy or a power drill', *Wall Street Journal*, 9 June 2016.

11. http://quantifiedself.com/2013/02/larry_smarr_croneshope_in_data/#more-5853.

12. Lupton, D. (2016). *The Quantified Self*. Cambridge, UK: Polity Press, p. 140.

13. Danaher, J., Nyholm, S., & Earp, B.D. (2018). 'The benefits and risks of quantified relationship technologies: Response to open peer commentaries on "The Quantified Relationship"', *The American Journal of Bioethics*, 18, W3–W6. 어플이 사용자의 사생활을 침해할 위험이 있다는 것 또한 문제가 된다. 다음 기사를 참고하길 바란다. Stuart Dredge, 'Yes, those free health apps are sharing your data with other companies', *The Guardian*, 3 September, 2013. 한편 위의 기사는 어플이 측정하고자 하는 바를 정확하게 측정하는 능력의 한계에 대해 집중적으로 다뤘다.

14. Reynolds, J.M. (2018). 'Infotality: On living, loving, and dying through information', *American Journal of Bioethics*, 18, 33–35.

15. https://www.medicalnewstoday.com/articles/283117.php.

16. https://www.jefftk.com/p/happiness-logging-one-year-in.

17. http://quantifiedself.com/2010/04/why-i-stopped-tracking/.

18. Morozov, E. (2013). *To Save Everything, Click Here: Technology, Solutionism, and the Urge to Fix Problems that Don't Exist*. London: Allen Lane.

19. Sharon, T., & Zandbergen, D. (2017). 'From data fetishism to quantifying selves: Self-tracking practices and the other values of data', *New Media & Society*, 19, 1695 – 1709.

20. Phillips, L.D. (1984). 'A theory of requisite decision models', *Acta Psychologica*, 56, 29 – 48.

21. Danaher, J., Nyholm, S., & Earp, B.D. (2018). 'The quantified relationship', *The American Journal of Bioethics*, 18, 3 – 19.

6장 _ 여론이 부재한 여론 조사

1. https://fullfact.org/europe/factcheck-daily-express-eu-poll-biased-and-wide-mark/.

2. These headlines are reproduced at: https://www.buzzfeed.com/scottybryan/the-crazy-daily-express-99-polls-b7bm.

3. https://www.genealogybranches.com/censuscosts.html.

4. Kate Allen, 'Researchers in UK count cost of plan to scrap census', *Financial Times*, 1 September 2013.

5. Adam Corey Ross, 'Cost of 2010 Census a whopping $14.7 billion', *The Fiscal Times*, 13 January 2011.

6. Andrew McCorkell, 'Fears for next year's census after errors in 2001', *The Guardian*, 27 December 2010.

7. 무작위 전화 걸기(random digit dialing, RDD)는 컴퓨터가 임의로 전화번호를 추출해 전화를 건 뒤 응답자의 참여에 따라 진행되는 전화 면접 조사 방식이다.

8. 영국의 프리미엄 본드(premium bond, 매달 추첨을 통해 당첨금을 받을 수 있는 국채 금융 상품-옮긴이)를 추첨하는 컴퓨터 어니(ERNIE, Electronic Random Number Identification Equipment, 전자 무작위 번호 식별 기기)는 무작위로 번호를 생성한다. 최신 버전 어니

는 빛을 통해 양자과학으로 무작위 수를 생성한다.

9. Tom Cardoso, '"Anything would be better:" Critics warn Ottawa's family-reunification lottery is flawed, open to manipulation', *The Globe and Mail*, 8 June 2019.

10. 영국과 같이 강제성 투표를 실시하지 않는 국가에서 선거 여론 조사 위원단이 겪는 문제가 있다. 성인 인구 집단을 대표하는 표본을 구하는 것이 마땅하지만 성인 집단과 실제 투표권을 행사할 집단이 같지 않은 문제가 생긴다. 조사원에게는 투표하겠다고 말하고서는 선거 날 집에 그냥 있기로 마음을 바꾸는 일도 벌어진다. 2015년 총선 당시 유권자의 66퍼센트만 표를 행사했고, 이 중 대다수가 연령대가 높고 부유하며 고학력자였다. 그 결과 여론 조사원들에게도 정치인들에게도 충격적인 선거 결과가 나왔다. 다음을 참고하길 바란다. https://www.britishelectionstudy.com/bes-resources/why-the-polls-got-it-wrongand-the-british-election-study-face-to-face-survey-got-it-almost-right/#.XP1W5Obru1t.

11. *The Superpollsters: How They Measure and Manipulate Public Opinion in America*. New York: Four Walls Eight Windows. 다음 도서도 참고하길 바란다. Warren, K.F. (2018). *In Defense of Public Opinion Polling*. New York: Taylor and Francis.

12. Fricker, R.D. (2017). 'Sampling methods for online surveys,' in: N.G. Fielding, R.M., Lee, and G. Blank (eds), *The Sage Handbook of Online Research Methods*, 2nd edition. London: Sage.

13. Kennedy, C., Mercer, A., Keeter, S., Hatley, N., McGeeney, K., and Gimenez, A. (2016). 'Evaluating online nonprobability surveys', Pew Research Center Report.

14. Hillygus, D.S., Jackson, N., and Young, M. (2014), 'Professional respondents in nonprobability online panels', in: M. Callegaro, R. Baker, J. Bethlehem, A.S. Göritz, J.A. Krosnick, and P.J. Lavrakas (eds), *Online Panel Research: A Data Quality Perspective*. Chichester: Wiley, pp. 219–237.

15. Prosser, C., & Mellon, J. (2018). 'The twilight of the polls? A review of trends in polling accuracy and the causes of polling misses', *Government and Opposition*, 53, 757–790.

16. Keeter, S., Hatley, N., Kennedy, C., and Lau, A. (2017). 'What low response

rates mean for telephone surveys', Pew Research Center Report.

17. Rivers, D. (2013). 'Comment on Task Force Report', *Journal of Survey Statistics and Methodology*, 1, 111–17.

18. Tim Marcin, 'Support for Donald Trump's impeachment is higher than his approval rating, new poll shows', *Newsweek*, 22 January 2019.

19. Peterson, R.A. (2018). 'On the myth of reported precision in public opinion polls', *International Journal of Market Research*, 60, 147–155.

20. https://www.newscientist.com/article/2203837-how-did-pollsters-getthe-australian-election-result-so-wrong/.

21. Bhatti, Y., & Pedersen, R.T. (2015). 'News reporting of opinion polls: Journalism and statistical noise', *International Journal of Public Opinion Research*, 28, 129–141. 다음 논문도 참고하길 바란다. Tryggvason Oleskog, P., & Strömbäck, J. (2018). 'Fact or fiction? Investigating the quality of opinion poll coverage and its antecedents', *Journalism Studies*, 19, 2148–2167.

22. Alima Hotakie, 'How big a role does luck play in football?', *Aljazeera News*, 13 July 2018.

23. Du, N., Budescu, D.V., Shelly, M.K., & Omer, T.C. (2011). 'The appeal of vague financial forecasts', *Organizational Behavior and Human Decision Processes*, 114(2), 179–189. 다음 논문도 참고하길 바란다. Gaertig, C., & Simmons, J.P. (2018). 'Do people inherently dislike uncertain advice?', *Psychological Science*, 29, 504–520.

24. Yaniv, I., & Foster, D.P. (1995). 'Graininess of judgement under uncertainty: An accuracy–informativeness trade-off ', *Journal of Experimental Psychology*: General, 124, 424–432.

25. Toff, B. (2018). 'Exploring the effects of polls on public opinion: How and when media reports of policy preferences can become self-fulfilling prophesies', *Research & Politics*, 5, 1–9.

26. McAllister, I., and Studlar, D.T. (1991) 'Bandwagon, underdog, or projection? Opinion polls and electoral choice in Britain, 1979–1987', *The Journal of Politics*, 53, 720–741. 다음 논문도 참고하길 바란다. Dahlgaard, J.O., Hansen,

J.H., Hansen, K.M., & Larsen, M.V. (2017). 'How election polls shape voting behaviour', *Scandinavian Political Studies*, 40, 330 – 343.

27. Rogers, T., and Moore, D.A. (2014). 'The motivating power of underconfidence: "The race is close but we're losing"', HKS Working Paper No. RWP14 – 047.

28. Jennings, W., & Wlezien, C. (2018). 'Election polling errors across time and space', *Nature Human Behaviour*, 2, 276 – 283.

29. Sarah Marsh, 'Britons get drunk more often than 35 other nations, survey finds', *The Guardian*, 15 May 2019.

7장 _ 지금 당신의 기분은 몇 점입니까?

1. Jahedi, S., & Méndez, F. (2014). 'On the advantages and disadvantages of subjective measures', *Journal of Economic Behavior & Organization*, 98, 97 – 114.

2. 출처는 다음과 같다. Packard, Vance (1957). *The Hidden Persuaders*. London: Longmans, Green, and Co.

3. Bertrand, M., & Mullainathan, S. (2001). 'Do people mean what they say? Implications for subjective survey data', *American Economic Review*, 91, 67 – 72. Silver, B.D., Anderson, B.A., & Abramson, P.R. (1986). 'Who overreports voting?', *American Political Science Review*, 80, 613 – 624.

4. Fisher, T.D. (2013). 'Gender roles and pressure to be truthful: The bogus pipeline modifies gender differences in sexual but not non-sexual behavior', *Sex Roles*, 68, 401 – 414.

5. Livingston, M., & Callinan, S. (2015). 'Underreporting in alcohol surveys: Whose drinking is underestimated?', *Journal of Studies on Alcohol and Drugs*, 76, 158 – 164.

6. Loureiro, M.L., & Lotade, J. (2005). 'Interviewer effects on the valuation of goods with ethical and environmental attributes', *Environmental and Resource Economics*, 30, 49 – 72.

7. Larson, R.B. (2018). 'Examining consumer attitudes toward genetically

modified and organic foods', *British Food Journal*, 120, 999 – 1014.

8. Smith, B., Olaru, D., Jabeen, F., & Greaves, S. (2017). 'Electric vehicles adoption: Environmental enthusiast bias in discrete choice models', *Transportation Research Part D: Transport and Environment*, 51, 290 – 303.

9. Costanigro, M., McFadden, D.T., Kroll, S., & Nurse, G. (2011). 'An in-store valuation of local and organic apples: The role of social desirability', *Agribusiness*, 27, 465 – 477.

10. Klaiman, K., Ortega, D.L., & Garnache, C. (2016). 'Consumer preferences and demand for packaging material and recyclability', *Resources, Conservation and Recycling*, 115, 1 – 8.

11. Olynk, N.J., Tonsor, G.T., & Wolf, C.A. (2010). 'Consumer willingness to pay for livestock credence attribute claim verification', *Journal of Agricultural and Resource Economics*, 35(2), 261 – 280.

12. Miller, N.J., & Kean, R.C. (1997). 'Reciprocal exchange in rural communities: Consumers' inducements to inshop', *Psychology & Marketing*, 14, 637 – 661.

13. Bateman, I.J., & Mawby, J. (2004). 'First impressions count: Interviewer appearance and information effects in stated preference studies', *Ecological Economics*, 49, 47 – 55.

14. Krosnick, J.A., & Alwin, D.F. (1987). 'An evaluation of a cognitive theory of response-order effects in survey measurement', *Public Opinion Quarterly*, 51(2), 201 – 219.

15. Bradburn, N.M., Rips, L.J., & Shevell, S.K. (1987). 'Answering autobiographical questions: The impact of memory and inference on surveys', *Science*, 236, 157 – 161.

16. Wagenaar, W.A. (1986). 'My memory: A study of autobiographical memory over six years', *Cognitive Psychology*, 18, 225 – 252.

17. Hartley, E. (1946). *Problems in Prejudice*. New York: Octagon Press.

18. Bishop, G.F., Tuchfarber, A.J., & Oldendick, R.W. (1986). 'Opinions on fictitious issues: The pressure to answer survey questions', *Public Opinion Quarterly*, 50, 240 – 250.

19. Sturgis, P., & Smith, P. (2010). 'Fictitious issues revisited: Political interest, knowledge and the generation of nonattitudes', *Political Studies*, 58, 66 – 84.

20. Zaller, J., & Feldman, S. (1992). 'A simple theory of the survey response: Answering questions versus revealing preferences', *American Journal of Political Science*, 579 – 616.

21. Meeran, S., Jahanbin, S., Goodwin, P., & Quariguasi Frota Neto, J. (2017). 'When do changes in consumer preferences make forecasts from choice-based conjoint models unreliable?', *European Journal of Operational Research*, 258, 512 – 524.

22. Zaller, J., & Feldman, S. (1992). 'A simple theory of the survey response: Answering questions versus revealing preferences', *American Journal of Political Science*, 36, 579 – 616.

23. Strack, F., Martin, L.L., & Schwarz, N. (1988). 'Priming and communication: Social determinants of information use in judgements of life satisfaction', *European Journal of Social Psychology*, 18, 429 – 442.

24. Van de Walle, S., & Van Ryzin, G.G. (2011). 'The order of questions in a survey on citizen satisfaction with public services: Lessons from a split-ballot experiment', *Public Administration*, 89, 1436 – 1450.

25. Schuldt, J.P., Konrath, S.H., & Schwarz, N. (2011). '"Global warming" or "climate change"? Whether the planet is warming depends on question wording', *Public Opinion Quarterly*, 75, 115 – 124.

26. Schwarz, N., Knäuper, B., Hippler, H.J., Noelle-Neumann, E., & Clark, L. (1991). 'Rating scales numeric values may change the meaning of scale labels', *Public Opinion Quarterly*, 55, 570 – 582.

27. Bjørnskov, C. (2010). 'How comparable are the Gallup World Poll life satisfaction data?', *Journal of Happiness Studies*, 11, 41 – 60.

28. http://worldhappiness.report/.

29. https://www.ons.gov.uk/peoplepopulationandcommunity/wellbeing/bulletins/measuringnationalwellbeing/april2017tomarch2018.

30. Schwarz, N. (2011). 'Feelings-as-information theory', in: Van Lange, P.,

Kruglanski, A., & Higgins, E.T. (eds), *Handbook of Theories of Social Psychology*, Vol. 1, 289 – 308. London: Sage.

31. Song, H., & Schwarz, N. (2009). 'If it's difficult to pronounce, it must be risky: Fluency, familiarity, and risk perception', *Psychological Science*, 20, 135 – 138.

32. Bjørnskov, C. (2010). 'How comparable are the Gallup World Poll life satisfaction data?', *Journal of Happiness Studies*, 11, 41 – 60.

33. Kahneman, D., & Tversky, A. (2013). 'Prospect theory: An analysis of decision under risk', *In Handbook of the Fundamentals of Financial Decision Making*: Part I, pp. 99 – 127.

34. Kahneman, D. (2011). *Thinking Fast and Slow*. London: Allen Lane, p. 405.

35. Susanna Rustin, 'Can happiness be measured?', *The Guardian*, 20 July 2012.

36. Mark Holder, 'Measuring happiness: How can we measure it?', *Psychology Today*, 22 May 2017: https://www.psychologytoday.com/gb/blog/the-happiness-doctor/201705/measuring-happiness-how-can-we-measure-it.

37. Julian Baggini, 'Why it's impossible to measure happiness', *Prospect*, 18 October 2018.

38. Kahneman, D. (2011). *Thinking Fast and Slow*. London: Allen Lane, p. 405.

39. Hardy, J.D., & Javert, C.T. (1949). 'Studies on pain: Measurements of pain intensity in childbirth', *Journal of Clinical Investigation*, 28, 153 – 162.

40. Tousignant, N.R. (2006). 'Pain and the pursuit of objectivity: Painmeasuring technologies in the United States, c.1890 – 1975', Doctoral Dissertation, McGill University.

41. Binkley, C.J., Beacham, A., Neace, W., Gregg, R.G., Liem, E.B., & Sessler, D.I. (2009). 'Genetic variations associated with red hair color and fear of dental pain, anxiety regarding dental care and avoidance of dental care', *Journal of the American Dental Association*, 140, 896 – 905. Manning, E.L., & Fillingim, R.B. (2002). 'The influence of athletic status and gender on experimental pain responses', *Journal of Pain*, 3, 421 – 428. Okifuji, A., &

숫자는 어떻게 생각을 바꾸는가

Hare, B.D. (2015). 'The association between chronic pain and obesity', Journal of Pain Research, 8, 399-408.

42. Pud, D., Golan, Y., & Pesta, R. (2009). 'Hand dominancy - A feature affecting sensitivity to pain', *Neuroscience Letters*, 467, 237-240.

43. https://hellocaremail.com.au/older-people-less-likely-report-pain/.

44. Safikhani, S., & others (2017). 'Response scale selection in adult pain measures: Results from a literature review', *Journal of Patient-Reported Outcomes*, 2, 2-9. Hjermstad, M.J., & others (2011). 'Studies comparing numerical rating scales, verbal rating scales, and visual analogue scales for assessment of pain intensity in adults: A systematic literature review', *Journal of Pain and Symptom Management*, 41, 1073-1093.

45. Cowen, R., Stasiowska, M.K., Laycock, H., & Bantel, C. (2015). 'Assessing pain objectively: The use of physiological markers', *Anaesthesia*, 70, 828-847.

46. Wager, T.D., Atlas, L.Y., Lindquist, M.A., Roy, M., Woo, C.W., & Kross, E. (2013). 'An fMRI-based neurologic signature of physical pain', *New England Journal of Medicine*, 368, 1388-1397.

47. Mead, T. (2011). 'You can't measure pain', *Canadian Family Physician*, 57, 764-764.

48. MacAskill, W. (2015). *Doing Good Better*. London: Gotham Books.

49. 의료 자원 할당에서는 QALY와 유사한 지표 DALYs, 즉 장애보정생존연수도 활용한다.

50. Torrance, G.W. (1987). 'Utility approach to measuring health-related quality of life', *Journal of Chronic Diseases*, 40, 593-600.

51. Whitehead, S.J., & Ali, S. (2010). 'Health outcomes in economic evaluation: The QALY and utilities', *British Medical Bulletin*, 96, 5-21.

52. Pettitt, D.A., & others (2016). 'The limitations of QALY: A literature review', *Journal of Stem Cell Research and Therapy*, 6, 1-7.

53. https://www.cgdev.org/sites/default/files/1427016_file_moral_imperative_cost_effectiveness.pdf.

54. Jamison, D., & others (eds) (2006). *Disease Control Priorities in Developing Countries*, 2nd edn. Oxford University Press. 여기서는 기부금 1,000달러당

DALY로 측정해 기부 효과를 파악한다.

55. Shedler, J.K., Jonides, J., & Manis, M. (1985). 'Availability: Plausible but questionable', 마이애미 보스턴에서 열린 제26회 사이코노믹 학회 (Psychonomic Society)에서 발표된 논문이 다음 논문에 인용되었다. Jonides, J., & Jones, C.M. (1992). 'Direct coding for frequency of occurrence', *Journal of Experimental Psychology: Learning, Memory and Cognition*, 18, 368 – 378.

56. Gigerenzer, G., Todd, P.M., & the ABC Research Group (1999). *Simple Heuristics that Make Us Smart*. Oxford University Press, pp. 219 – 221.

57. https://www.dailystar.co.uk/news/latest-news/644911/Lottery.

58. https://www.independent.co.uk/voices/commentators/nigel-hawkesand-our-survey-saysnothing-you-can-rely-on-1920720.html.

59. https://www.express.co.uk/news/uk/947939/tea-cuppa-britons-survey-research-milk-teabag-tetley.

8장 _ 사실일 확률이 높다

1. Fisher, R.A., (1955). 'Statistical methods and scientific induction', *Journal of the Royal Statistical Society*, Series B, 17, 69 – 77.

2. 엄밀히 따지면, 설문 조사로 정확한 결과를 얻을 가능성은 상당히 낮다. 다른 여러 결과가 상당히 많이, 심지어 무한대로 나올 수 있기 때문이다. 그런 이유로 우리는 '가설이 사실이라면, 조사에서 이 결과 또는 더욱 극단적인 결과를 얻을 확률이 얼마나 되는가?'라고 물어야 한다.

3. 베이즈 정리로 보자면 우선 오늘과 하늘이 비슷했던 날을 100일이라고 한다. 여기서 가정은 이런 날씨였을 때 비가 오는 날이 60일, 맑은 날이 40일이라는 것이다. 비가 올 60일 중 기상예보가 날씨가 맑을 것이라고 보도한 경우는 10퍼센트다. 따라서 맑다는 예보가 나왔지만 비가 오는 날은 6일이다. 맑은 날 40일에 대해서는 기상예보가 맑은 날씨를 예측할 확률이 90퍼센트다. 고로 맑다는 예보가 나오고 실제로도 맑은 날은 36일이 된다.
정리하면, 오늘과 비슷한 날 100일 중에서 기상예보가 날씨가 맑을 것이라고 예측한 날은 36+6으로 42일이다. 바로 오늘과 같이 맑다고 예보가 나왔을 때 비가 오는 날은 6일이므로 42일 중 6일은 14퍼센트가 된다.

아래 표에 간단한 수식이 나와 있다. 여기서는 계산을 간편하게 하기 위해서 확률을 퍼센트가 아니라 0 또는 1로 표시했다.

(1) 다음 표를 완성해보자.

사건이 벌어진 사전 확률	사건이 벌어질 때 새로운 정보를 얻을 확률
1에서 위의 확률을 뺀 값	사건이 벌어지지 않았을 때 새로운 정보를 얻을 확률

(2) 위 칸 두 개의 값을 곱한다. 이 값을 탑(TOP)이라 한다.

(3) 아래 칸 두 개의 값을 곱한다. 이 값을 바텀(BOTTOM)이라 한다.

(4) 탑과 바텀을 더한다. 이를 썸(SUM)이라 한다.

(5) 수정된(사후) 확률은 탑/썸이다.

위의 날씨 사례를 대입해보면:

(1)	0.6	0.1
	0.4	0.9

(2) 탑=0.6×0.1=0.06.

(3) 바텀=0.4×0.9=0.36.

(4) 썸=0.06+0.36=0.42.

(5) 사후 확률=0.06/0.42=0.14 또는 14퍼센트.

(2)와 (5)에 100을 곱하면 앞서 글로 설명한 부분에 등장하는 숫자와 일치하는 것을 알 수 있다.

4. 마틴 후퍼(Martyn Hooper)의 글은 다음 사이트에서 확인할 수 있다. https://www. york.ac.uk/depts/maths/histstat/price.pdf.

5. https://www.nytimes.com/2014/01/05/magazine/a-speck-in-the-sea.html.

6. 피셔는 베이즈가 생전 자신의 이론을 발표하지 않았다는 점에서 본인조차도 해당 이론의 타당성을 의심했던 것으로 볼 수 있다고 주장했다. 피셔는 심지어 개인의 주관적 판단을 배제하고도 가설이 사실임을 밝혀낼 수 있는 방법을 고안하려고 무 던히 애를 썼다. 하지만 피셔가 제안한 신뢰도 확률(fiducial probabilities, 믿음 또는 신 뢰를 뜻하는 라틴어에서 파생된 용어다)은 더욱 큰 비판에 맞닥뜨렸다. 피셔가 죽기 전까 지 이 이론을 끝내 해결하지 못했지만 현재도 피셔가 제시한 이론의 가치를 밝히기 위해 연구하는 이들이 있다. 베이즈의 이론에 논쟁이 덜한 이유는 주관적 판단뿐 아 니라 객관적 데이터를 통해 얻은 사전 확률을 업데이트하는 데도 활용될 수 있기 때 문이다.

7. Robert Matthews, 'Flukes and flaws', *Prospect Magazine*, November 1998, pp. 20 – 24.

8. Press, S.J., & Tanur, J.M. (2016). *The Subjectivity of Scientists and the Bayesian Approach*. New York: Dover.

9. Fang, F.C., Steen, R.G., & Casadevall, A. (2012). 'Misconduct accounts for the majority of retracted scientific publications', *Proceedings of the National Academy of Sciences*, 109, 17,028 – 17,033.

10. Press, S. J., & Tanur, J.M. (2016). *The Subjectivity of Scientists and the Bayesian Approach*. New York: Dover.

11. https://www.dispatch.com/article/20100225/NEWS/302259665.

12. Tversky, A., & Kahneman, D. (1974). 'Judgment under uncertainty: Heuristics and biases', *Science*, 185, 1124 – 1131.

13. 이 방법으로 가설을 검증하는 것에 대한 비판이 많다. 다음 도서를 참고하길 바란다. Ziliak, S.T., & McCloskey, D.N. (2008). *The Cult of Statistical Significance*. Ann Arbor, MI: University of Michigan Press.

14. 저명한 저널에 실린 논문만 등록되어 있는 한 학술 데이터베이스에 2014년에 오른 논문 수가 120만 편을 넘었다. 매년 전 세계에서 출간되는 논문이 약 250만 편에 이르는 것으로 추정된다.

15. Begley, C.G., & Ellis, L.M. (2012). 'Drug development: Raise standards for preclinical cancer research', *Nature*, 483, 531 – 533.

16. Bem, D.J. (2011). 'Feeling the future: Experimental evidence for anomalous retroactive influences on cognition and affect', *Journal of Personality and Social Psychology*, 100, 407 – 425.

17. Daniel Engber, 'Daryl Bem proved ESP is real: Which means science is broken', *Slate*, 17 May 2017: https://slate.com/health-and-science/2017/06/daryl-bem-proved-esp-is-real-showed-science-is-broken.html.

18. Open Science Collaboration (2015). 'Estimating the reproducibility of psychological science', *Science*, 349, aac4716.

19. Gervais, W.M., & Norenzayan, A. (2012). 'Analytic thinking promotes religious disbelief', *Science*, 336, 493 – 496.

20. Camerer, C.F., & others (2018). 'Evaluating the replicability of social science

experiments in Nature and Science between 2010 and 2015', *Nature Human Behaviour*, 2, 637–644.

21. Lee, S.W., & Schwarz, N. (2010). 'Washing away postdecisional dissonance', *Science*, 328, 709–709.

22. https://www.newscientist.com/article/2185358-walking-backwards-canboost-your-short-term-memory/.

23. https://www.newscientist.com/article/2169622-how-your-nameshapes-what-other-people-think-of-your-personality/.

24. Evanschitzky, H., & Armstrong, J.S. (2010). 'Replications of forecasting research', *International Journal of Forecasting*, 26, 4–8.

25. Rotello, C.M., Heit, E., & Dubé, C. (2015). 'When more data steer us wrong: Replications with the wrong dependent measure perpetuate erroneous conclusions', *Psychonomic Bulletin & Review*, 22, 944–954.

26. Unwin, S. (2004). *The Probability of God: A Simple Calculation That Proves the Ultimate Truth*. New York: Free Rivers Press.

27. 주 3에 활용된 표를 대입하면 아래와 같다:

무죄일 사전 확률 = 999/1000	살인범이 당신과 인상착의가 동일할 확률 = 1/80
살인범일 사전 확률 = 1/1000	살인범이 당신과 인상착의가 동일할 확률 = 1

따라서 탑=0.0125; 바텀=0.001; 썸=0.0135이 나온다. 당신이 무죄일 사후 확률은 =0.0125/0.0135=0.926 또는 93퍼센트가 된다(여기서는 소수점을 반올림했기 때문에 본문과 차이가 있다).

28. Angela Saini. 'A formula for justice', *The Guardian*, 2 October 2011.

29. https://understandinguncertainty.org/court-appeal-bans-bayesian-probability-and-sherlock-holmes.

9장_숫자 따윈 관심 없다

1. Aylin, P., Best, N., Bottle, A., & Marshall, C. (2003). 'Following Shipman: A pilot system for monitoring mortality rates in primary care', *The Lancet*, 362(9382), 485–491.

2. Spiegelhalter, D., & Best, N. (2004). 'Shipman's statistical legacy', *Significance*, 1, 10 – 12.

3. Bottle, A., & Aylin, P. (2017). *Statistical Methods for Healthcare Performance Monitoring*. London: CRC Press.

4. Fransen, M.L., Smit, E.G., & Verlegh, P.W. (2015). 'Strategies and motives for resistance to persuasion: An integrative framework', *Frontiers in Psychology*, 6, 1201 – 1221.

5. Mercier, H., & Sperber, D. (2017). *The Enigma of Reason*. Cambridge, MA: Harvard University Press.

6. Baggini, J. (2017). *A Short History of the Truth*. London: Quercus, p. 100.

7. Gorman, S.E., & Gorman, J.M. (2016). *Denying to the Grave: Why We Ignore the Facts That Will Save Us*. Oxford University Press.

8. Kaplan, J.T., Gimbel, S.I., & Harris, S. (2016). 'Neural correlates of maintaining one's political beliefs in the face of counterevidence', *Scientific Reports*, 6, 39589.

9. Nyhan, B., & Reifler, J. (2010). 'When corrections fail: The persistence of political misperceptions', *Political Behavior*, 32, 303 – 330.

10. Friesen, J.P., Campbell, T.H., & Kay, A.C. (2015). 'The psychological advantage of unfalsifiability: The appeal of untestable religious and political ideologies', *Journal of Personality and Social Psychology*, 108, 515 – 529.

11. https://www.lrb.co.uk/v33/n22/jenny-diski/what-might-they-want.

12. Bonaccio, S., & Dalal, R.S. (2006). 'Advice taking and decision-making: An integrative literature review, and implications for the organizational sciences', *Organizational Behavior and Human Decision Processes*, 101, 127 – 151.

13. Yaniv, I. (2004). 'Receiving other people's advice: Influence and benefit', *Organizational Behavior and Human Decision Processes*, 93, 1 – 13.

14. Krueger, J.L. (2003). 'Return of the ego – Self-referent information as a filter for social prediction: Comment on Karniol (2003)', *Psychological Review*, 110, 585 – 590.

15. Yaniv, I., & Kleinberger, E. (2000). 'Advice taking in decision making:

Egocentric discounting and reputation formation', *Organizational Behavior and Human Decision Processes*, 83, 260 – 281.

16. Önkal, D., Goodwin, P., Thomson, M., Gönül, S., & Pollock, A. (2009). 'The relative influence of advice from human experts and statistical methods on forecast adjustments', , 22, 390 – 409.

17. Lim, J.S., & O'Connor, M. (1995). 'Judgemental adjustment of initial forecasts: Its effectiveness and biases', *Journal of Behavioral Decision Making*, 8, 149 – 168.

18. Dietvorst, B.J., Simmons, J.P., & Massey, C. (2015). 'Algorithm aversion: People erroneously avoid algorithms after seeing them err', *Journal of Experimental Psychology: General*, 144, 114 – 126.

19. Sugiyama, M.S. (2001). 'Narrative theory and function: Why evolution matters', *Philosophy and Literature*, 25, 233 – 250.

20. John Allen Paulos, 'Stories vs. statistics', *The New York Times*, 24 October 2010.

21. 사실 이야기에 세부 사항이 더해질수록 신빙성이 높아 보인다. 사건에 대한 사유가 더 많이 부여되기 때문이다. 한편 이야기가 자세해질수록 그 일에 대한 개연성은 낮아진다. "부자인 마이클이 부를 자랑하고 나눌 줄 모르는 모습에 시기를 한 존은 마이클에게 총을 쐈다"라는 이야기는 "마이클에게 총을 쏜 사람은 존이었다"라는 문장보다 개연성이 낮게 느껴진다. 후자의 경우 존이 마이클을 살인한 이유에 대해 훨씬 많은 이유가 있었을 것이라 짐작하게 되는 탓이다.

22. Taleb, N.N. (2007). *The Black Swan: The Impact of the Highly Improbable*. New York: Random House.

23. www.chron.com, 20 March 2017.

24. Singer, P. (2010). *The Life You Can Save*. London: Picador, p. 48.

25. Kogut, T., & Ritov, I. (2005). 'The "identified victim" effect: An identified group, or just a single individual?', *Journal of Behavioral Decision Making*, 18, 157 – 167.

26. Slovic, P. (2007). '"If I look at the mass I will never act": Psychic numbing and genocide', *Judgment and Decision Making*, 2, 79 – 95.

27. Slovic, P., Finucane, M.L., Peters, E., & MacGregor, D.G. (2002). 'The affect

heuristic', in: T. Gilovich, D. Griffin, & D. Kahneman (eds), *Heuristics and Biases: The Psychology of Intuitive Judgment*, pp. 397 – 420. New York: Cambridge University Press.

28. *Time*, vol. 193, no. 4 – 5, 4 February 2019.

29. https://www.robheard.co.uk/the-somme-19240/.

30. Anthony Browne, 'Calf ? I nearly died', *The Observer*, 29 April 2001.

31. Small, D.A., Loewenstein, G., & Slovic, P. (2007). 'Sympathy and callousness: The impact of deliberative thought on donations to identifiable and statistical victims', *Organizational Behavior and Human Decision Processes*, 102, 143 – 153.

32. 'Revealed: Secrets of The Apprentice', *Radio Times*, 7 November 2011.

33. 출처: Forest Institute of Professional Psychology, Springfield, MO.

34. Patricia Nilsson, *Financial Times*, 12 October 2017.

35. Cassar, G. (2010). 'Are individuals entering self-employment overly optimistic? An empirical test of plans and projections on nascent entrepreneur expectations', *Strategic Management Journal*, 31, 822 – 840.

36. Flyvbjerg, B. (2008). 'Curbing optimism bias and strategic misrepresentation in planning: reference class forecasting in practice', *European Planning Studies*, 16, 3 – 21.

37. Weick, M., & Guinote. A. (2010). 'How long will it take? Power biases and time predictions', *Journal of Experimental Social Psychology*, 46, 595 – 604.

38. Janis, I.L. (1972). *Victims of Groupthink, Boston*, MA: Houghton Mifflin.

39. Goodwin, P. (2017). *Forewarned: A Sceptic's Guide to Prediction*. London: Biteback Publications.

10장 _ 안전을 말하는 숫자들

1. Mark Lewisohn, *The Independent*, 18 November 2003.

2. Neil Strauss, 'Why we're living in the age of fear', *Rolling Stone*, 6 October 2016.

3. Pinker, S. (2012). *The Better Angels of Our Nature*: A History of Violence

and Humanity. New York: Penguin.

4. Uppsala Conflict Data Program: www.ucdp.uu.se.

5. E. De Haro, 'Be not afraid', *The Atlantic*, March 2015.

6. www.bbc.co.uk/news/uk-42182497.

7. 출처: 월드 뱅크(World Bank). 물가 인상률을 반영한 수치다.

8. Peter Diamandis: https://singularityhub.com/2017/10/12/why-the-world-is-still-better-than-you-think-new-evidence-for-abundance/.

9. 출처: 월드 뱅크.

10. https://ourworldindata.org/natural-catastrophes/.

11. Eagleman, D. (2011). *Incognito. The Secret Life of the Brain*. Edinburgh: Canongate.

12. LeDoux, J.E., & Pine, D.S. (2016). 'Using neuroscience to help understand fear and anxiety: A two-system framework', *American Journal of Psychiatry*, 173, 1083–1093.

13. Bonanno, G.A., & Jost, J.T. (2006). 'Conservative shift among high-exposure survivors of the September 11th terrorist attacks', *Basic and Applied Social Psychology*, 28, 311–323.

14. http://www.anorak.co.uk/288298/tabloids/the-daily-mails-list-of-things-that-give-you-cancer-from-a-to-z.html/ (accessed 1 December 2017).

15. Office of Rail and Road. Rail Safety Statistics: 2015–16 *Annual Statistical Release*. 2015년 가을까지 8년 동안 영국 철도에서 사망한 사람들은 있었지만 이 중 철도 사고로 인한 사망한 승객은 단 한 명도 없었다.

16. D. Mosher & S. Gould, 'How likely are foreign terrorists to kill Americans? The odds may surprise you', *Business Insider UK*, 1 February 2017.

17. http://natgeotv.com/ca/human-shark-bait/facts.

18. Myers, D.G. (2001). 'Do we fear the right things?' *APS Observer*, 14(10), 3.

19. Gigerenzer, G. (2006). 'Out of the frying pan into the fire: Behavioral reactions to terrorist attacks', *Risk Analysis*, 26, 347–351.

20. http://news.bbc.co.uk/1/hi/england/london/8236820.stm.

21. http://www.economist.com/node/895855.

22. Julia Hartley-Brewer, 'Neglect of road safety spending "costs lives"', *The*

Guardian, 9 February 2000.

23. *Daily Telegraph*, 4 January 2017.

24. https://www.thecut.com/2017/05/wine-alcohol-breast-cancer-riskstudy.html.

25. https://www.menshealth.com/health/loneliness-and-heart-attack-risk.

26. The Independent, 30 August 2013.

27. Mabry, M.A. (1971). 'The relationship between fluctuations in hemlines and stock market averages from 1921 to 1971', masters thesis, University of Tennessee, Knoxville, TN.

28. http://www.dailymail.co.uk/health/article-5070707/Spanking-childrenincreases-risk-depression.html.

29. http://www.mirror.co.uk/news/uk-news/netflix-kill-warning-watching-much-8492515.

30. http://www.dailymail.co.uk/health/article-4401442/Having-tattoomakes-sweat-less.html.

31. http://www.tylervigen.com/spurious-correlations.

32. http://www.nber.org/papers/w18212.pdf.

33. 해당 연구에 대한 또 다른 문제점이나 다른 연구가 궁금하다면 다음의 훌륭한 사이트를 참고하길 바란다. NHS Behind the Headlines website: https://www.nhs.uk/news/.

34. Myers, D.G. (2001). 'Do we fear the right things?', *APS Observer*, 14(10), 3.

35. Ward, N.J., & Wilde, G.J. (1996). 'Driver approach behaviour at an unprotected railway crossing before and after enhancement of lateral sight distances: An experimental investigation of a risk perception and behavioural compensation hypothesis', *Safety Science*, 22., 63–75.

36. Hendriks, F., Kienhues, D., & Bromme, R. (2016). 'Trust in science and the science of trust', in: Bernd Blöbaum (ed.), *Trust and Communication in a Digitized World*, pp. 143–159. New York: Springer.

37. https://www.newstatesman.com/health/2008/08/asbestos-victims-company.

38. Fox, E., & others (2007). 'Hypersensitivity symptom associated with

magnetic field', Mobile Telecommunications and Health Research Programme, Health Protection Agency, Didcot, Oxfordshire, UK.

39. http://www.somersetlive.co.uk/news/somerset-news/vodafones-plans-15-metre-monopole-108614.

40. Sellnow, T.L., Ulmer, R.R., Seeger, M.W., & Littlefield, R. (2008). *Effective Risk Communication: A Message-Centered Approach*. New York: Springer. 다음 논문도 참고하길 바란다. Stilgoe, J. (2016). 'Scientific advice on the move: The UK mobile phone risk issue as a public experiment', *Palgrave Communications*, 2, 16028.

41. https://www.theguardian.com/science/head-quarters/2015/jan/16/declinism-is-the-world-actually-getting-worse.

42. Mather, M., & Carstensen, L.L. (2005). 'Aging and motivated cognition: The positivity effect in attention and memory', *Trends in Cognitive Sciences*, 9, 496–502.

43. Soroka, S., & McAdams, S. (2015). 'News, politics, and negativity', *Political Communication*, 32, 1–22.

44. http://news.bbc.co.uk/1/hi/uk/2569781.stm.

11장 _ 통계적 사고가 중요하다

1. Sasha Harris-Lovett, *Los Angeles Times*, 10 August 2015.

2. Kahneman, D. (2011). *Thinking Fast and Slow*. London: Allen Lane. 시스템 1, 2를 주장한 카너먼의 이론 또한 비판에서 자유롭지 않다. 다음 논문을 참고하길 바란다. Evans, J.S.B. (2006). 'Dual system theories of cognition: Some issues', In: *Proceedings of the Annual Meeting of the Cognitive Science Society*, vol. 28, no. 28.

3. Shah A.J., & Oppenheimer, D.M. (2007). 'Easy does it: The role of fluency in cue weighting', *Judgment and Decision Making*, 2, 371–379.

4. 열차 이동 시간+자동차 이동 시간=210분이다. 하지만 열차 이동 시간은 자동차 이동 시간+200분이다. 따라서 수식은 아래와 같다.
    자동차 이동 시간+200+자동차 이동 시간=210분.

수식 양변에서 200을 빼면 아래와 같다.

2×자동차 이동 시간=10분.

따라서 자동차 이동 시간은 5분이 나온다.

5. Bolte, A., Goschke, T., & Kuhl, J. (2003). 'Emotion and intuition: Effects of positive and negative mood on implicit judgements of semantic coherence', *Psychological Science*, 14, 416–421.

6. Alter, A.L., Oppenheimer, D.M., Epley, N., & Eyre, R.N. (2007). 'Overcoming intuition: Metacognitive difficulty activates analytic reasoning', *Journal of Experimental Psychology: General*, 136, 569–576.

7. Chaiken, S. (1980). 'Heuristic versus systematic information processing and the use of source versus message cues in persuasion', *Journal of Personality and Social Psychology*, 39, 752–766.

8. Schwarz, N., Strack, F., Hilton, D., & Naderer, G. (1991). 'Base rates, representativeness, and the logic of conversation: The contextual relevance of "irrelevant" information', *Social Cognition*, 9, 67–84.

9. Crandall, B., & Getchell-Reiter, K. (1993). 'Critical decision method: A technique for eliciting concrete assessment indicators from the intuition of NICU nurses', *Advances in Nursing Science*, 16, 42–51.

10. Biederman, I., & Shiffrar, M.M. (1987). 'Sexing day-old chicks: A case study and expert systems analysis of a difficult perceptual-learning task', *Journal of Experimental Psychology: Learning, Memory, and Cognition*, 13, 640–645.

11. Hodgkinson, G.P., Langan-Fox, J., & Sadler-Smith, E. (2008). 'Intuition: A fundamental bridging construct in the behavioural sciences', *British Journal of Psychology*, 99, 1–27.

12. Kahneman, D., & Klein, G. (2009). 'Conditions for intuitive expertise: A failure to disagree', *American Psychologist*, 64, 515–526.

13. Tetlock, P. (2005). *Expert Political Judgment*. Princeton University Press.

14. Klein, G. (2014). *Seeing What Others Don't*. London: Nicholas Brealey. 찰스 폰지(Charles Ponzi)의 이름을 따 폰지 사기라 불리는 이 범죄는 무위험 고수익을 미끼로 투자자들을 모은다. 보통 기업 이익이나 주가 상승분에서 나온 수익을 투자자

들에게 분배하는 것이 일반적이다. 하지만 폰지 사기의 경우 신규 투자자들의 자금으로 기존 투자자들의 수익금을 지급하는 방식이다. 따라서 이 구조가 유지되기 위해서는 새로운 투자자가 끊임없이 유입되어야 한다.

15. Einhorn, H.J., & Hogarth, R.M. (1978). 'Confidence in judgement: Persistence of the illusion of validity', *Psychological Review*, 85, 395 – 416.

16. Peterson, D.K., & Pitz, G.F. (1988). 'Confidence, uncertainty, and the use of information', *Journal of Experimental Psychology: Learning, Memory, and Cognition*, 14, 85 – 92.

17. Hall, C.C., Ariss, L., & Todorov, A. (2007). 'The illusion of knowledge: When more information reduces accuracy and increases confidence', *Organizational Behavior and Human Decision Processes*, 103, 277 – 290.

18. Garcia-Retamero, R., & Cokely, E. T. (2013). 'Communicating health risks with visual aids', *Current Directions in Psychological Science*, 22, 392 – 399.

19. Tufte, E.R. (1983). *The Visual Display of Quantitative Information*. Cheshire, CT: Graphics Press.

20. Rosling, S., Rönnuld, A.R. (2018). *Factfulness*, London: Sceptre Books.

21. www.dollarstreet.org.

22. Currey, M. (2013). *Daily Rituals: How Great Minds Make Time, Find Inspiration, and Get to Work*. London: Picador.

23. 출처: 민텔(Mintel).

24. https://www.greenpeace.org/international/story/15882/every-minuteof-every-day-the-equivalent-of-one-truckload-of-plastic-enters-the-sea/.

25. Prachi Bhardwaj, *Business Insider*, 19 December 2018.

26. Peters, E., Dieckmann, N.F., Västfjäll, D., Mertz, C.K., Slovic, P., & Hibbard, J.H. (2009). 'Bringing meaning to numbers: The impact of evaluative categories on decisions', *Journal of Experimental Psychology*: Applied, 15, 213 – 227.

27. Budescu, D.V., Broomell, S., & Por, H.H. (2009). 'Improving communication of uncertainty in the reports of the Intergovernmental Panel on Climate Change', *Psychological Science*, 20, 299 – 308.

28. Boyle, D. (2000). *The Tyranny of Numbers*. London: HarperCollins.

1. https://blogs.scientificamerican.com/guest-blog/9-bizarre-and-
    surprising-insights-from-data-science/.

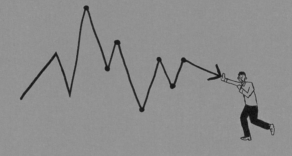

데이터를 바라보는 새로운 시각

숫자는 어떻게 생각을 바꾸는가

제1판 1쇄 발행 | 2023년 9월 18일
제1판 3쇄 발행 | 2024년 11월 20일

지은이 | 폴 굿윈
옮긴이 | 신솔잎
펴낸이 | 김수언
펴낸곳 | 한국경제신문 한경BP

주소 | 서울특별시 중구 청파로 463
기획출판팀 | 02-3604-556, 584
영업마케팅팀 | 02-3604-595, 562   FAX | 02-3604-599
H | http://bp.hankyung.com   E | bp@hankyung.com
F | www.facebook.com/hankyungbp
등록 | 제 2-315(1967. 5. 15)

ISBN 978-89-475-4913-4   03410